智能制造与工业互联网丛书

智能制造系统

模型、技术与运行

张 洁 吕佑龙 汪俊亮 张 朋 ◎编著

机械工业出版社
CHINA MACHINE PRESS

图书在版编目（CIP）数据

智能制造系统：模型、技术与运行 / 张洁等编著．—北京：机械工业出版社，2023.1

（智能制造与工业互联网丛书）

ISBN 978-7-111-71962-5

I. ①智… II. ①张… III. ①智能制造系统 IV. ① TH166

中国版本图书馆 CIP 数据核字（2022）第 206161 号

智能制造系统：模型、技术与运行

出版发行：机械工业出版社（北京市西城区百万庄大街 22 号 邮政编码：100037）

策划编辑：王 颖　　责任编辑：冯秀泳

责任校对：龚思文　　责任印制：郜 敏

印 刷：三河市国英印务有限公司　　版 次：2023 年 3 月第 1 版第 1 次印刷

开 本：170mm×230mm 1/16　　印 张：17

书 号：ISBN 978-7-111-71962-5　　定 价：89.00 元

客服电话：（010）88361066 68326294

Preface 前言

随着现代信息技术的不断发展，制造企业纷纷致力于将互联网、云计算、大数据、移动应用等新技术，与生产、物流、服务等运行管理业务深度融合，形成具有感知、分析和决策能力的智能制造系统，解决设备运维、质量控制、生产计划、生产调度等核心问题，以更短的产品制造周期、更低的产品成本和更高的产品质量，抢占市场竞争的优势高地。

本书结合世界制造业强国的智能制造发展战略，介绍智能制造系统在新一代工业革命中的重要作用，在概要阐述智能制造的发展趋势、标准化历程和典型制造模式的基础上，详细介绍智能制造系统的主要模型、使能技术、关键装备、组织形式、运行管理，以及智能制造系统的典型应用案例，为提高制造企业的智能化水平提供有益参考。本书提出的方法和技术，能够为广大企业、科研院所、高等院校进一步深入研究智能制造系统提供理论基础，同时也可为推动我国制造业的智能化发展和企业应用提供参考，对提升我国制造业的核心竞争力具有重要意义。

本书中的研究工作得到了国防基础科研项目“基于 × × 装配车间的大数据决策优化技术”（No. JCKY2019203C017）与国家自然科学基金重点项目“大数据驱动的智能车间运行分析与决策方法的研究”（No. 51435009）的资助，在此表示感谢！

本书主要面向航空航天、汽车、船舶、工程机械等行业的智能制造从业人员，同时也可作为智能制造相关领域的高校研究生和科研人员的教材或参考书。

在本书编写过程中，东华大学杨芸老师、肖雷老师，以及研究生谭远良、朱子洵、左丽玲、王卓君、赵树煊、寇恩溥、成明阳、艾青波、房鑫洋、郑城等承担了不少任务，付出了大量心血，在此对他们一并表示感谢。书稿编写过程中参考了大量的文献，作者在书中尽可能地进行了标注，如果存在由于疏忽而未标注之处，敬请有关作者谅解，同时表示由衷的感谢。

智能制造系统相关理论、方法和应用还处在迅速发展之中，已引起越来越多的研究和应用人员的关注。由于作者的水平和能力有限，书中的缺点和疏漏在所难免，在此欢迎广大读者批评指正。

作者

Contents 目 录

Chapter1 第 1 章

智能制造系统发展概述

1.1 智能制造发展趋势

近年来，随着世界经济形势变化，实体经济在国民经济中的重要性日益凸显，制造业作为实体经济的重要支柱之一，其发展得到了世界各国的重视，美国、德国、中国等世界主要经济体都相继提出了自己的智能制造解决方案，在世界范围内掀起了一股制造业转型升级的新热潮。

1.1.1 制造业发展历程

纵观世界历史，制造业的发展经历过三次大的变革。如图 1-1 所示，18 世纪 60 年代，以蒸汽机为代表的第一次工业革命开创了机器代替手工劳动的时代，这是制造业的第一次深刻变革，这次变革也改变了世界的面貌。20 世纪初期，电气化制造的引入标志着制造业迈入了“电气时代”，社会生产力也随之得到极大发展。到 20 世纪 70 年代，计算机技术的迅猛发展，为制造业带来了第三次变革，整个行业开始大力发展制造自动化，自动化技术允许机器设备、系统按照人的要求进行生产制造，极大地提高了行业的生产效率。

从时间线上看，制造业每次新变革所需要的周期都在不断缩短，那么在 21 世纪，制造行业是否又面临着一场新的革命？从制造业的发展趋势来看，答案是肯定的，我们可以称之为工业革命 4.0，而这次革命的主力就是智能制造[1]。

图 1-1 制造业发展历程

智能制造并不是一个新的概念，它提出于 20 世纪 80 年代，是一种由智能机器和人类专家共同组成的人机一体化智能系统，它能在制造过程中进行智能活动，诸如分析、推理、判断、构思和决策等。通过人与智能机器的合作共事，去扩大、延伸和部分地取代人类专家在制造过程中的脑力劳动[2]。它把制造自动化的概念更新，扩展到柔性化、智能化和高度集成化。近年来，随着数字化、信息化、网络化、自动化和人工智能技术等的发展，特别是美国先进制造伙伴计划、德国工业 4.0、中国制造 2025 的推出，智能制造获得了快速发展的新契机，已成为现代先进制造业新的发展方向。

1.1.2 国外智能制造发展战略

当前，世界主要经济体的制造竞争力各有不同，大体上可以分为要素驱动、效率驱动和创新驱动三种模式。印度、越南等国家采取的要素驱动模式是指利用基础设施建设、人口红利、劳动力、原材料和基本教育等要素的优势，降低产品生产制造的成本，提升制造行业竞争力的驱动模式。日本受限于自身的地理位置，本土资源匮乏，国内制造业需要从外国进口廉价原材料，经本土加工后再出口，其发展属于典型的效率驱动，即通过提升制造业的能源效率、管理效率等，提升制造竞争力。美国、德国等老牌制造业强国，其制造竞争力主要是创新驱动模式，创新驱动是新的技术和新的商业模式创造，其目的是展开全新的领域、把握全新的机会，这也是制造竞争力保持领先的核心模式。面对新一轮工业革命这一战略性的发展机遇，发达国家为了在新一轮制造业竞争中重塑并保持新优势，纷纷实施“再工业化”战略；一些发展中国家在保持自身劳动力密集等优势的同时，积极拓展国际市场、承接资本转移、加快技术革新，力图参与全球产业再分工，世界各国根据自身的制造业基础相继提出了各自的智能制造发展战略。其中三个国家层面的战略计划具有广泛的国际影响力：日本提出“社会5.0”战略；德国提出“工业4.0”战略；美国提出“先进制造伙伴”计划与“工业互联网”战略。

美国率先提出先进制造伙伴计划与工业互联网战略，旨在通过对传统工业进行物联网式的互联互通，以及对大数据[3]的智能分析和智能管理，实现占据新工业世界翘楚地位的目的。

先进制造伙伴计划依靠于三大战略支柱。第一个支柱是加快创新，美国认为，未来制造业将迎来智能化、网络化、互联化，技术创新是实现未来制造的助推器，自己要保持制造业领导者地位，必须依赖创新才可以实现。第二个支柱是确保人才输送，人才历来是保障国家具有创新能力的关键要素，而美国的国情存在优秀人才不愿意进入制造业的弊端，因此保证人才输送将是实现工业创新的关键。第三个支柱是改善商业环境，美国市场是一个充满竞争的管理资本主义市场，美国一直为本国的市场化的商业环境而感到骄傲，为保证未来的美国制造，自然会格外重视商业环境的改善。

为构建三大战略支柱，美国提出了十六项措施。通过制定国家先进制造业战略、增加优先的跨领域技术的研发投资、建立国家制造创新研究院网络、促进产业和大学之间的合作研究、促进先进制造技术商业化的环境、建立国家先进制造业门户这六项措施，实现加快创新的目的。通过改变公众对制造业的错误观念、利用退伍军人人才库、投资社区大学水平的教育、发展伙伴关系提供技术认证、加强先进制造业的大学项目、推出关键制造业奖学金和实习计划，确保人才的输送。美国还计划通过颁布税收改革政策、合理化监管政策、完善贸易政策、更新能源政策等措施，改善国内商业环境。

美国的先进制造战略集中于三大技术领域，具体如下。

1）制造业中的先进传感技术、先进控制技术和平台系统（Advanced Sensors,

Control technology and Plat Form system，ASCPM）。美国建立了制造技术测试床来测试新技术的商业案例应用，针对高耗能和数字信息制造，建立聚焦于ASCPM能源优化利用的研究所，制定新的产业标准，包括关键系统和供应商所供货之间的数据交叉标准。

2）虚拟化、信息化和数字制造技术。美国建立制造卓越能力中心（Manufacturing Excellence Center，MCE），聚焦于前沿技术开发层面的基础研究以及数字设计和能效数字制造工具等方面的数字化，聚焦于制造过程中的安全分析和决策中涉及的量大、综合的数据集，在现有数字化制造和设计创新研究所之外，又建立了一个大数据制造创新研究所。美国还制定部署“网络－物理”系统的安全和数据交换的制造政策标准，激励创造和推行系统提供商、服务机构或系统集成商的辅助制造商业化。

3）先进材料制造技术。美国推广材料制造卓越能力中心以支持制造创新研究所的研发活动，以及支持国家战略中的其他制造技术领域，利用供应链管理国防资产，促进创新和研发中的关键材料再利用。为表征材料设计数字标准以快速利用新材料和制造方法，为生物医疗制造等先进制造材料领域的博士生设立制造业创新奖学金。

如图1-2所示，2014年4月，美国工业互联网联盟（Industrial Internet Consortium，IIC）正式成立，该联盟定位为一个产业推广组织，由通用电器（GE）、IBM、Intel、AT&T、思科这五家行业顶尖的公司发起，由对象管理组织（Object Management Group，OMG）进行管理。IIC的主要工作范畴包括工业物联网（Industrial Internet of Things，IIoT）应用案例分析、参考架构和关键技术方向总体设计、提炼标准需求、推动安全框架设计、搭建测试床、提供系统解决展示平台和设计支撑、加速全球产业发展。

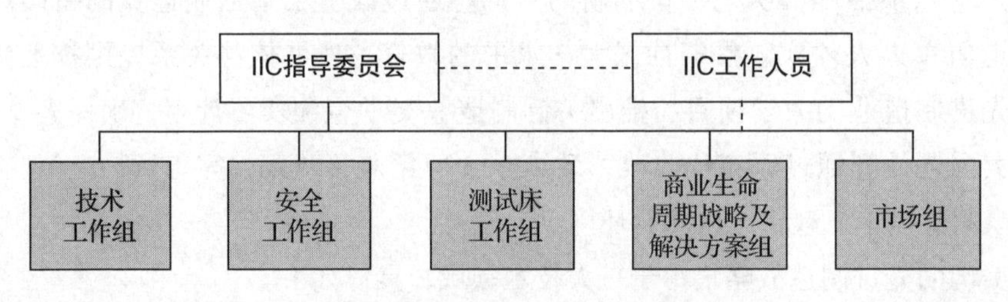

图1-2 美国工业互联网联盟组织架构

截至2017年，美国工业互联网联盟已经发布了包括工业互联网术语、工业互联网参考架构、工业互联网网络连接参考架构技术、商业战略白皮书等八项成果，通过的应用案例达22个，验证通过了20个制造技术测试床，待验证测试床4个，值得注意的是，其中2个为中国牵头的测试床，分别为城市智慧供水和生产质量管理。

继美国之后，德国也在2013年4月的汉诺威工业博览会上正式推出“工业4.0”战略。作为老牌制造业强国，德国拥有强大的设备和车间制造工业，在信息技术领域处于很高水平，且在机械设备制造以及嵌入式控制系统制造方面处于全球领先地位。德国计划通过实施工业4.0战略，使德国成为新一代工业生产技术的供应国和主导市场，在继续保持国内制造业发展前提下，再次提升全球竞争力，实现重新引领全球制造业潮流的目的。

面对亚洲和美国对德国工业构成的竞争威胁，德国提出了包含“1”个网络、“4”大主题、“3”项集成、“8”项计划的战略框架（“1438模型”），如图1-3所示。

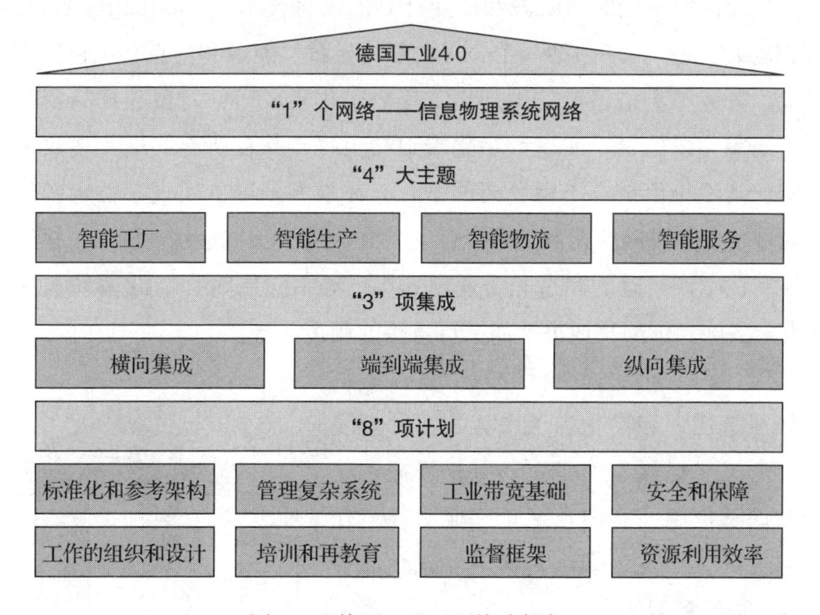

图1-3 德国工业4.0战略框架

“1”个网络，即信息物理系统（Cyber-Physical System，CPS）网络，该网络将信息物理系统技术一体化应用于制造业和物流行业，以及在工业生产过程中使用物联网和服务技术，实现虚拟网络世界与实体物理系统的融合，完成制造业在数据分析基础上的转型。信息物理系统具有6C特征：连接（Connection）、云储存（Cloud）、虚拟网络（Cyber）、内容（Content）、社群（Community）、定制化（Customization），它将资源、信息、物体以及人员紧密联系在一起，从而创造物联网及相关服务，并将生产工厂转变为智能环境。

“4”大主题，即智能工厂、智能生产、智能物流和智能服务。智能工厂通过分散的、智能化生产设备间的数据交互，形成高度智能化的有机体，实现网络化、分布式生产。智能生产则是将人机互动、智能物流管理、3D打印与增材制造等先进技术应用于整个工业生产过程。在智能工厂和智能生产过程中，人、机器和资源如同在一个社交网络里一般自然地相互沟通协作，智能产品也能理解它们被制造的细节以及将被如何使用，从而协助生产过程。智能工厂与智能移动、智能物流和智能系统网络相对接，构成了工业4.0中未来智能基础设施中的一个关键组成部分。

“3”项集成指的是横向集成、端到端集成和纵向集成。通过价值网络实现横向集成，将各种使用不同制造阶段和商业计划的信息技术（Information Technology，IT）系统集成在一起，既包括一个公司内部的材料、能源和信息，也包括不同公司间的配置。贯穿整个价值链的端到端工程数字化集成，针对覆盖产品及其相联系的制造系统完整价值链，实现数字化端到端工程，并在所有终端实现数字化的前提下，实现基于价值链与不同公司的整合，在最大限度上实现个性定制化。纵向集成指的是垂直集成网络化制造系统，它将集成处于不同层级（例如，执行器和传感器、控制、生产管理、制造和企业规划执行等不同层面）的IT系统，即在企业内部开发、实施和纵向集成灵活而又可重构的制造系统。

“8”项计划，即优先执行的八个重点关键领域，分别是建立标准化和参考架构、管理复杂系统、为工业提供全面带宽的基础设施、建立安全和保障措施、实现数字化工业时代工作的组织和设计、实现培训和再教育、建立监督框架、提高资源利用效率。

除此之外，德国工业4.0的构建还依赖于九大技术支柱，如图1-4所示。

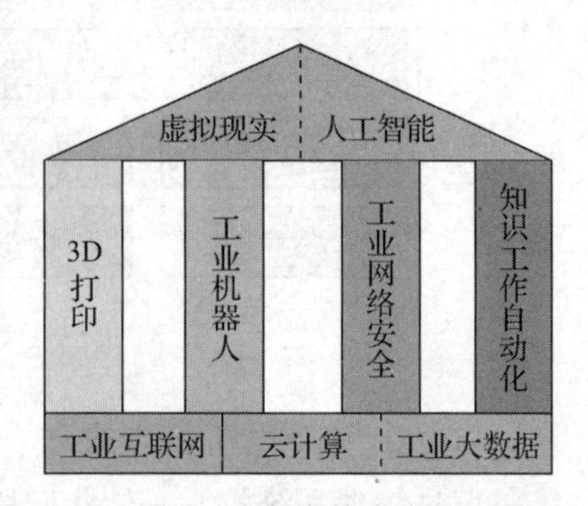

图1-4 九大技术支柱

其中，工业互联网、云计算、工业大数据

是基于分布式和连接的三大基础，3D 打印和工业机器人是两大硬件工具，工业网络安全和知识工作自动化是两大软件支持，虚拟现实和人工智能是面向未来的两大牵引技术。

德国工业 4.0 的核心是连接，要把设备、生产线、工厂、供应商、产品、客户紧密地连在一起，将无处不在的传感器、嵌入式终端系统、智能控制系统、通信设施通过 CPS 形成一个智能网络，使人与人、人与机器、机器与机器以及服务与服务之间能够互联，实现横向、纵向和端对端的高度集成，通过让物联网和服务互联网渗透到工业的各个环节，形成高度灵活、个性化、智能化的生产模式，推动生产方式向大规模、服务型制造、创新驱动转变。

1.1.3 国内智能制造发展战略

为了实现由制造大国向制造强国的转型，中国也提出了自己的智能制造发展战略。2015 年 5 月，国务院印发关于部署全面推进实施制造强国的战略文件——《中国制造 2025》，这也是中国实施制造强国战略第一个十年的行动纲领。

中国制造 2025 规划是中国由制造大国向制造强国转型过程的顶层设计与路径选择，它以体现信息技术与制造技术深度融合的数字化、网络化、智能化制造为主线，总体目标是使中国基本实现工业化，进入制造强国行列，打造升级版的中国制造。

中国制造 2025 规划是由工信部牵头、中国工程院起草的建设制造强国的国家中长期发展战略，以信息化与工业化的深度融合为主线，着力增强关键基础材料、核心基础零部件、先进基础工艺和产业技术基础等工业基础能力，深化制造业互联网发展，强调数控系统应用，计划 2025 年迈入全球制造强国行列，2035 年赶超日德等国，以实现中国的工业 4.0 目标，如图 1-5 所示。

如图 1-6 所示，中国制造 2025 规划可以总结为“418 模型”，即“4”大转变，“1”条主线，“8”项战略对策。“4”大转变分别是实现中国制造竞争力由要素驱动向创新驱动的转变、由低成本竞争优势向质量效益竞争优势的转变、由粗放制造向绿色制造的转变、由生产型制造向服务型制造的转变；“1”条主线，即以数字化、网络化、智能化为主线；“8”项战略对策，分别是推行数字化、网络化、智能化制造，提升产品设计能力，完善制造业技术创新体系，强化制造基础，提升产品质量，推行绿色制造，培养具有全球竞争力的企业群体和优势产业，发展现代制造服务业。

图 1-5 中国制造 2025 规划

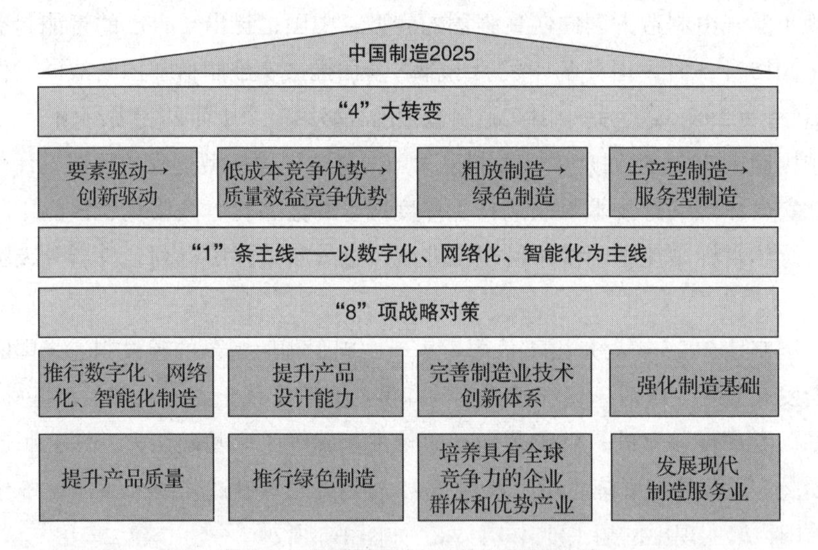

图 1-6 中国制造 2025 规划顶层设计

中国的制造业基础与其他国家不同，具有“工业 2.0/2.5/3.0”多种基础。工业 2.0 的产品研发通常以仿制为主，采用二维为主、三维为辅的设计模式，其设计仿真验证通常是单学科且非规范的，只使用有限加工仿真和部分装配过程仿真，工厂的生产依靠数控机床和部分的自动化设备；工业 3.0 指的是基于模型的数字化企业（Model-Based Enterprise，MBE)，其产品研制基于系统工程与流程驱动，采用多学科联合设计仿真，使用全三维工艺和装配全过程仿真，其生产依赖于机加工柔性生产线或单元；工业 4.0 则涉及智能产品、智能设计、智能工艺、智能工件、智能物流、智能产线等多个方面，包含自组织工厂、自主移动式模块化生产单元、信息物理融合等概念，工业 4.0 要建立涵盖整个生产工艺和生产设备的数字化模型，模型要能根据临时要求，自行配置安全解决方案，工业 4.0 还要通过动态网络实现过程优化，本地控制动态网络，扩展复杂的通信系统。为完成中国制造 2025 的战略目标，中国基于自身的工业基础，制定了“2.0 补课，3.0 普及，4.0 目标”的实施方案。

中国制造 2025 具有九大任务，涉及十大重点领域。九大任务是加强质量和品牌建设、强化工业基础能力、全面推行绿色制造、推进信息化与工业化深度融合、大力推动重点领域突破发展、深入推进制造业结构调整、提高国家制造业创新能力、积极发展服务型制造和生产型服务业、提高制造业国际化发展水平；涉及第一代信息技术、高档数控机床和机器人、航天航空装备、海洋工程装备及高技术船舶、先进轨道交通装备、节能与新能源汽车、电力装备、新材料、生物医药及高性能医疗器械、农业机械装备这十个领域。

1.1.4 智能制造发展战略分析

分析中、美、德各国的智能制造发展战略，可以发现这些发展战略具有许多相似点。各国的目标及方向都很相似，都瞄准了未来的制造业强国地位，通过抢占智能制造前沿技术的制高点，实现国家制造业发展的重大战略意图；各国采用的技术相近，均涉及人工智能、图像识别、语音识别、先进传感器、机器人、CPS、大数据、“互联网 +”等技术领域[4]。

但是，各国的智能制造发展战略也存在着基础不同、战役不同、方式不同的特点。中国同时具有“工业 2.0/2.5/3.0”多种制造业基础，德国可以说是具有“工业 3.8”的基础，而美国的工业技术则领先于全世界。不同的制造业基础也导致了各国采取的战略方式不同，德国和美国选择全面提升智能制造和先进制造，而中国采取“三步走”策略，利用创新驱动战略、“互联网 +”战略双轮驱动[5]，优先发展重点行业。

从不同视角对制造业发展进行剖析，目前主流的制造业发展主要基于大系统视角，它是传统制造视角与信息化视角的融合。而智能制造是在主流制造业的基础上不断满足个性化需求的产物，这也对制造概念的内涵和外延提出了新的挑战，而为了应对这一挑战，制造业发展急需一种新的视角，这就是智能系统视角，它是智能制造视角和深度信息化视角的融合，如图 1-7 所示。

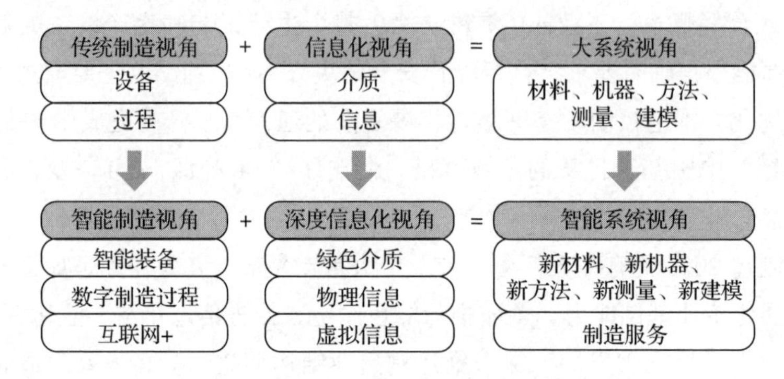

图 1-7　从不同视角剖析制造业发展

总结智能制造的发展目标，就是顺应“互联网 +”的发展趋势，以信息化与工业化深度融合为主线重点促进以云计算、物联网、大数据为代表的新一代信息技术与现代制造业、生产型服务业等的创新融合，发展壮大以智能制造、智能服务为代表的新兴业态，形成协同制造新模式。

1.2　智能制造标准化发展

智能制造，标准先行！作为现代工业运行过程中的关键活动，标准化可以使企业更加方便、稳定地实施新的技术。标准能够带来创新、保护创新，并提高系统的可靠性、市场的相关性、设备的安全性，提供支持智能制造可持续发展的环境。

1.2.1　标准化历程

2014 年 12 月，第一版《工业 4.0 标准化路线图》发布，路线图制定了 12 个方面的标准化路线，分别是：总体架构；使用案例；基本原理（术语、语义描述、关键模型等）；非功能性的特性（效率、安全性、稳定性等）；技术体系和过程的参考模型（生产流程、生产网络、技术过程和设备、过程文档等）；设备和控制功能的参考模型（控制、信号、警报、归档、监控等）；技术和组织过程的参考模型（维护、全生命周期管理、优化、无线应用、信息安全管理等）；人员作用和角色的参考模型（人机接口等）；开发（功能元素、开发过程中的建模和仿真、元件开发的验证和质量保证等)；工程（数字工厂中的产品开发和系统计划、物理实现前的仿真、虚拟试运行、生产计划优化的仿真、结构、试运行等)；标准库（特性库、元素库、服务库、描述语言等)；技术和解决方案（通信平台、服务系统、工作流系统、编程语言等)。

到 2015 年 11 月，第二版《工业 4.0 标准化路线图》发布，提出了工业 4.0 参考架构模型（Reference Architecture Model Industrial 4.0，RAMI 4.0)，如图 1-8 所示。RAMI 4.0 的基本特性参照欧洲智能电网协调组织 2014 年定义的智能电网架构模型（Smart Grid Architecture Model，SGAM)。这一架构在全世界获得广泛认可。

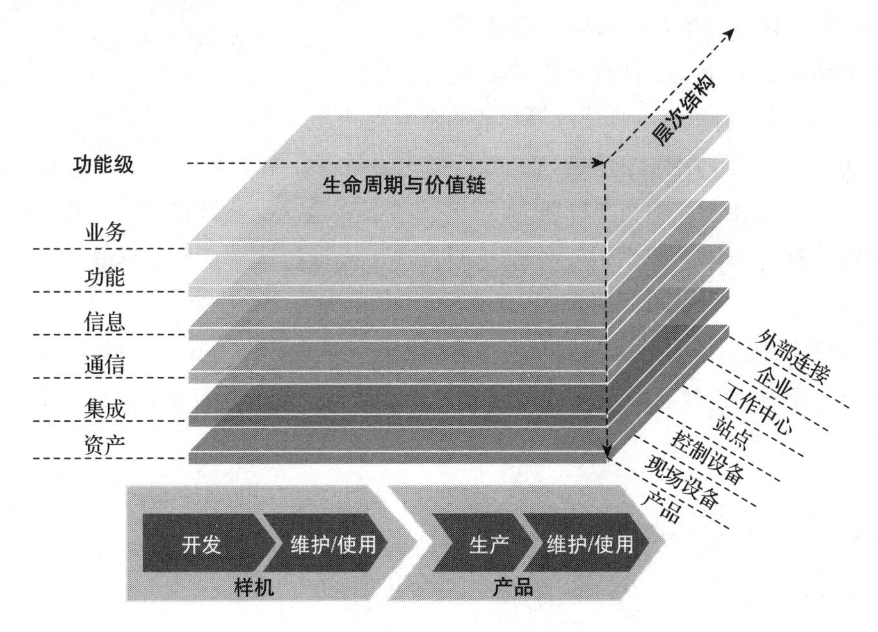

图 1-8 工业 4.0 参考架构模型 [6]

2015 年 6 月，IIC 提出工业互联网参考架构（1.7 版本)，重点面向“工业互联网系统”开发，以 ISO / IEC /IEEE 42010（软件系统“架构描述”）标准作为系统架构设计方法论，提出了包含四个视角的参考架构，如图 1-9 所示。

1）商业视角：确定利益相关者，及其对建立工业互联网系统的商业愿景、价值和目标。

2）使用视角：以具体任务为牵引，确定工业互联网系统使用过程中人或逻辑用户的活动序列。

3）功能视角：确定工业互联网系统的功能要素、相关关系、接口及交互方式。

4）实现视角：确定实现功能要素的关键技术、通信方式和生命周期流程。

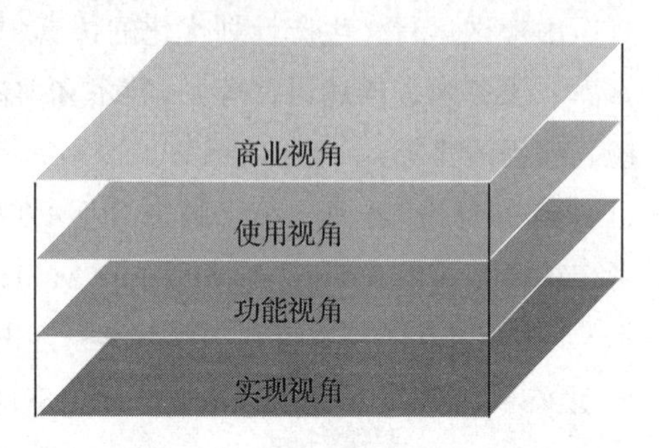

图 1-9 工业互联网参考架构 [7]

2016 年，我国工业和信息化部、财政部印发了《智能制造发展规划（2016—2020 年）》，当中对智能制造概念给出了明确的定义，即：智能制造是基于新一代信息通信技术与先进制造技术深度融合，贯穿于设计、生产、管理、服务等制造活动的各个环节，具有自感知、自学习、自决策、自执行、自适应等功能的新型生产方式 [8]。

2018 年 4 月 19 日，德国工业 4.0 标准化委员会发布了第三版《工业 4.0 标准化路线图》，聚焦于人类在“智能工厂”中所扮演的角色，强调在设计高效、灵活、可持续的符合人体工程学的工作系统时，整个设计过程中必须要考虑到人的重要性。

2018 年 10 月 5 日，美国发布了《美国先进制造业领导力战略》报告，提出发展和推广新的制造技术等三大战略任务，通过推动智能制造标准化来占领产业变革中的有利位置。

1.2.2 智能制造国际标准化组织

1. IEC/SyC SM

IEC 即国际电工委员会，是智能制造相关国际标准化工作的前沿阵地。2016 年 6 月 IEC/SMB（标准管理局）成立了 IEC/SMB/SEG7（智能制造系统评估组），目的是加强顶层设计，并开展广泛的国际合作。IEC/SMB/SEG7 于 2018 年转为 IEC/SyC SM，即智能制造系统委员会，其主要的工作范围包括在智能制造方面进行协调并提出建议，以及促进 IEC 全领域的智能制造标准化工作。IEC/SyC SM 总共有四个特别工作组，分别是 AHG1（市场、沟通和拓展）、AHG2（案例和 IT 工具）、AHG3（智能制造术语）、AHG4（智能制造成果导航索引工具）。

2. IEC/TC65

IEC/TC65 即工业过程测量控制和自动化领域的技术委员会，该组织是 IEC 最大的技术委员会，从 2012 年就开始参与数字工厂国际标准的研制工作，是智能制造相关国际标准化的核心技术组织，为智能制造的发展提供了重要支撑。与 IEC/SyC SM 相似，IEC/TC65 也分为四个分委员会，分别是 SC65A（系统方面）、SC65B（测量和控制设备）、SC65C（工业网络）、SC65E（企业系统中的设备和集成）。

3. ISO/TMB/SMCC

ISO 即国际标准化组织，作为覆盖领域最广、最重要的国际标准制定机构之一，ISO 在智能制造相关领域也开展了积极工作。ISO/TMB（技术管理局）于 2015 年成立了“工业 4.0/ 智能制造战略顾问组”，负责开展工业 4.0 相关标准的研究工作，该组织下设三个子任务组，分别是 AHG1（标准梳理）、AHG2（参考模型）、AHG3（未来标准化需求）。“工业 4.0/ 智能制造战略顾问组”于 2017 年正式转为 ISO/TMB/SMCC（智能制造协调委员会），负责协调 ISO 在智能制造的相关工作，编写智能制造用例，展示如何结合不同的技术、资源和领域。

4. ISO/TC184

ISO/TC184 是 ISO 在智能制造相关领域最重要的技术委员会之一，其工作范围包括信息系统、自动化和控制系统以及集成技术等领域。ISO/TC184 具有三个分委员会，分别是 SC1（物理设备控制）、SC4（工业数据）、SC5（企业系统和自动化应用的互操作、集成和架构）。

5. ISO/IEC JTC1

ISO/IEC JTC1 即国际电工委员会第一联合技术委员会，信息技术是智能制造的重要组成和推动力之一，这一方面的标准主要就由 ISO/IEC JTC1 进行制定。ISO/IEC JTC1 由 17 个分委员会（SC）和 2 个报告小组组成，涉及 12 个不同的技术领域，涵盖的信息技术包括系统和工具的规范、设计和开发，涉及信息的采集、表示、处理、安全、传送、交换、显示、管理、组织、存储和检索等内容。

6. ITU

ITU 即国际电信联盟，主要有无线电通信部门（ITU-R）、标准化部门（ITU-T）和电信发展部门（ITU-D）。ITU-T 将智能制造标准化作为重点工作内容，成立了未来网络研究组（ITU-T SG13）和物联网及其应用研究组（ITU-T SG20）。为了对新兴技术做出更快的响应，ITU 还在研究组内设立智能制造相关技术的焦点组，包括“人工智能和其他新兴技术的环境效率”焦点组（FG-AI3EE）、“面向包括 5G 的未来网络的机器学习”焦点组（FG-ML5G）和“网络量子信息技术”焦点组（FG-QIT4N）。

除上述六个组织机构外，智能制造还涉及 IEC/TC3（信息结构和元素、定义、市场规则、文件和图形符号）、IEC/TC57（电力系统管理和相关信息交换）、IEC/TC121（低压开关柜和控制柜及其部件）、ISO/TC261（增材制造）等其他 IEC 和 ISO 的相关技术委员会。智能制造标准的制定还需要协调 ISA（国际自动化协会）相关工作组、IEEE（电气和电子工程师协会）相关工作组等其他标准化组织。

1.2.3 我国智能制造标准化工作

《国家智能制造标准体系建设指南（2015 年版）》于 2015 年 12 月 29 日由工业与信息化部和国家标准化管理委员会联合发布。以聚焦制造业优势领域、兼顾传统产业转型升级为出发点，按照“共性先立、急用先行”的原则，主要面向跨领域、跨行业的系统集成类标准，通过统筹标准资源、优化标准结构，重点解决当前推进智能制造工作中遇到的数据集成、互联互通等基础瓶颈问题。参考了 RAMI 4.0 和 IEC 相关工作，用于理解智能制造概念，分析现有标准现状和需求。中国智能制造标准化参考模型如图 1-10 所示。

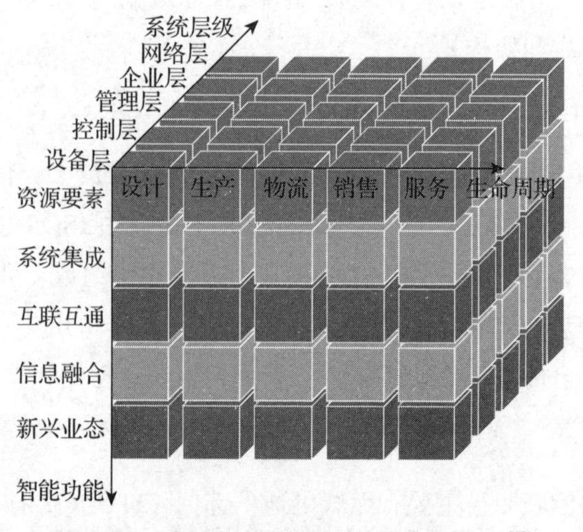

图 1-10 中国智能制造标准化参考模型[9]

1. 生命周期

生命周期是由设计、生产、物流、销售、服务等一系列相互联系的价值创造活动组成的链式集合。生命周期中各项活动相互关联、相互影响。不同行业的生命周期构成不尽相同。

2. 系统层级

系统层级自下而上共五层，分别为设备层、控制层、管理层、企业层和网络层。智能制造的系统层级体现了装备的智能化和互联网协议（IP）化，以及网络的扁平化趋势。

1）设备层包括传感器、仪器仪表、条码、射频识别、机器、机械和装置等，是企业进行生产活动的物质技术基础。

2）控制层包括可编程逻辑控制器（Programmable Logic Controller，PLC）、数据采集与监视控制系统（Supervisory Control And Data Acquisition，SCADA）、分布式控制系统（Distributed Control System，DCS）和现场总线控制系统（Fieldbus Control System，FCS）等。

3）管理层实现面向工厂 / 车间的生产管理，包括制造执行系统（Manufacturing Execution System，MES）等。

4）企业层实现面向企业的经营管理，包括企业资源计划（Enterprise Resource Planning，ERP）系统、产品生命周期管理（Product Lifecycle Management，PLM）、供应链管理（Supply Chain Management，SCM）系统和客户关系管理（Customer Relationship Management，CRM）系统等。

5）网络层由产业链上不同企业通过互联网络共享信息实现协同研发、智能生产、精准物流和智能服务等。

3. 智能功能

智能功能包括资源要素、系统集成、互联互通、信息融合和新兴业态五层。

1）资源要素包括设计施工图纸、产品工艺文件、原材料、制造设备、生产车间和工厂等物理实体，也包括电力、燃气等能源。此外，人员也可视为资源的一个组成部分。

2）系统集成是指通过二维码、射频识别、软件等信息技术集成原材料、零部件、能源、设备等各种制造资源。由小到大实现从智能装备到智能生产单元、智能生产线、数字化车间、智能工厂，乃至智能制造系统的集成。

3）互联互通是指通过有线、无线等通信技术，实现机器之间、机器与控制系统之间、企业之间的互联互通。

4）信息融合是指在系统集成和通信的基础上，利用云计算、大数据等新一代信息技术，在保障信息安全的前提下，实现信息协同共享。

5）新兴业态包括个性化定制、远程运维和工业云等服务型制造模式。

随着中国智能制造标准化的推进，形成了“点”“线”“面”式的具有中国特色的智能制造标准化发展方式，下面举例说明。

（1）智能制造系统架构的“点”示例：PLC

PLC位于智能制造系统架构生命周期的生产环节、系统层级的控制层级，以及智能功能的系统集成，如图1-11所示。已发布的PLC标准主要包括：

- GB/T 15969.1 可编程序控制器第1部分：通用信息应用和实现导则。
- IEC/TR 61131-9 可编程序控制器第9部分：小型传感器和执行器的单量数字通信接口（SDCI）。

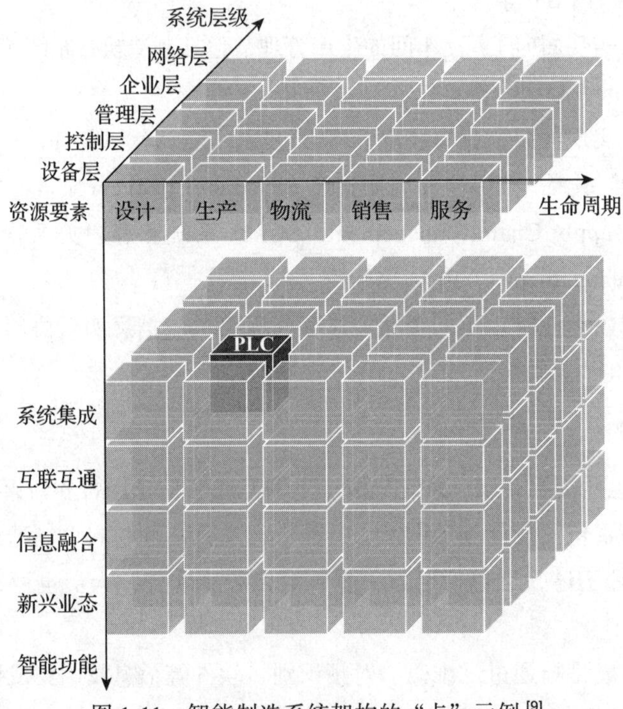

图1-11　智能制造系统架构的“点”示例[9]

（2）智能制造系统架构的“线”示例：工业机器人

工业机器人位于智能制造系统架构生命周期的生产环节、系统层级的设备、控制和管理三个层级，以及智能功能的资源要素，如图 1-12 所示。已发布的工业机器人标准主要包括：

- GB/T 19399—2003 工业机器人编程和操作图形用户接口。
- GB/Z 20869—2007 工业机器人用于机器人的中间代码。

正在制定的工业机器人标准主要包括：

- 20120878-T-604 机器人仿真开发环境接口。
- 20112051-T-604 开放式机器人控制器通信接口规范。

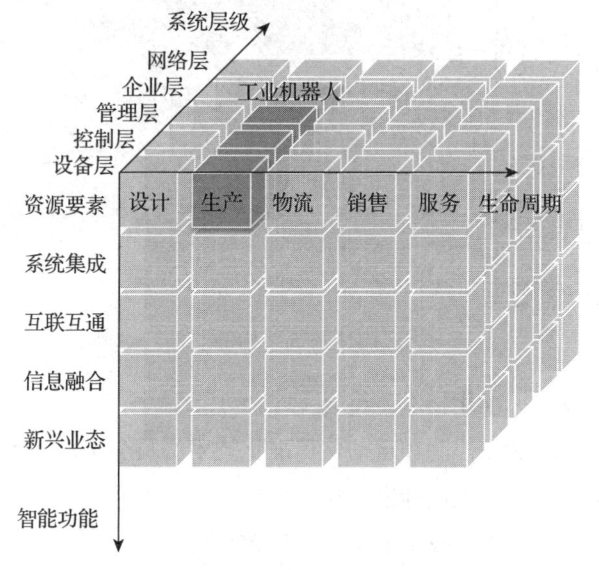

图 1-12 智能制造系统架构的“线”示例[9]

（3）智能制造系统架构的“面”示例：工业机器人

工业互联网位于智能制造系统架构生命周期的所有环节、系统层级的设备、控制、管理、企业和协同五个层级，以及智能功能的互联互通，如图 1-13 所示。已发布的工业互联网标准主要包括：

- GB/T 20171—2006 用于工业测量与控制系统的 EPA 系统结构与通信规范。
- GB/T 26790.1—2011 工业无线网络 WIA 规范第 1 部分：用于过程自动化的 WIA 系统结构与通信规范。
- GB/T 25105—2014 工业通信网络现场总线规范类型 10:PROFINETIO 规范。

在标准化参考模型指导下，中国共成立了九个智能制造综合标准化工作组，具体如下：

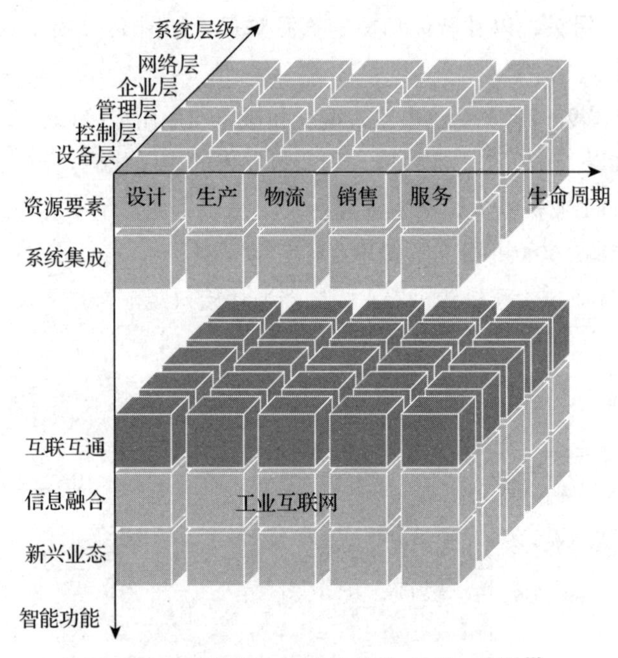

图 1-13　智能制造系统架构的“面”示例[9]

- 全国信息技术标准化技术委员会（TC28）
- 全国工业过程测量控制和自动化标准化技术委员会（TC124）
- 全国自动化系统与集成标准化技术委员会（TC159）
- 全国信息安全标准化技术委员会（TC260）
- 全国通信标准化技术委员会（TC485）
- 增材制造标准化技术委员会（TC562）
- 中国电子信息产业发展研究院
- 上海工业自动化仪表研究院
- 全国电工电子产品可靠性与维修性标准化技术委员会（TC24）

1.3　智能制造模式

近几年来，工业 4.0 概念的兴起，拉开了新一代智能制造技术应用的大幕，物联网技术、移动宽带、云计算技术、信息物理系统以及大数据技术先后应用于制造系统，逐渐改变了当前的制造模式发展格局，极大地推动了新型制造模式的发展。

1.3.1 典型智能制造模式

随着智能制造技术的发展应用，已经诞生了一批典型的智能制造模式，这些新模式可以划分为九大类。

1）以满足用户个性化需求为引领的大规模个性化定制制造模式，代表企业有：青岛红领、佛山维尚家具、浙江报喜鸟、美克家居。

2）以缩短产品研制周期为核心的产品全生命周期数字一体化制造模式，代表企业有：中国商飞、中航工业西安所、长安汽车、三一集团。

3）基于工业互联网的远程运维服务制造模式，代表企业有：陕鼓动力、金风科技、哈尔滨电机厂、博创智能。

4）以供应链优化为核心的网络协同制造模式，代表企业有：西安飞机工业、潍柴动力、美的集团、泉州海天材料科技。

5）以打通企业运营“信息孤岛”为核心的智能工厂制造模式，代表企业有：海尔集团、九江石化、宝山钢铁、东莞劲胜。

6）以质量管控为核心的产品全生命周期可追溯制造模式，代表企业有：伊利集团、蒙牛乳业、康缘药业、丽珠医药。

7）以提高能源资源利用率为核心的全生产过程能源优化管理制造模式，代表企业有：镇海炼化、江西铜业、唐钢公司、桐昆集团。

8）基于云平台的社会化协同制造模式，代表企业有：航天智造、山东云科技、矿冶总院。

9）快速响应多样化市场需求的柔性制造模式，代表企业有：宁夏共享、宁波慈星。

1.3.2 智能制造应用模式案例

1. C2M 制造模式：山东青岛红领集团

2012 年以来，中国服装制造业订单快速下滑，大批品牌服装企业遭遇高库存和零售疲软。面对市场疲软带来的压力，青岛红领依托大数据技术，在全球第一个实现服装大规模个性化定制的智能制造，创造了 C2M（Customer to Manufactory）+O2O 的全新营销模式。C2M 制造模式是以信息化与工业化深度融合为引领，以 3D 打印技术为代表，从而实现个性化定制的大规模工业化生产，是信息化和互联网条件下的个性化制造，其先进性在于以工业化的效率制造个性化产品，效率高、成本低、质量稳定、满足个性化需求，如图 1-14 所示。

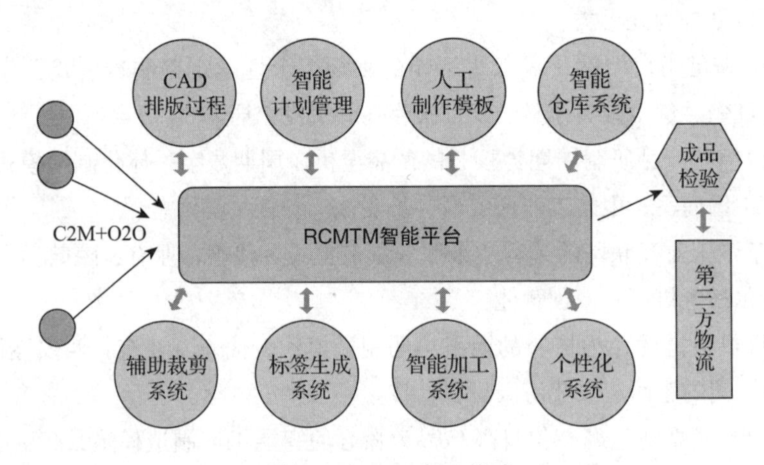

图 1-14　C2M 制造模式

C2M 制造模式下，顾客可以在一分钟内拥有专属于自己的“版型”，全球客户可以在网上自主设计，自主选择自己想要的款式、面料、工艺，如纽扣的样式和数量、刺绣的内容，甚至每一处缝衣线的颜色和缝法都可以无限满足。这些依靠的就是个性化定制的智能系统，这套系统可以实现版型设计、工艺匹配、面辅料供应整合、任务排程、工序分配、驱动裁剪、指挥员工流水线生产、服装配套、服装入库等环节自动化生产，工厂可以在七个工作日内完成服装制造，顾客可以在 10 天左右就收到完全属于自己的个性化定制的服装。成本仅是非定制服装的 1.1 倍。

2. 大规模定制化生产制造模式：海尔冰箱

为提升企业竞争力，更稳固地占据市场，海尔冰箱提出了“大规模定制化生产”制造模式，该制造模式具有四个特点：个性化的客户需求与设计；供应商与制造商之间的信息共享；生产、售后服务的快速响应；产品智能化、生产自动化的智能工厂。“大规模定制化生产”流程如图1-15所示。

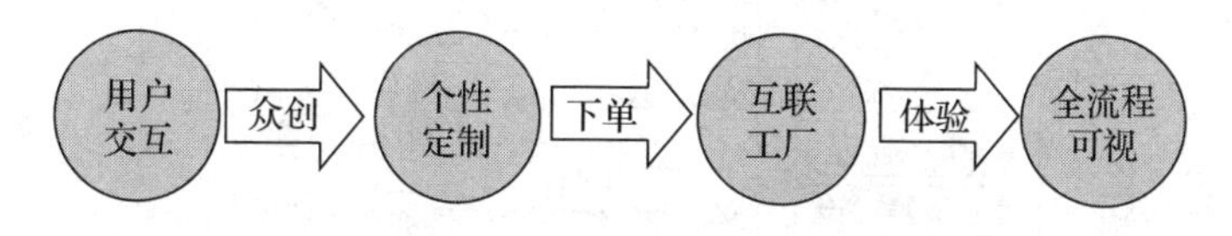

图1-15　“大规模定制化生产”流程

1）用户交互：设计到制造全流程可视化，对象包括实时生产信息、核心模块供应商信息、核心质量信息等。

2）个性定制：通用性较高部件为不变模块，可变模块可由用户随意转变定制，如机身材质、容量、颜色等。

3）互联工厂：通过工厂改造，实现标准化、精益化、模块化、数字化、自动化、智能化。

4）全流程可视：以MES为核心，对工厂内的制造资源、计划、流程等进行实时管控。

3. 可视化数字工厂制造模式：上海电气临港工厂

上海电气电站设备有限公司临港工厂成立于2007年8月1日，主要生产大型电站主机设备，是上海电气“8+1”世界级工厂建设企业之一。作为工信部“两化融合”示范基地，临港工厂从成立之初就采用国际化的管理理念、先进的加工设备，以数字化手段逐步形成了行业内技术领先的“可视化”数字工厂。

上海电气临港工厂为解决传统制造业企业计划和实际生产脱节的问题，自主开发了适合大型离散制造行业的离散型MES（如图1-16所示）以完善车间的执行管理，在传统的ERP生产计划排产的基础上，通过实施高级计划排程系统，降低综合生产成本，快速响应客户和市场需求的变化，并通过建立ERP系统与MES间信息的自动流转机制，实现采购、生产、销售等业务的无缝集成，实现产品生产过程的跟踪和监控。

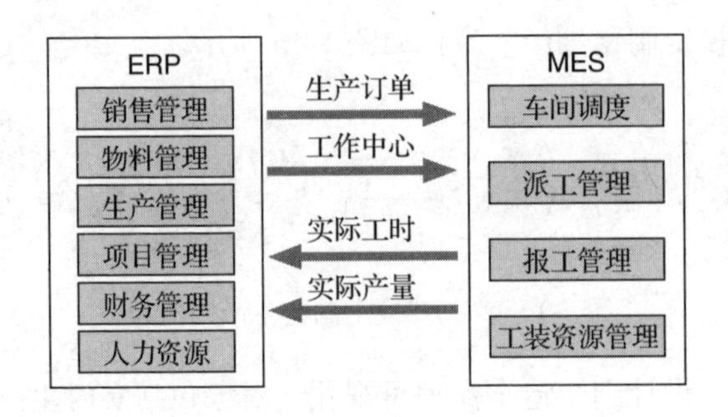

图 1-16 离散型 MES

“可视化数字工厂”制造模式通过 ERP 系统、MES 等一体化信息平台的集成应用，实时收集车间实际生产进度和质量数据，并通过管理看板予以展现，使管理及生产人员清晰了解工厂计划与实际完成情况，实现生产制造精细化管理。

4. 大数据分析制造模式：航天八院八部

航天八院综合测试大数据管控中心与总装厂综合测试现场的数据实时传输链路成功打通，这标志着综合测试大数据管控平台一期建设完成，总体部、总装厂的设计生产联动已经达成。目前八院八部开展的工业大数据应用主要在以下几个方面。

1）远程诊断模式。视频直播模块实现了总体部与总装厂房的信息交互，拉近了两者之间的空间距离。总体部设计师不用去总装厂，在平台上就可以通过视频直播实时了解总装厂房的状态，并远程进行技术支持。综合测试发生故障时，设计师可以实时接收测试设备推送的故障过程数据，结合“数据回放”模块快速进行故障判读分析。远程诊断工作通常在半小时内就可以实现，相比原有诊断模式，诊断效率提升率达 80% 以上，而故障的快速响应对型号研制和生产效率的提升具有重要意义。

2）数据分析服务。数据分析服务是综合测试大数据管控平台的又一重要功能，以往型号的包络分析工具均由各型号总体设计师完成，这不仅增加了总体设计师的负担，还造成分析工具五花八门、无法统一。为此，管控平台提供了通用的成功包络分析工具，可对各型号开展包络分析，并进行极值、均值、方差、序号等个性化调整和设置，快速获取包络线外数据的对应信息。此外，管控平台还可快速实现批产产品的一致性分析，通过人工智能算法对产品的时序逻辑进行验证和分析，支持设计师开展产品潜回路故障分析和预警，为产品的健康状态评估提供大数据支撑。

5. 绿色智能化纤工厂制造模式：桐昆集团

桐昆集团以工艺创新为基础，研发并应用智能化的新工艺、设备，达到优化生产工艺的目的。通过与相关高新技术企业合作，桐昆集团正在快速建造自己的绿色智能化纤工厂，以桐昆恒邦厂区四期纺丝工段为例。涤纶长丝丝饼是桐昆集团的主要产品，聚对苯二甲酸乙二醇酯（PolyEthylene Terephthalate，PET）熔体自喷丝板挤出并形成一道道熔体细流，经过冷却吹风、集束上油形成长丝，再经过纺丝雨道由卷绕工段的卷绕头形成一个个丝饼。其中，长丝由几十根甚至上百根细若发丝的细丝融合而成，并且长丝在每分钟几千米的速度下卷绕成丝饼。此过程需要严格的工艺控制，稍微一点参数的波动都有可能造成飘丝，而如果飘丝未被及时发现和处理便会造成断头，进而降低产品优等率，降低企业效益。飘丝、断头一直以来都是困扰业内的难题，以往只能由线上纺丝工人进行巡检来处理，但是工人巡检的不及时甚至误检、漏检时有发生，桐昆集团通过配置自动巡检机器人，对飘丝、断头进行智能监控，并实时输出监控数据，引导相关工作人员进行处理。通过对收集到的信息进行分析，能够帮助车间及时发现飘丝、断头等现象产生的原因，提高产品优等率。

绿色工厂的核心主题就是节能减排，桐昆集团恒邦厂区四期项目自建立之初便对产能效益和绿色工厂概念进行了综合考量，在厂区之间建立了完善的链廊物流系统，该物流系统如同血管一样连接着各个厂区并深入到厂区的各个车间，为各车间之间丝饼的运输、信息交换带来了极大便利。卷绕车间生产的丝饼由自动落筒机器人落到丝车上，再由链廊运往其他车间，省去了许多中间环节，在提高厂区内物流效率的同时，降低了能源损耗。

此外，桐昆集团还与中国电信签署了5G发展战略，利用5G通信所具备的高速率、低延迟特点，建立信息化系统，通过先进的信息技术，对与车间相关的信息进行采集、整理、传送和分析，提升生产过程自动化率，推动企业管理方式网络化，促进领导决策智能化，实现企业商务运营电子化。

参考文献

[1] 周济，李培根，等．走向新一代智能制造 [J]. Engineering, 2018, 4(1): 28-47.

[2] ROJKO A. Industry 4.0 concept: background and overview[J]. International journal of interactive mobile technologies, 2017, 11(5): 77-90.

[3] 孟小峰，慈祥．大数据管理：概念、技术与挑战 [J]. 计算机研究与发展, 2013, 50(1): 146-169.

[4] 张洁，汪俊亮，吕佑龙，等．大数据驱动的智能制造 [J]. 中国机械工程, 2019, 30(2): 127-133; 158.

[5] 周济．智能制造——“中国制造 2025”的主攻方向 [J]. 中国机械工程，2015, 26(17): 2273-2284.

[6] 李海花．各国强化工业互联网战略标准化成重要切入点 [J]. 世界电信, 2015(7): 24-27.

[7] 祝毓．国外工业互联网主要进展 [J]. 竞争情报，2018, 14(6): 59-65. DOI: 10.19442/j.cnki.ci.2018.06.015.

[8] 智能制造发展规划（2016—2020 年）[J]. 中国仪器仪表，2017(1): 32-38.

[9] 工业和信息化部，国家标准化管理委员会．智能制造标准体系建设指南 [R]. 北京：2015.

Chapter2 第 2 章

智能制造系统模型

近年来，随着数字化、信息化、网络化、自动化和人工智能技术等的发展，特别是德国工业 4.0、中国制造 2025 的推出，智能制造获得了快速发展的新契机，已成为现代先进制造业新的发展方向。

本章将首先从智能制造系统标准化参考模型出发，详细介绍德国和美国所提出的智能制造系统模型，其次在归纳总结智能制造内涵及核心要素、智能制造发展路径的基础上，详细介绍智能制造能力成熟度模型以及信息物理系统模型。

2.1 智能制造系统标准化参考模型

新一代信息技术与制造技术的深度融合，形成了新的生产方式、产业形态、商业模式和经济增长点，并由此引发了影响深远的产业变革。越来越多的国家意识到了这一战略性的发展机遇，发达国家为了在新一轮制造业竞争中重塑并保持新优势，纷纷实施“再工业化”战略。一些发展中国家在保持自身劳动力密集等优势的同时，积极拓展国际市场、承接资本转移、加快技术革新，力图参与全球产业再分工，其中德国工业 4.0 以及美国工业互联网的战略计划具有广泛的国际影响力。

2.1.1 工业 4.0 参考架构模型

工业 4.0 参考架构模型（RAMI 4.0），是从产品生命周期 / 价值链、层级和架构等级三个维度，分别对工业 4.0 进行多角度描述的一个框架模型。它代表了德国对工业 4.0 所进行的全局的思考。工业 4.0 参考架构模型如图 2-1 所示，其纵、横、斜向分别按功能特性的物理系统分层、产品生命周期和价值链各阶段划分、企业信息集成程度分层，通过此模型可识别现有标准在工业 4.0 中的作用以及现有标准的缺口和不足。

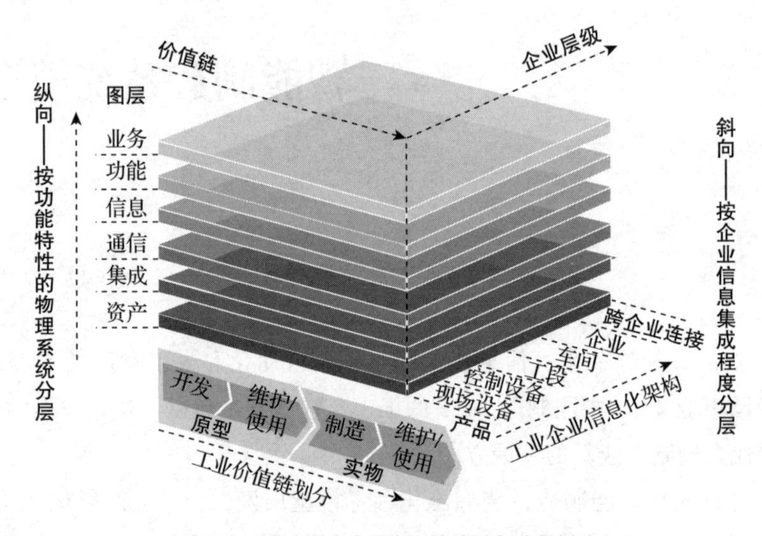

图 2-1　工业 4.0 参考架构模型 [1]

1. 纵向——按功能特性的物理系统分层

为便于将物理系统按其功能特性分层进行虚拟映射，按照 IT 和通信技术常用的方法，将纵轴自上而下划分为 6 个层级：业务、功能、信息、通信、集成、资产。

1）业务层要保证价值链中功能的完整性，并映射业务模型及其产生的全部流程。业务层不仅要对系统必须遵守的规则建模，还要对功能层的各种服务语义进行协调，将不同的业务过程链接以及接收让业务过程运行的事件。

2）功能层处理各种必需的功能，由它进行功能的正式描述，并且它是各种横向集成的平台，承担支持业务过程的运行期和建模环境的服务，以及承担各种应用和技术功能的运行期环境。

3）信息层容纳相关的数据，为形成事件的处理环境，执行与事件相关的规则，并对这些规则进行正式的描述。

4）通信层用来处理通信协议，以及数据和文件的传输。在指向信息层的方向上采用统一的数据格式，使通信实现标准化，并为集成层的控制提供服务。

5）集成层是以计算机能够处理的方式提供资产的信息，对技术过程进行计算机辅助的控制，生成来自资产的事件。

6）资产层处于最底层，连同其上层集成层一起被用来对各种资产进行数字化的虚拟表达。

2. 横向——按产品生命周期和价值链各阶段划分

工业 4.0 为整个产品、机械装备和工厂的生命周期的改善提供了巨大的潜力。为了使这些关系可视化和标准化，参考架构模型的第二个轴需要表达生命周期及其相关的价值链，基本参照 IEC 62890（即 ISA 105）生命周期管理国际标准。将它划分为两个阶段：设计开发和样机研发阶段（原型）和实际实现阶段（实物）。

在原型阶段，从初始的设想到初样的开发，再到样机的试制、测试和验证以至试用，最后该型号产品得以定型，可以转至批量工业生产。

在实物阶段，产品以工业生产的方式和规模进行制造。每一个制造出来的产品表示这种型号产品的一种实现，具有其唯一的生产串号。向用户提供的是该型号产品的实现。从销售阶段起，对产品改善的要求将返回制造厂，可对该产品的技术文件予以修正。由此产生的新型号产品用于制造新的实现。

在工业 4.0 中，价值链的数字化和链接蕴藏巨大的改善潜力，其中物流数据可用于装配过程，企业内或工厂内的物流则依据未交货订单对物流进行调度。采购部门可实时查看库存，能够在任意时间点掌握各零部件的供货商信息，以便及时补充库存，客户可以知道订购的产品在生产过程中完成的进度。把采购、订货计划、装配、物流、维护、供货商和客户等各个方面都链接在一起，产生巨大的改善潜力。由此，生命周期必须与其所包括的增值过程紧密结合在一起，把所有相关的工厂和合作伙伴，从制造工程到零部件供应商，一直到客户全部紧密连在一起。

3. 斜向——按企业信息集成程度分层

参考架构模型的第三个轴描述在工业 4.0 的各种环境下功能分类的多层级，按照 IEC 62264（即 ISA S95）和 IEC 61512（即 ISA S88）企业信息集成国际标准的功能层级划分。根据工业 4.0 的概念，在底层增加了“产品”层，在顶层增加了“跨企业连接”层。

工业 4.0 基本单元是一个描述信息物理系统（CPS）详细特性的模型，CPS 是一种在生产环境中的真实物理对象，通过与其虚拟对象和过程联网通信的系统。在生产环境中，从生产系统和机械装备到装备中的各类模块，只要满足了这些特性，不管是硬件基本单元还是软件基本单元，都具备和符合了工业 4.0 要求的能力。

工业 4.0 的基本单元可以是硬件单元，也可以是软件单元。要成为工业 4.0 的基本单元，就必须在整个生命周期内采集所有相关数据，存放在由该基本单元所承载的具有信息安全的电子容器内，并由它把这些数据提供给企业价值链活动全过程。在工业 4.0 的基本单元的模型中，这个电子容器就称为“管理壳”。其中基本单元的真实对象必须具有通信能力，以及相应的数据和功能。这样，在生产环境中的硬件单元和软件单元之间都能进行符合工业 4.0 要求的通信。

在生产环境中的硬件单元（如一台机械装备）或软件单元，其所有的相关数据都包括该单元的虚拟映射。这种虚拟映射存放在管理壳内，这使得网络化制造完全有了实施的可能性。工业 4.0 基本单元的管理壳存放了大量数据和信息，包括由制造商提供的 CAD 数据、电路接线图、手册等。系统集成商、工厂和装备的操作人员又增加了与其他硬 / 软件连接的信息和维护信息。工业 4.0 的平台规定了数据信息安全的措施，确保数据的可用性、可信性和完整性。管理壳还提供一定的功能，包括项目的规划、组态、运行、维护和复杂的业务逻辑功能等。服务数据和功能不但在基本单元内可用，而且也可在企业的网络甚至云端使用。这样做优点是信息只要存储一次，同时又可以通过 IT 服务向任意用户或任意应用实例透明提供。采用符合工业 4.0 的通信协议和管理壳的概念实现生产环境中各个基本单元的横向集成和纵向集成。总之，所有的信息都能在工程技术、工业工程以及操作运行和维护上无缝地运用。

为了使工业 4.0 获得成功，关键的问题是管理壳中不但要存储机械装备的信息，还要存储其特定的零部件的信息。举例来说，某些机械的质量往往取决于伺服轴的性能，因而伺服轴的特性必须被集中的维护系统所记录。同样在自动化系统中，有些部件（如端子排）本身是没有数据接口的，但是它存放在管理壳中的信息应该是端子连接到哪里、为什么这样连接、什么时候连接等。这样每个零部件就成为网络化生产中的智能零部件。

2.1.2 IIC 工业互联网总体架构

2015 年 6 月，IIC 提出工业互联网参考架构（1.7 版本），重点面向“工业互联网系统”开发，以ISO/IEC/IEEE 42010（软件系统“架构描述”）标准作为系统架构设计方法论，提出了包含四个视角的参考架构，其利益相关方包括决策者、产品经理、操作者、系统工程师、程序员或相关组织。

1. 总体架构方面

包含商业、使用、功能、实现四个视角。

1）商业视角：确定利益相关者，及其对建立工业互联网系统的商业愿景、价值和目标。

2）使用视角：以具体任务为牵引，确定工业互联网系统使用过程中人或逻辑用户的活动序列。

3）功能视角：确定工业互联网系统的功能要素、相关关系、接口及交互方式，其中工业互联网系统功能架构如图2-2所示。

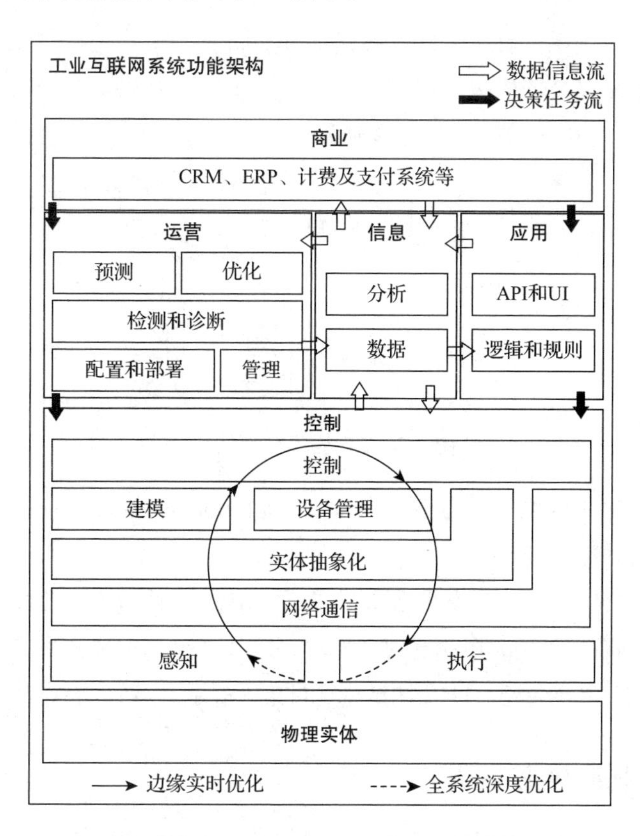

图2-2 工业互联网系统功能架构[1]

- 工业互联网系统功能包括五个方面：控制、运营、信息、应用和商业。控制域是实现信息世界与物理世界交互的关键；信息域具备数据汇集、分析、分发功能，是其他模块优化的核心驱动。
- 数据信息流与决策任务流方面：控制模块、运营模块、应用模块、商业模块的原始数据均会汇集到信息模块进行集中处理分析，形成相关优化信息反馈给各个模块；决策和任务由上至下传递，现有工业系统层级能够满足由上至下的决策控制。
- 实时闭环与深层优化闭环方面：依托边缘计算分析，形成的实时控制闭环；依托高性能的综合数据分析处理，形成更深层次的工业系统优化闭环。

4）实现视角：确定实现功能要素的关键技术、通信方式和生命周期流程。

2. 全球化布局方面

IIC 与德国、中国、日本、印度等国进行了如下合作。

1）与德国开展参考架构对接。

2）推动成立国家分部，如图 2-3 所示。

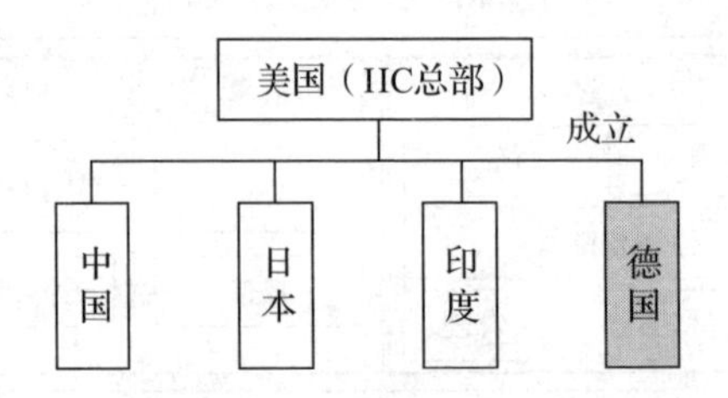

图 2-3　IIC 国家分部情况

3）组织世界物联网解决方案大会（IoT Solution World Congress，ISWC），打造工业互联网领域的“巴展”。

IIC 于 2015 年 9 月在巴塞罗那举办首届 ISWC，埃森哲、GE、IBM、微软、Vodafone 作为钻石赞助商，吸引超过 4500 人参加，120 多名嘉宾发表演讲，89 家厂商参展，设立 83 个分会场，11 个测试床项目集中展示。

2.1.3　智能制造生态系统

2016 年 2 月，美国国家标准与技术研究院（NIST）工程实验室系统集成部门，发表《智能制造系统现行标准全景图》，规定的智能制造生态系统如图 2-4 所示。

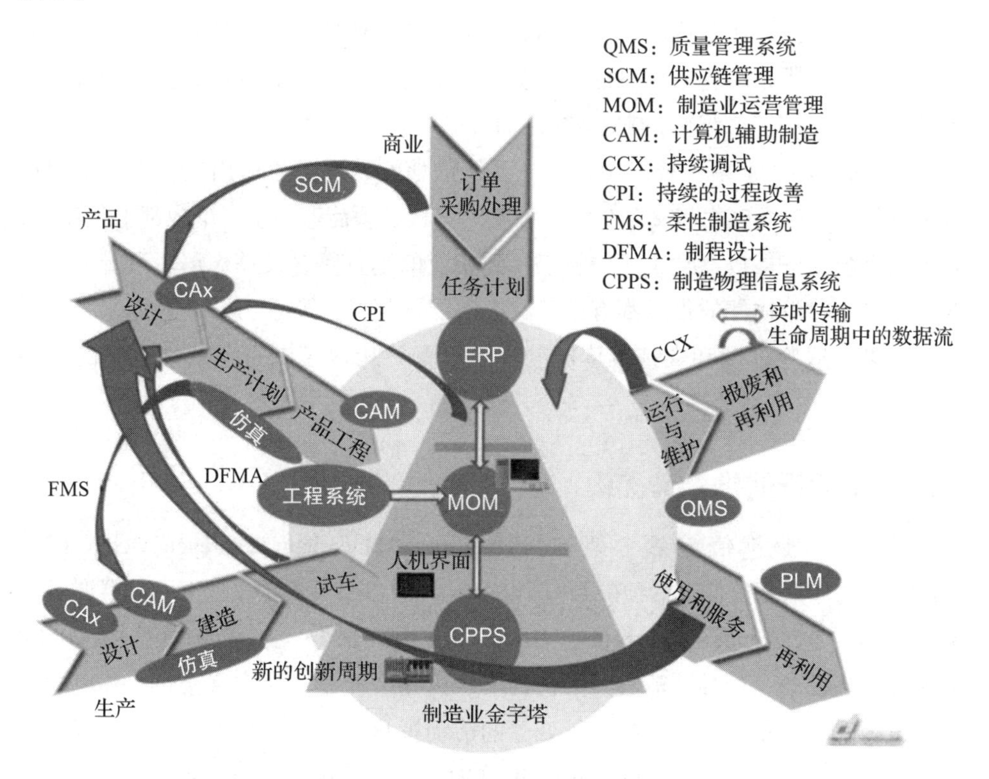

图 2-4 NIST 智能制造生态系统 [2]

NIST 智能制造生态系统模型涵盖制造系统的广泛范围，包括业务、产品、管理、设计和工程功能。给出了智能制造系统的三个维度，即产品维度、生产系统生命周期维度和供应链管理的商业周期维度。制造业金字塔是其核心，三个生命周期在这里汇聚和交互。

1）第一维度：产品维度：涉及信息流和控制，智能制造生态系统（SMS）下的产品生命周期管理包括 5 个阶段，分别是设计、生产计划、产品工程使用和服务、再利用。

2）第二维度：生产系统生命周期维度：关注整个生产设施及其系统的设计、建造、试车、运行与维护、报废和再利用。“生产系统”在这里指的是从各种集合的机器、设备和辅助系统组织和资源创建商品和业务。

3）第三维度：供应链管理的商业周期维度：关注供应商和客户的交互功能，电子商务在今天至关重要，使任何类型的业务或商业交易，都会涉及利益相关者之间的信息交换。在制造商、供应商、客户、合作伙伴，甚至是竞争对手之间的交互标准，包括通用业务建模标准，制造特定的建模标准和相应的消息协议，这些标准是提高供应链效率和制造敏捷性的关键。

4）制造业金字塔：智能制造生态系统的核心，产品生命周期、生产周期和商业周期都在这里聚集和交互。每个维度的信息必须能够在金字塔内部上下流动，为制造业金字塔从机器到工厂，从工厂到企业的垂直整合发挥作用。沿着每个维度，制造业应用软件的集成都有助于在车间层面提升控制能力，并且优化工厂和企业决策。这些维度和支持维度的软件系统最终构成了制造业软件系统的生态体系。

2.1.4 工业价值链参考架构

日本“工业价值链参考架构”（Industrial Value chain Reference Architecture，IVRA）是日本版智能制造的顶层架构，该架构同时参考了美国工业互联网联盟的参考框架（IIC Reference Architecture，IIRA）和德国工业 4.0 参考架构模型 RAMI 4.0 的内容，从设备、产品、流程、人员的资产视角，质量、成本、交付、环境的管理视角，以及计划、执行、检查、处置的活动视角，组成三维模型，并细分出智能制造单元（Smart Manufacturing Unit，SMU），进而提出了智能制造的总体功能模块架构，体现了日本以人为中心、以企业发展为目标、细致而务实的传统思想，形成了日本智能制造的特有范式。

日本工业界普遍认为，智能制造是复杂系统，即“系统的系统”（System of Systems SoS），它主要是为了应对产业的多样性和个性化需求，通过通信和连接各种自治的制造单元。如图 2-5 所示，IVRA 三维模型中的每一个小立方块被称为“智能制造单元”（SMU），可以大幅度提升生产率和整体效率。SMU 是构建智能制造大厦的砖瓦，在定位上类似于 RAMI 4.0 中的“组件”，但是在彼此的通信和连接上，又类似于 IIRA 中的构建方式，即多个自主 SMU 互相连接。SMU 之间的连接既可以在一家企业内部实现，也可以在企业之间实现。SMU 可从资产视图、活动视图和管理视图这三个视角来发现工业价值链核心要素。

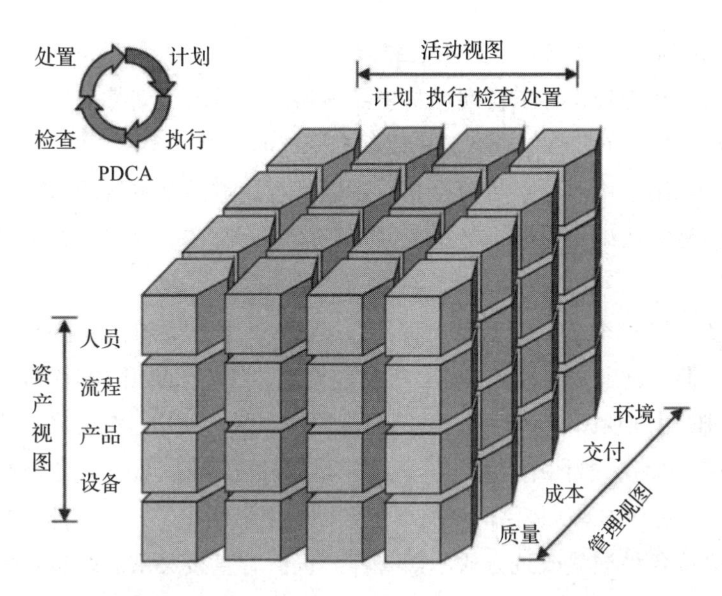

图 2-5 日本工业价值链参考架构（IVRA）[3]

1）SMU 资产视图展示了制造企业有价值的资产，任何活动的对象都可以被称作资产。资产分为四大类：

- 人员资产：人员是企业的宝贵资产。工人在物理世界生产产品，不管其职务是否是管理者，人员都会做决定并给其他人下达指示。
- 流程资产：制造现场具有宝贵的操作知识，如生产流程、方法和技能。这些生产流程中的知识也是制造资产。
- 产品资产：制造出的产品和生产中消耗的材料都是资产，最终成为产品一部分的零部件和装配件同样也是产品资产。
- 设备资产：用于制造产品的设备、机器和装置统称为设备资产，操作设备所需要的物件如夹具、工具和辅料也属于设备资产。

2）SMU 活动视图包含了各类人员和设备在物理世界制造现场从事活动、创造价值的成果。

可将这些活动看作一个连续的动态循环，不管一项活动的目的和对象如何，活动视图都是四种基本活动（PDCA）循环的组成部分，即"计划"、"执行"、"检查"和"处置"。

- 计划：编制需要在规定期限或规定时间内完成的工作清单，同时确定行为目标以完成 SMU 既定任务或目标。

- 执行：在物理世界工作现场从事具体活动，努力达到某一目标，它可以基于现有目标创建新的资产或更改现有资产的状态。
- 检查：用于检验计划活动设立的目标是否达成的基本活动。采用分析测量或检测方法确定物理世界是否因执行活动而改变，并在没有实现目标时调查原因。
- 处置：以检查结果为基础，旨在改变 SMU 本身架构，以补齐当前条件差距，即通过定义理想状态和目标问题修复的任务来提升 SMU 功能。

3）SMU 管理视图展示了资产和活动应关注质量、成本、交付和环境四个方面的管理目的和指标。视图中的每一个方面都可以独立管理，也可以进行整体优化。

- 质量：检测 SMU 提供的产品或服务性能是否满足客户或外部世界要求。可以讨论各种质量改进方式，如与客户价值有直接关系的产品质量、与产品或服务相关联设备的质量，以及所有与人和方法有关的质量。
- 成本：检测因 SMU 提供某种产品或服务而直接和间接花费的财务资源及物品开销的总和。成本的概念包括转变成产品的耗材、为操作设备投入的服务、能耗和维持管理设备的间接财务资源及物品开销。
- 交付：检测 SMU 按客户要求的时间、地点、方式将产品交付到客户手中的准确率指标。对每位客户都应该做到以最优方式交付。
- 环境：检测 SMU 与环境协调时，相关活动是否给环境造成过量负担，维持环保的、友好的环境及邻里关系。包括检测有毒物质排放和二氧化碳排放，优化能耗。

2.2 智能制造能力成熟度模型

智能制造能力成熟度模型给出了组织实施智能制造要达到的阶梯目标和演进路径，提出实现智能制造的核心能力及要素、特征和要求，为内外部相关利益方提供一个理解当前智能制造状态、建立智能制造战略目标和实施规划的框架，引导企业科学地弥补战略目标与现状之间的差距。

智能制造能力成熟度模型，对智能制造内涵和核心要素的深入剖析，遵循了《国家智能制造标准体系建设指南（2015 版）》中对智能制造系统架构的定义，从生命周期、系统层级、智能功能3个方面统筹考虑，归纳为“智能+制造”2个维度来解释智能制造的核心组成，进一步分解形成设计、生产、物流、销售、服务、资源要素、互联互通、系统集成、信息融合、新兴业态10大类能力以及细化的27个要素域，对每个域进行分级，每一级别对应相应的要求，构成智能制造能力成熟度矩阵，模型架构与能力成熟度矩阵的关系如图2-6所示。

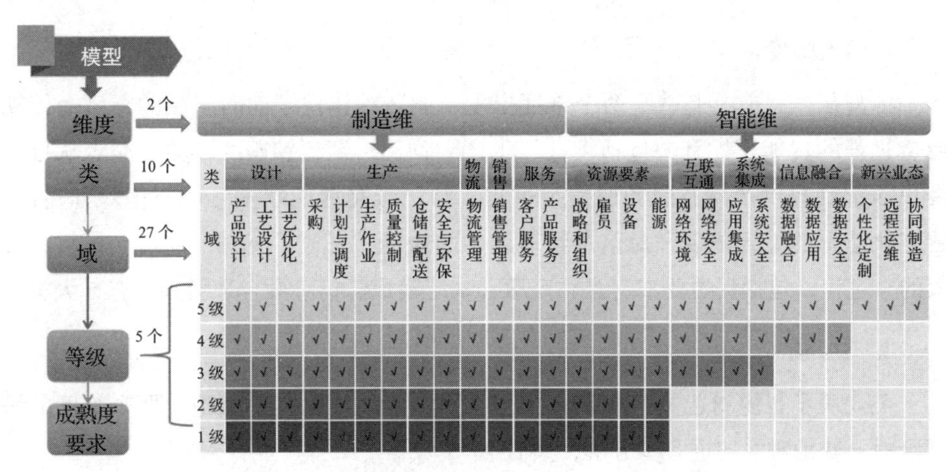

图2-6 模型架构与能力成熟度矩阵的关系[4]

2.2.1 智能制造能力成熟度模型定义

成熟度是一套管理方法论，它能够精炼地描述一个事物的发展过程。通常将事物发展描述为几个有限的成熟级别，每个级别有明确的定义、相应的标准以及实现该级别的必要条件。比较著名的成熟度理论有：软件能力成熟度模型（SW-CMM）、制造成熟度模型（MRL）和智能电网能力成熟度模型（SGMM）等。

SW-CMM：对于软件组织在定义、实施、度量、控制和改善其软件过程的各个发展阶段的描述。这个模型用于评价软件组织的现有过程能力，查找出软件质量及过程改进方面的最关键的问题，从而为选择过程改进策略提供指南。

MRL：用于确定生产过程中制造技术是否成熟，以及技术转化过程中是否存在风险，从而管理并控制产品生产，使其在质量和数量上实现最佳化，能够为企业提高制造水平提供指导依据。

SGMM：是一个管理工具，提供了帮助组织了解当前智能电网部署和电力基础设施性能的框架，并为建立有关智能电网实施的战略与工作计划提供参考。

2.2.2 智能制造能力成熟度模型架构

智能制造能力成熟度模型由维度、类、域、等级和成熟度要求五部分内容组成，维度、类和域是“智能+制造”两个维度的展开，是对智能制造核心能力要素的分解。等级是类和域在不同阶段水平的表现，成熟度要求是对类和域在不同等级下的特征描述。

1. 两大维度

模型从“智能+制造”两个维度出发，制造维体现了面向产品的全生命周期或全过程的智能化提升，包括设计、生产、物流、销售和服务5类，涵盖从接收客户需求到提供产品及服务的整个过程。智能维是智能技术、智能化基础建设、智能化结果的综合体现和对信息物理融合的诠释，完成了感知、通信、执行、决策的全过程，包括资源要素、互联互通、系统集成、信息融合和新兴业态5大类。

2. 类与域

类代表了智能制造关注的10大核心要素，是对“智能+制造”两个维度的深度诠释。域是对类的进一步分解，共有27个域。

3. 等级

等级定义了智能制造的阶段水平，描述了一个组织逐步向智能制造最终愿景迈进的路径，代表了当前实施智能制造的程度，同时也是智能制造评估活动的结果，现包括以下五级。

1）已规划级（1级）：开始对智能制造进行规划，部分核心业务有信息化基础。

2）规范级（2级）：核心业务重要环节实现了标准化和数字化，单一业务内部开始实现数据共享。

3）集成级（3级）：核心业务间实现了集成，数据在工厂范围内可共享。

4）优化级（4级）：能够对数据进行挖掘，实现了对知识、模型等的应用，并能反馈并优化核心业务流程，体现了人工智能。

5）引领级（5级）：实现了预测、预警、自适应，通过与产业链上下游的横向集成，带动产业模式的创新。

4. 成熟度要求

成熟度要求描述了为实现域的特征而应满足的各种条件，是判定企业是否实现了该级别的依据。每个域下分不同级别的成熟度要求，其中对制造维及资源要素的要求是从1级到5级，对互联互通和系统集成的要求是从3级到5级，对信息融合的要求是从4级到5级，对新兴业态的要求只有第5级。

2.2.3 10大核心要素的成熟度要求

智能制造能力成熟度矩阵是模型架构的具体实例，涵盖了智能制造能力成熟度模型所涉及的核心内容。在充分研究中国智能制造系统架构、工业4.0参考架构模型（RAMI 4.0）、美国工业互联网参考架构，深入挖掘智能制造内涵的基础上，根据“智能+制造”两个核心维度，分解为设计、生产、物流、销售、服务、资源要素、互联互通、系统集成、信息融合、新兴业态10大类能力以及细化的27个要素域，对每个域进行分级，每一级别对应相应的要求，构成智能制造能力成熟度矩阵。

1. 智能设计能力成熟度要求

设计是通过产品及工艺的规划、设计、推理验证以及仿真优化等过程，形成设计需求的实现方案。设计能力成熟度的提升是从基于经验设计与推理验证，到基于知识库的参数化/模块化、模型化设计与仿真优化，再到设计、工艺、制造、检验、运维等产品全生命周期的协同，体现对个性需求的快速满足，构成设计类能力的域如图2-7所示。

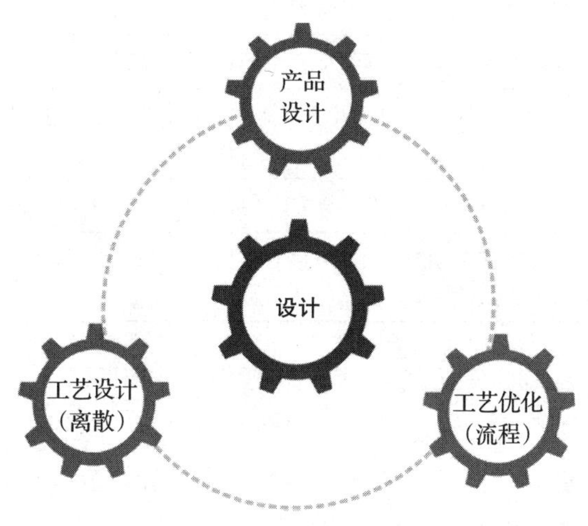

图2-7 构成设计类能力的域[4]

1）产品设计：产品设计的关注点在于基于知识库的参数化/模块化设计、产品生命周期不同业务域的协同化、基于三维模型的设计信息集成、设计工艺制造一体化仿真，产品设计智能制造能力成熟度等级及其特征如表 2-1 所示。

表 2-1　产品设计智能制造能力成熟度等级及其特征表

等级	特　征
1 级	基于设计经验开展计算机辅助二维设计，制定产品设计相关标准规范
2 级	实现计算机辅助三维设计及产品设计内部的协同
3 级	构建集成产品设计信息的三维模型，进行关键环节的设计仿真优化，实现产品设计与工艺设计的并行协同
4 级	基于知识库来实现设计工艺制造全维度仿真与优化，并实现基于模型的设计、制造、检验、运维等业务的协同
5 级	实现基于大数据、知识库的产品设计云服务，实现产品个性化设计、协同化设计

2）工艺设计（离散）：工艺设计的关注点在于工艺知识库的建立与应用、工艺流程的优化创新，以及与产品设计、制造等业务域的协同等，适用于离散行业的工艺设计智能制造能力成熟度等级及其特征如表 2-2 所示。

表 2-2　工艺设计（离散）智能制造能力成熟度等级及其特征表

等级	特　征
1 级	实现计算机辅助工艺规划和工艺设计
2 级	实现工艺设计关键环节的仿真以及工艺设计的内部协同
3 级	实现计算机辅助三维工艺设计及仿真优化，实现工艺设计与产品设计间的信息交互、并行协同
4 级	实现基于工艺知识库的工艺设计与仿真，并实现工艺设计与制造间的协同
5 级	基于知识库辅助工艺创新推理及在线自主优化，实现多领域、多区域、跨平台的全面协同，提供即时工艺设计服务

3）工艺优化（流程）：工艺优化同样是采用工艺知识积累、挖掘、推理的方法，利用优化平台等技术实现对工艺路线、参数等与产量、能耗、物料、设备等的最优匹配，以达到产量高、功耗低和效益高的生产目标，流程行业的工艺设计智能制造能力成熟度等级及其特征如表 2-3 所示。

表 2-3　工艺优化（流程）智能制造能力成熟度等级及其特征表

等级	特　征
1 级	具备符合国家 / 行业 / 企业标准的工艺流程模型及参数
2 级	工艺模型应用于现场，能够满足场地、安全、环境、质量要求
3 级	能够利用离线优化平台，建立单元级工艺优化模型
4 级	基于工艺优化模型与知识库实现全流程工艺优化
5 级	建立完整的工艺三维数字化仿真模型，完成生产全过程的数字化模拟，能够基于知识库实现工艺的实时在线优化

2. 智能生产能力成熟度要求

生产是通过 IT（Information Technology）与操作技术（Operation Technology，OT）的融合，对人、机、料、法、环五大生产要素进行管控，以实现从前端采购、生产计划管理到后端仓储物流等生产全过程的智能调度及调整优化，达到柔性生产。生产能力成熟度的提升从以生产任务为核心的信息化管理开始，到各项要素和过程的集中管控，最终达到从采购、生产计划与排产、生产作业、仓储物流、完工反馈等全过程的闭环与自适应，构成生产类能力的域图如图 2-8 所示。

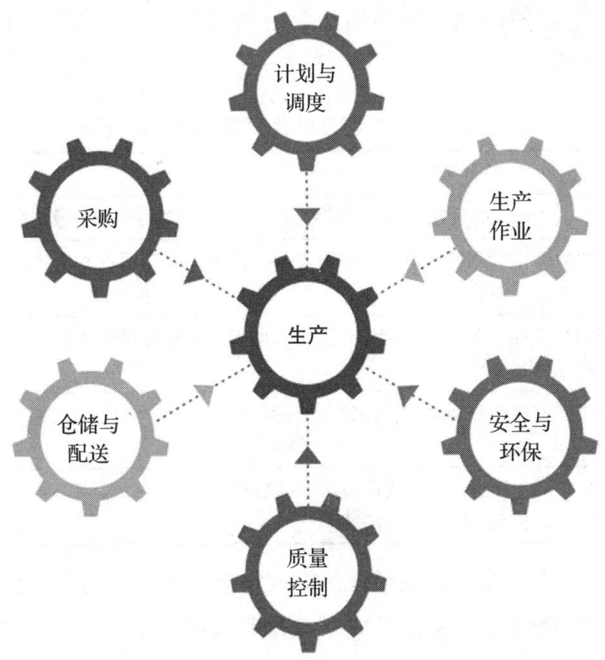

图 2-8　构成生产类能力的域图 [4]

1）采购：采购是指通过对库存、生产计划、销售量等的自动感知、预测以及合理控制，使企业达到经济合理的库存量，满足柔性生产的需求。其关注点在于采购与生产、仓储的车间级集成，与供应商、分销商的企业级集成，以及利用数据挖掘技术进行采购预测等，等级及其特征如表 2-4 所示。

表 2-4　采购成熟度等级及其特征表

等级	特　征
1 级	具备一定的信息化基础来辅助采购业务
2 级	能够实现企业级的采购信息化管理，包括供应商管理、比价采购、合同管理等，实现采购内部的数据共享
3 级	实现采购管理系统与生产、仓储管理系统的集成，实现计划、流水、库存、单据的同步
4 级	实现采购与供应、销售等过程联合，与重要的供应商实现部分数据共享，能够预测补货
5 级	实现库存量实时感知，通过对销售预测和库存量进行分析和决策，形成实时采购计划；与供应链合作企业实现数据共享

2）计划与调度：计划与调度是实现所有生产活动的核心。通过信息技术进行准确的数据处理，对于下达的生产任务进行一定程度的优化调度，最大限度地减少生产过程中的非增值时间，提高生产设备利用率，从而提高生产效率，等级及其特征如表 2-5 所示。

表 2-5　计划与调度成熟度等级及其特征表

等级	特　征
1 级	实现主生产计划的管理，可以由销售订单和市场预测等信息生成主生产计划及调度方案
2 级	实现物料需求计划的运算，由运算结果生成的生产计划以及采购计划仍是无限产能计划，需人工参与调整和调度
3 级	基于安全库存、采购提前期、生产提前期等要素实现物料需求运算，自动生成生产计划、采购计划
4 级	实现生产资源计划运算，全面进行产能负荷分析与详细能力计划的平衡，生产计划颗粒度到天
5 级	基于生产调度算法，基于约束条件（工艺顺序、加工资源、工作时间等）建立的标准工时数据库等，实现高级排产与调度

3）生产作业：生产作业是以最佳的方式将企业生产的物料、机器等生产要素，以及生产过程等有效结合起来，形成联动作业和连续生产，取得最大的生产成果和经济效益。关注精确的物料配套、生产过程的控制，与生产计划、仓储配送等

其他业务的协同，等级及其特征如表 2-6 所示。

表 2-6 生产作业成熟度等级及其特征表

等级	特 征
1 级	具备自动化和数字化的设备及生产线，具备现场控制系统
2 级	能够采用信息化技术手段将各类工艺、作业指导书等电子文件下发到生产单元，实现对人、机、物等多项资源的数据采集
3 级	能够实现资源管理、工艺路线、生产作业、仓储配送等的业务集成，采集生产过程实时数据信息并存储，能够提供实时更新的制造过程的分析结果并将其可视化
4 级	能够通过生产过程数据、产量、质量等数据来优化生产工艺
5 级	能够通过监控整个生产作业过程，自动预警或修正生产中的异常，提高生产效率和质量

4）仓储与配送：仓储与配送是指厂内物料存储和物流，利用标识与识别技术、自动化的传输线、信息化管理手段等，实现对原材料、半成品等的标识与分类、数据采集、运输以及库位管理，自动完成零部件的取送任务。关注识别技术的应用、自动化运输线的改造、智能的仓库管理系统以及与上下游的集成技术等，等级及其特征如表 2-7 所示。

表 2-7 仓储与配送成熟度等级及其特征表

等级	特 征
1 级	能够实现基于信息管理系统对原材料、中间件、成品等的库存、盘点管理
2 级	能够采用信息化技术手段将各类工艺、作业指导书等电子文件下发到生产单元，实现对人、机、物等多项资源的数据采集
3 级	能够实现仓储配送与生产计划、制造执行以及资源管理等业务的集成
4 级	能够基于生产线实际生产情况拉动物料配送，能够基于客户和产品需求调整目标库存水平
5 级	能够实现最优库存和即时供货

5）质量控制：质量控制是生产过程中稳定提高产品质量的关键环节，是生产过程中为确保产品质量而进行的各种活动。通过信息技术实现工序状态的在线检测，借助于数理统计方法的过程控制系统，把产品的质量控制从“事后检验”演变为“事前控制”，做到预防为主，防检结合，等级及其特征如表 2-8 所示。

6）安全与环保：安全与环保是通过建立有效的管理平台，对安全、环保管理过程标准化，对数据进行收集、监控以及分析利用，最终能建立知识库对安全作业和环境治理等进行优化。关注数据监测、应急及环境治理知识库建立等，等级及其特征如表2-9所示。

表2-8 质量控制成熟度等级及其特征表

等级	特 征
1级	建立质量检验规范，通过满足要求的计量器具进行检验来形成检验数据
2级	建立质量控制系统，采用信息技术手段辅助质量检验，通过对检验数据的分析、统计实现质量控制图
3级	实现关键工序质量在线检测，通过检验规程与数字化检验设备\系统的集成，自动对检验结果进行判断和预警
4级	建立产品质量问题处置知识库，依据产品质量在线检测结果来预测未来产品质量可能的异常，基于知识库自动给出生产过程的纠正措施
5级	通过在线监测的质量数据分析和基于数据模型的预判，自动修复和调校相关的生产参数，保证产品质量的持续稳定

表2-9 安全与环保成熟度等级及其特征表

等级	特 征
1级	已采用信息化手段进行风险、隐患、应急等安全管理以及环保数据监测统计等
2级	能够实现从清洁生产到末端治理的全过程信息化管理
3级	通过建立安全培训、典型隐患管理、应急管理等知识库来辅助安全管理；对所有环境污染点进行实时在线监控，监控数据与生产、设备数据集成，对污染源超标及时预警
4级	支持现场多源的信息融合，建立应急指挥中心通过专家库开展应急处置；建立环保治理模型并实时优化，在线生成环保优化方案
5级	基于知识库，支持安全作业分析与决策，实现安全作业与风险管控一体化管理；利用大数据自动预测所有污染源的整体环境情况，根据实时的治理设施数据、生产数据、设备数据等，自动制定治理方案并执行

3. 智能物流能力成熟度要求

物流管理是将产品运送到下游企业或用户的过程，利用条形码等先进的物联网技术，通过信息处理和网络通信技术平台实现运输过程的自动化运作、可视化监控和对车辆、路径的优化管理。物流能力成熟度的提升是从订单、计划调度、信息跟踪的信息化管理开始，到通过多种策略进行管理，最终实现精益化管理和智能物流。其关注点在于订单管理、运输计划与调度管理、物流信息的跟踪与反馈等，其等级及其特征如表2-10所示。

表 2-10 智能物流能力成熟度等级及其特征表

等级	特 征
1 级	通过信息化手段管理物流过程，对信息进行简单跟踪反馈
2 级	通过信息系统实现订单管理、计划调度、信息跟踪和运力资源管理
3 级	实现出库和运输过程整合，实现多式联运，物流信息推送至客户
4 级	应用知识模型实现订单精益化管理、路径优化和实时定位跟踪
5 级	实现无人机运输、物联网跟踪等

4. 智能销售能力成熟度要求

销售能力成熟度的提升是从销售计划、销售订单、销售价格、分销计划、客户关系的信息化管理开始，到客户需求预测 / 客户实际需求拉动生产、采购和物流计划，最终通过更加准确的销售预测实现对企业客户管理、供应链管理与生产管理的优化，以及个性化营销等，等级及其特征如表 2-11 所示。

表 2-11 智能销售能力成熟度等级及其特征表

等级	特 征
1 级	通过信息系统对销售业务进行简单管理
2 级	通过信息系统实现销售全过程管理，强化客户关系管理
3 级	销售和生产、仓储等业务进行集成，实现产品需求预测 / 实际需求拉动生产、采购和物流计划
4 级	应用知识模型优化销售预测，制定更为准确的销售计划。通过电子商务平台整合所有销售方式，实现根据客户需求变化自动调整采购、生产和物流计划
5 级	能够实现对电子商务平台的大数据分析和个性化营销等功能

5. 智能服务能力成熟度要求

服务是通过客户满意度调查和使用情况跟踪，对产品的运维情况进行统计分析并反馈给相关部门，维护客户关系，提升产品过程，达到从纵向挖掘客户对产品功能和性能的要求，进而从横向拓展客户群。服务能力成熟度的提升是服务方式从线下、线上、云平台和移动客户端、客服机器人 / 现场、线上线下远程指导、远程工具、远程平台到增强现实（Augmented Reality，AR）/ 虚拟现实（Virtual Reality，VR）的转变，最终能够提供个性化客户服务和基于知识挖掘的创新性产品服务，构成服务类能力的域如图 2-9 所示。

图 2-9 构成服务类能力的域[4]

1）客户服务：客户服务是借助云平台、移动客户端、知识模型和智能客服机器人等技术，多维度地对客户知识进行挖掘，向客户提供智能服务和个性化服务。关注点在于客户知识的统计和分析、客服渠道的多样性和智能客服机器人的投用情况等，等级及其特征如表 2-12 所示。

表 2-12 客户服务成熟度等级及其特征表

等级	特 征
1 级	设立客户服务部门，通过信息化手段管理客户服务信息，并把客户服务信息反馈给相关部门，维护客户关系
2 级	具有规范的服务体系和客户服务制度，通过信息系统进行客户服务管理，并把客户服务信息反馈给相关部门，维护客户关系
3 级	建立客户服务知识库，可通过云平台提供客户服务，并与客户关系管理系统集成，提升服务质量和客户关系
4 级	实现面向客户的精细化知识管理，提供移动客服方式
5 级	通过智能客服机器人，提供智能服务、个性化服务等

2）产品服务：产品服务是借助云服务、数据挖掘和智能分析等技术，捕捉、分析用户信息，更加主动、精准、高效地给用户提供服务，向按需和主动服务的方向发展，等级及其特征如表 2-13 所示。

表 2-13 产品服务成熟度等级及其特征表

等级	特 征
1 级	设立产品服务部门，通过信息化手段管理产品运维信息，并把客户服务信息反馈给相关部门，指导产品过程提升
2 级	具有规范的产品服务制度，通过信息系统进行产品服务管理，并把产品服务信息反馈给相关部门，指导产品过程提升
3 级	产品具有存储、网络通信等功能，建立产品故障知识库，可通过网络和远程工具提供产品服务，并把产品故障分析结果反馈给相关部门，持续改进老产品的设计和生产，并为新产品的设计和生产提供基础
4 级	产品具有数据采集、通信和远程控制等功能，通过远程运维服务平台，提供在线检测、故障预警、预测性维护、运行优化、远程升级等服务，通过与其他系统的集成，把信息反馈给相关部门，持续改进老产品的设计和生产，并为新产品的设计和生产提供基础
5 级	通过物联网技术、AR/VR 技术和云计算、大数据分析技术，实现智能运维和创新性应用服务

6. 资源要素能力成熟度要求

资源要素是对组织的战略、组织结构、人员、设备及能源等要素的策划、管理及优化，为智能制造的实施提供基础。资源要素能力成熟度的提升体现了从管理愿景的策划，到运用信息化手段进行管理、决策智能化的转变，体现了组织智能化管理水平的提升，构成资源要素类能力的域如图 2-10 所示。

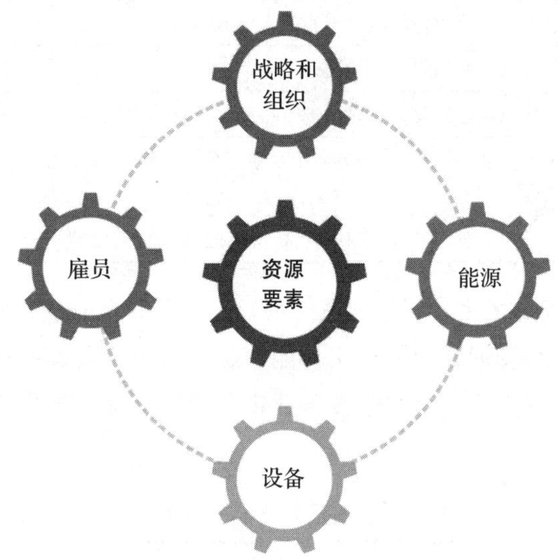

图 2-10　构成资源要素类能力的域[4]

1）战略和组织：战略和组织是企业决策层对实现智能制造目标进行的方案策划、组织优化和管理制度建立等。通过战略制定、方案策划和实施、资金投入和使用、组织优化和调整，使企业的智能制造发展始终保持与企业发展战略匹配。关注点在于智能制造战略部署、组织和资金配备等，等级及其特征如表 2-14 所示。

表 2-14　战略和组织成熟度等级及其特征表

等级	特　征
1 级	组织有发展智能制造的愿景，并做出了包括资金投入的承诺
2 级	组织已经形成发展智能制造的战略规划，并建立了明确的资金管理制度
3 级	组织已经按照发展规划实施智能制造，已有资金投入，智能制造发展战略正在推动组织发生变革，组织结构得到优化
4 级	智能制造已成为组织的核心竞争力，组织的战略调整是基于智能制造发展的
5 级	组织的智能制造发展战略为组织创造了更高的经济效益，创新管理战略为组织带来了新的业务机会，产生了新的商业模式

2）雇员：雇员是实现智能制造的关键因素，通过雇员培养、技能获取方式的实现、技能水平的提升，使雇员具备与组织智能制造水平相匹配的能力。关注点在于雇员技能的获取和提升、雇员的持续教育等，等级及其特征如表 2-15 所示。

表 2-15　雇员成熟度等级及其特征表

等级	特　征
1 级	能够确定构建智能制造环境所需要的人员能力
2 级	能够提供雇员获取相应能力的途径
3 级	能够基于智能发展需要，对雇员进行持续的教育或培训
4 级	能够通过信息化系统分析现有雇员的能力水平，使雇员技能水平与智能制造发展水平保持同步提升
5 级	能够激励雇员，使其在更多领域上获取智能制造所需要的技能，持续提升自身能力

3）设备：设备数字化是智能制造的基础，设备管理是通过对设备的数字化改造以及全生命周期的管理，使物理实体能够融入信息世界，并能够达到对设备远程在线管理、预警等。关注点在于设备数字化、全生命周期管理等，等级及其特征如表 2-16 所示。

表 2-16　设备成熟度等级及其特征表

等级	特　征
1 级	能够采用信息化手段实现部分设备日常管理，考虑设备的数字化改造
2 级	持续进行设备数字化改造，能够采用信息化手段实现设备的状态管理
3 级	能够采用设备管理系统实现设备的生命周期管理，能够远程实时监控关键设备
4 级	设备数字化改造基本完成，能够实现专家远程对设备进行在线诊断，已建立关键设备运行模型
5 级	能够基于知识库、大数据分析对设备开展预知维修

4）能源：能源管理是通过对能源计划、能源运行调度、能源统计以及碳资产管理等能源管理因素，利用信息化手段规范组织的能源管理，优化能源和资源的使用，旨在降低组织能源消耗、提高能源利用效率。关注点在于对能源介质数据的采集及监测、能耗量化管理等，等级及其特征如表 2-17 所示。

7. 互联互通能力成熟度要求

互联互通是现场总线、工业以太网、无线网络等在工厂中的部署和应用，使工厂具备将人、机、物等有机联通的环境。互联互通成熟度的提升是从设备间，到车间、工厂以及企业上下游系统间的互联互通，体现了对系统集成、协同制造等的支撑，构成互联互通类能力的域如图2-11所示。

表2-17 能源成熟度等级及其特征表

等级	特 征
1级	开始能源管理的信息化，实现部分能源数据的采集与监控
2级	能够通过信息化管理系统对主要能源数据进行采集、统计
3级	能够对能源生产、存储、转换、输送、消耗等各环节进行监控，能够将能源计划与生产计划等进行融合
4级	能够实现能源动态监控和精细化管理，分析能源生产、输送、消耗的薄弱环节
5级	能够基于能源数据信息的采集和存储，对耗能和产能调度提供优化策略和优化方案，优化能源运行方式

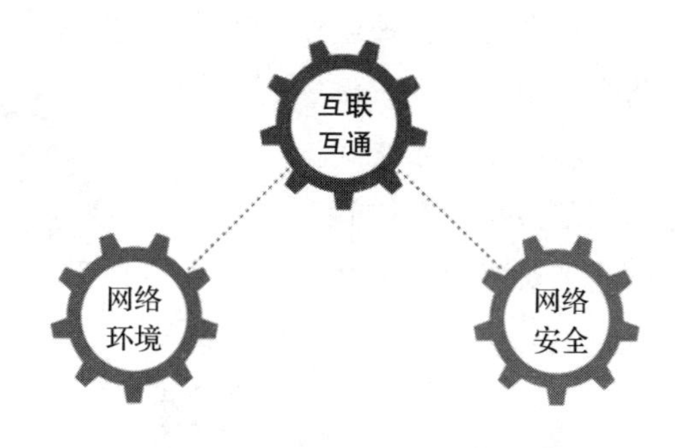

图2-11 构成互联互通类能力的域[4]

1）网络环境：网络环境的目的是解决如何利用现场总线、工业以太网、无线网络、物联网等技术实现设备、系统间的互联与通信。关注点在于企业基础网络通信环境，等级及其特征如表2-18所示。

表2-18 网络环境成熟度等级及其特征表

等级	特 征
3级	能够实现制造环节设备间的互联互通、信息采集与发送
4级	能够实现生产管理与企业管理系统间的互联互通
5级	能够实现企业上下游系统间的互联互通，实现生产与经营的无缝集成

2）网络安全：网络安全的目的是解决企业如何利用专业网络安全技术，针对

接入网络的用户、设备等进行可用性、完整性、保密性检测与管理。关注点在于用户身份的鉴别管理、网络传输设备冗余能力和重要子网的自恢复能力，等级及其特征如表 2-19 所示。

表 2-19 网络安全成熟度等级及其特征表

等级	特 征
3 级	具备网络关键设备冗余能力，开展子网管理，具有入侵检测、用户鉴别、访问控制、完整性检测等安全功能
4 级	确保数据传输和重要子网的安全性，并具备自恢复能力，具备网络协议信息过滤和数据流量管控功能，能够对网络边界的完整性进行检查
5 级	确保云数据中心访问的安全性，提供专用通信协议或安全通信协议服务，抵御通信协议的攻击破坏

8. 系统集成能力成熟度要求

系统集成的目的是实现企业内各种业务、信息等的互联与互操作，最终达到信息物理完全融合的状态。系统集成成熟度的提升是从企业内部单项应用、系统间互联互操作，到企业内全部系统、企业间上下游集成的转变，体现了对资源充分共享，构成系统集成类能力的域如图 2-12 所示。

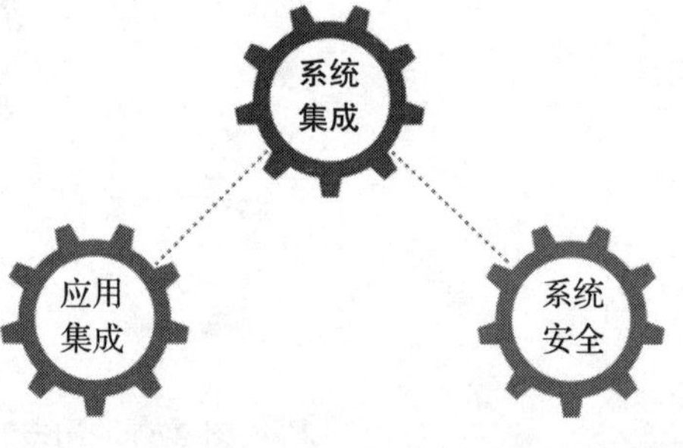

图 2-12 构成系统集成类能力的域[4]

1）应用集成：应用集成是通过统一平台、实时数据库、云服务等技术，将不同的业务应用系统有效集成，达到信息流、数据流无缝传递的效果。关注点在于集成术的应用及效果，等级及其特征如表 2-20 所示。

表 2-20 应用集成成熟度等级及其特征表

等级	特 征
3 级	能够围绕核心生产流程，部分实现生产、资源调度、供应链、研发设计等不同系统间的互操作
4 级	能够全面实现生产、资源调度、供应链、研发设计等不同系统间的互操作
5 级	能够基于云平台实现企业间业务的集成

2）系统安全：系统安全的目的是解决企业如何利用系统安全工程和系统安全

管理方法等，对工业控制系统的信息安全进行监控、管理与评估。关注点在于安全风险的评估、系统安全的监控、工业控制系统的主动防御等，等级及其特征如表 2-21 所示。

表 2-21 系统安全成熟度等级及其特征表

等级	特 征
3 级	应制定针对工业控制系统的安全管理要求、事件管理和相应制度等，并定期开展主要系统的安全风险评估
4 级	能够对非本地进程进行监控，能够在系统投产前开展安全检测，能够根据应急计划定期开展培训、测试与演练
5 级	能够实现对工业控制系统安全的主动防御与漏洞扫描等安全防护

9. 信息融合能力成熟度要求

信息融合的核心在于对数据的开发利用，通过数据标准化、数据模型的应用等，实现对设计、生产、服务等流程的优化，提升预测预警、自主决策的能力。信息融合成熟度的提升是从数据分析、数据建模到决策优化的过程，构成信息融合类能力的域如图 2-13 所示。

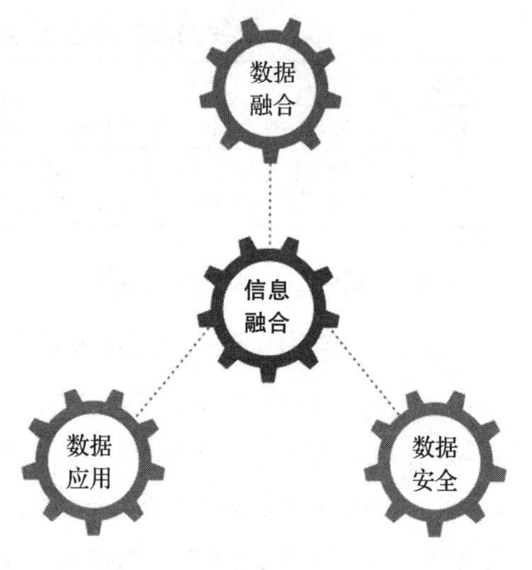

图 2-13 构成信息融合类能力的域[4]

1）数据融合：数据融合的目的是解决数据集成的问题，实现异构系统、不同数据库间数据的交换，体现了企业内部到企业外部数据交换的过程。关注点在于企业数据标准化、统一平台的搭建、数据库的网络化集成与应用等，等级及其特征如表 2-22 所示。

表 2-22 数据融合成熟度等级及其特征表

等级	特 征
4 级	企业搭建数据统一模型，实现数据库间、与研发系统间的数据集成与传递
5 级	企业实现数据库的网络化集成与应用（云数据库），可根据数据的自适应传递构建多功能数据模型，实现数据的实时浮动传递

2）数据应用：数据应用是通过对数据进行挖掘分析，形成数据模型来优化指导业务的调整，最终能达到在线优化、最小化人工干预的状态。关注点在于数据模型的应用、对业务的优化等，等级及其特征如表 2-23 所示。

表 2-23 数据应用成熟度等级及其特征表

等级	特 征
4 级	能够对研发设计、生产制造、产品服务等各种业务数据进行分析、建模，输出企业相关策略
5 级	能够利用模型实现业务流程在线优化

3）数据安全：数据安全的目的是解决企业如何利用数据密码算法、数据备份等保障大数据、云计算数据的存储以及数据传输安全。关注点在于融合和备份技术的应用、存储数据的保密性、专用通信通道的应用等，等级及其特征如表 2-24 所示。

表 2-24 数据安全成熟度等级及其特征表

等级	特 征
4 级	能够确保存储信息的保密性，实现数据和系统的可用性
5 级	建立异地灾备中心专用通信通道，确保数据安全、完整性与保密性，能够对系统管理数据、鉴别信息和重要业务提供完整性校验和恢复功能

10. 新兴业态能力成熟度要求

新兴业态是企业在互联网的推动下，采用信息化手段以及智能化管理措施，重新思考和构建制造业的生产模式和组织方式，进而形成的新型商业模式。新兴业态能力成熟度主要体现在智能制造高级阶段，实现了快速、低成本满足用户个性化需求，对设备远程控制，信息资源交互共享的目标，实现企业间、部门间各环节的协同优化，构成新兴业态类能力的域如图 2-14 所示。

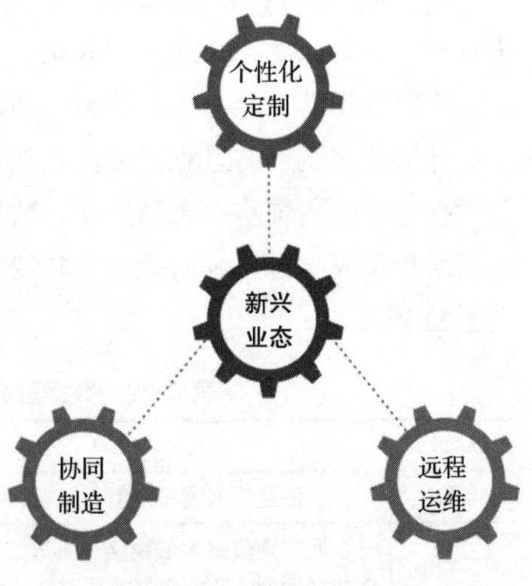

图 2-14 构成新兴业态类能力的域[4]

1）个性化定制：个性化定制是在当前个性化需求日益旺盛的环境下，将用户提前引入产品的生产过程中，通过差异化的定制参数、柔性化的生产，使个性化需求得到快速实现，等级及其特征如表 2-25 所示。

表 2-25 个性化定制成熟度等级及其特征表

等级	特 征
5 级	能够通过个性化定制平台实现与用户的个性化需求对接；能够应用工业云和大数据技术对用户的个性化需求特征进行挖掘和分析，并反馈到设计环节，进行产品优化；个性化定制平台能够实现与企业研发设计、计划排产、柔性制造、营销管理、供应链管理和售后服务等信息系统实现协同与集成

2）远程运维：远程运维是指智能设备、智能产品具备数据采集、通信和远程控制等功能，能够通过网络与平台进行远程监控、故障预警、运行优化等，是制造企业服务模式的创新，等级及其特征如表 2-26 所示。

表 2-26 远程运维成熟度等级及其特征表

等级	特 征
5 级	能够实现远程数据采集、在线监控等，并通过数据挖掘和建模实现预警及优化等

3）协同制造：协同制造是通过建立网络化制造资源协同云平台，实现企业间研发系统、生产管理系统、运营管理系统的协同与集成，实现资源共享、协作创新的目标，等级及其特征如表 2-27 所示。

表 2-27 协同制造成熟度等级及其特征表

等级	特 征
5 级	能够实现企业间、部门间创新资源、设计能力、生产能力等共享，以及上下游企业在设计、供应、制造和服务等环节的并行组织和协同优化

2.2.4 模型的应用

根据使用目标不同，智能制造能力成熟度模型分为整体成熟度模型和单项能力模型两种表现形式。整体成熟度模型提供了使组织能够通过改进某些关键域集合来递进式地提升智能制造整体水平的一种路径，单项能力模型提供了使组织能够针对其选定的某一类关键域进行逐步连续式改进的一种路径。

整体成熟度模型用于衡量企业智能制造的综合能力，主要面向大型企业等，兼顾了制造和智能两方面。在模型中，将企业智能制造能力成熟度划分为 5 个等级，数字越大成熟度等级越高，如图 2-15 所示。

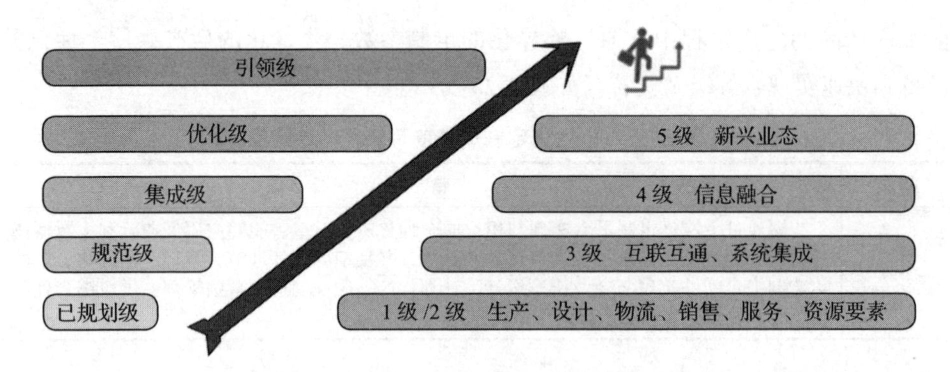

图 2-15 整体成熟度分级图[4]

单项能力模型主要面向中小企业或者只在制造的某些环节有智能化提升需求的企业，用于衡量企业在制造的某一关键业务环节的智能化能力，侧重制造维的实施，如图 2-16 示。

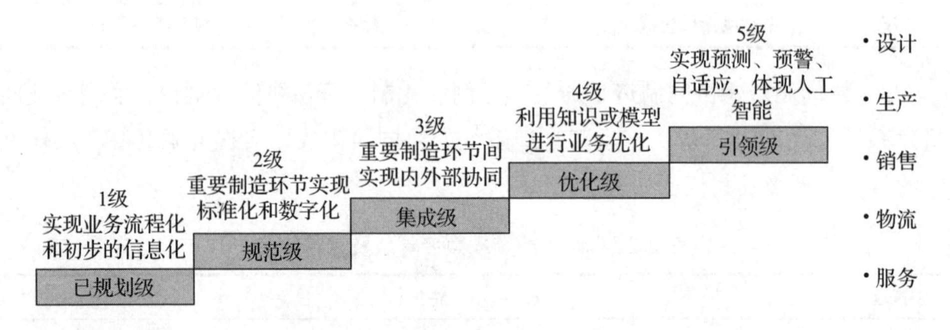

图 2-16 单项能力分级图[4]

智能制造能力成熟度模型可用于诊断评估、统计分析以及改进提升，可供产业主管部门、制造企业、解决方案提供商、第三方机构等四类主体使用，适用于所有制造企业，不受行业限制，详见图 2-17，图中展示了应用主体、模式与相关产品的对应关系，以下对智能制造能力成熟度模型的功能进行进一步说明。

1）诊断评估包括：与模型要求对标，判断智能制造当前水平；与设定的目标比较，了解并分析差距，发现问题，可与自身、同行业、同区域的情况进行比较。

2）统计分析包括：形成量化数据，摸清区域或行业智能制造整体现状；形成关键指数，了解重要指标的实现情况。

3）改进提升包括：明确未来发展方向，设计智能制造战略目标以及行动规划；

掌握实施方法，提升自身能力；对症下药，选择适宜的解决方案和服务；不同主体根据自身目的，可采用不同的应用模式。

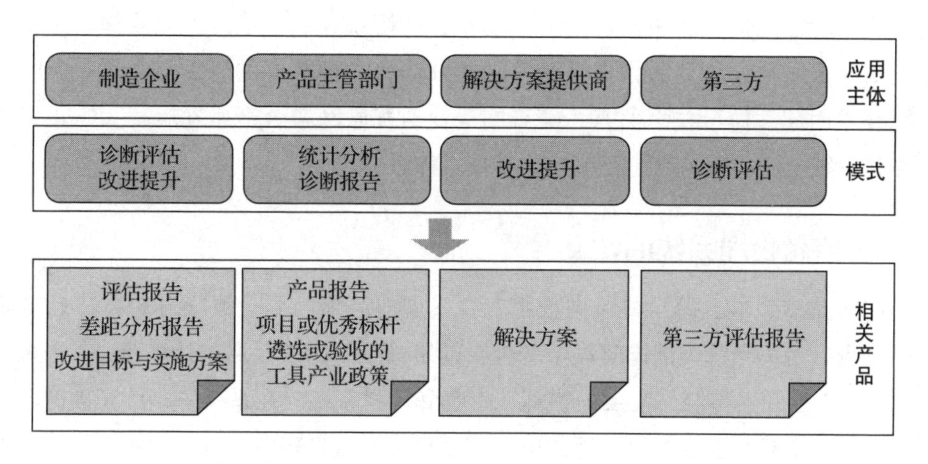

图 2-17 应用主体、模式与相关产品的对应关系 [4]

2.3 信息物理系统模型

信息物理系统（Cyber-Physical System，CPS）是一个综合计算、网络和物理环境的多维复杂系统，通过 3C［Computation（计算）、Communication（通信）、Control（控制）］技术的有机融合与深度协作，实现大型工程系统的实时感知、动态控制和信息服务。CPS 实现计算、通信与物理系统的一体化设计，可使系统更加可靠、高效、实时协同，具有重要而广泛的应用前景。

2.3.1 信息物理系统的发展脉络

信息物理系统（CPS）是控制系统、嵌入式系统的扩展与延伸。在云计算、新型传感、通信、智能控制等新一代信息技术的迅速发展与推动下，CPS 顺势出现。

1992 年 CPS 的概念首次由 NASA 提出，2006 年美国国家科学基金会（NSF）组织召开了国际上第一个关于 CPS 的研讨会，并对 CPS 这一概念做出详细描述。此后美国政府、学术界和产业界高度重视 CPS 的研究和应用推广，并将 CPS 作为美国抢占全球新一轮产业竞争制高点的优先议题。2013 年德国《工业 4.0 实施建议》将 CPS 作为工业 4.0 的核心技术，并在标准制定、技术研发、验证测试平台建设等方面做出了一系列战略部署。2015 年 5 月我国印发的部署全面推进实施制造强国的战略文件《中国制造 2025》中提出，基于信息物理系统的智能装备、智能工厂等智能制造正在引领制造方式变革，要围绕控制系统、工业软件、工业网络、工业云服务和工业大数据平台等，加强信息物理系统的研发与应用。CPS 因控制技术而起、信息技术而兴，随着制造业与互联网融合迅速发展壮大，正成为支撑和引领全球新一轮产业变革的核心技术体系。

2.3.2 信息物理系统的定义

CPS 是多领域、跨学科不同技术融合发展的结果。不同领域的专家对 CPS 定义的侧重点也不同。美国国家科学基金会的定义是：CPS 是通过计算核心（嵌入式系统）实现感知、控制、集成的物理、生物和工程系统。在系统中，计算被“深深嵌入”每一个相互连通的物理组件中，甚至可能嵌入物料中，CPS 功能由计算和物理过程交互实现。美国国家标准与技术研究院 CPS 公共工作组的定义是：CPS 将计算、通信、感知和驱动与物理系统结合，并通过与环境（包括人）进行不同程度的交互，实现有时间要求的功能。德国国家科学与工程院的定义是：CPS 是指使用传感器直接获取物理数据和执行器作用于物理过程的嵌入式系统、物流、协调与管理过程及在线服务。它们通过数字网络连接，使用来自世界各地的数据和服务，并配备了多模态人机界面。欧盟第七框架计划的定义是：CPS 包含计算、通信和控制，它们紧密地与不同物理过程，如机械、电子和化学，融合在一起。中国科学院何积丰院士的定义是：CPS 从广义上理解，就是一个在环境感知的基础上，深度融合了计算、通信和控制能力的可控、可信、可扩展的网络化物理设备系统，它通过计算进程和物理进程相互影响的反馈循环实现深度融合和实时交互来增加或扩展新的功能，以安全、可靠、高效和实时的方式监测或者控制一个物理实体。加利福尼亚大学伯克利分校 Edward A. Lee 的定义是：CPS 是计算过程和物理过程的集成系统，利用嵌入式计算机和网络对物理过程进行监测和控制，并通过反馈环节实现计算和物理过程的相互影响。

尽管各领域专家对于 CPS 的定义有所差异，但是计算、通信和控制能力是 CPS 的核心的观点非常明确。

《信息物理系统白皮书 2017》指出 CPS 通过集成先进的感知、计算、通信、控制等信息技术和自动控制技术，构建了物理空间与信息空间中人、机、物、环境、信息等要素相互映射、适时交互、高效协同的复杂系统，实现系统内资源配置和运行的按需响应、快速迭代、动态优化。

2.3.3 信息物理系统的本质

基于硬件、软件、网络、工业云等一系列工业和信息技术构建起的智能系统的最终目标是实现资源优化配置。实现这一目标的关键是靠数据的自动流动，在流动过程中数据经过不同的环节，在不同的环节以不同的形态（隐性数据、显性数据、信息、知识）展示出来，在形态不断变化的过程中逐渐向外部环境释放蕴藏在其背后的价值，为物理空间实体“赋予”实现一定范围内资源优化的“能力”。因此，信息物理系统的本质就是构建一套信息空间与物理空间之间基于数据自动流动的状态感知、实时分析、科学决策、精准执行的闭环赋能体系，解决生产制造、应用服务过程中的复杂性和不确定性问题，提高资源配置效率，实现资源优化，如图 2-18 所示。

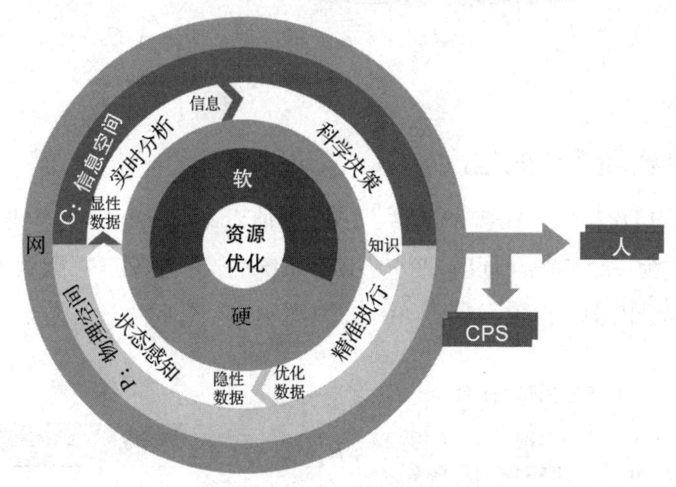

图 2-18 CPS 本质 [5]

1）状态感知：对产品、活动、环境等状态的隐性数据的获取，是一次数据闭环自动流动的起点。

2）实时分析：对显性数据的理解，将状态感知的数据转化成认知的信息。

3）科学决策：对信息的综合处理，在一定的条件约束下，做出最优决定。

4）精准执行：对决策的精准物理实现，通过可执行指令或活动对物理空间设备进行智能协同优化。

CPS 中的数据流动是以资源优化为目标的螺旋式上升过程，数据在自动流动的过程中逐步由隐性数据转化为显性数据，显性数据分析处理成为信息，信息最终通过综合决策判断转化为有效的知识并固化在 CPS 中，同时产生的决策通过控制系统或相关活动转化为优化的数据并作用到物理空间，使得物理空间的物理实体朝向资源优化配置和活动高度协同的方向发展。因此对于 CPS 的本质，可从另一个角度来看，如图 2-19 所示。

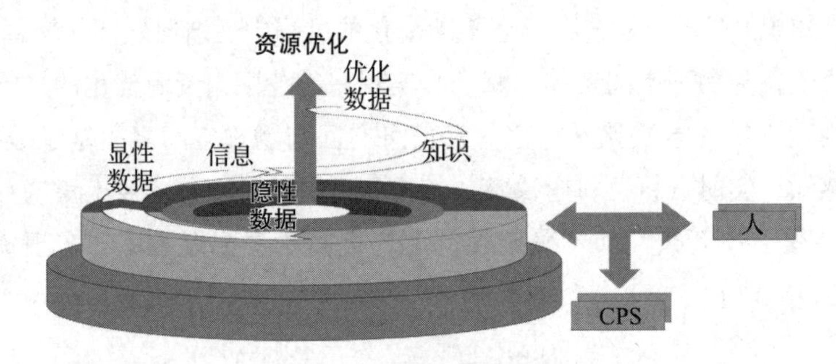

图 2-19　从另外一个角度对 CPS 的再认识 [5]

2.3.4　信息物理系统的层次

CPS 具有层次性，一个智能部件、一台智能设备、一条智能产线、一个智能工厂都可能成为一个 CPS。同时 CPS 还具有系统性，一个工厂可能涵盖多条产线，一条生产线也会由多台设备组成。如图 2-20 所示。

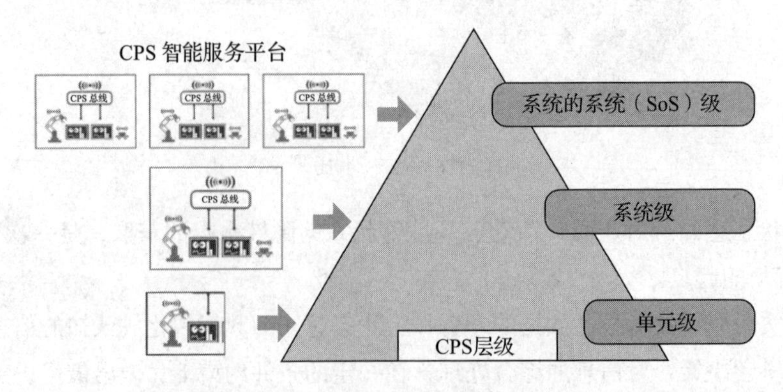

图 2-20　信息物理系统层次图 [5]

1. 单元级 CPS

一个部件如智能轴承，一台设备如关节机器人等都可以构成一个 CPS 最小单元，单元级 CPS 具有不可分割性，其内部不能分割出更小的 CPS 单元，CPS 单元工作流程如下：通过物理硬件（如机械臂、电动机等）、自身嵌入式软件系统及通信模块，构成含有“感知 – 分析 – 决策 – 执行”数据自动流动的闭环，实现在设备工作能力范围内的资源 [如优化机械臂、自动引导小车（Automated Guided Vehicle，AGV）的行驶路径等] 的优化配置。

2. 系统级 CPS

在单元级 CPS 的基础上，通过网络的引入，可以实现系统级 CPS 的协同调配。网络联通（CPS 总线）至关重要，需确保多个单元级 CPS 能够交互协作，系统级 CPS 工作流程如下。

1）多个单元级 CPS 及非 CPS 单元设备的集成构成系统级 CPS，如一条包含机械臂和 AGV 的智能装配线。

2）多个单元级 CPS 汇聚到统一的网络，对系统内部的多个单元级 CPS 进行统一指挥与实体管理（如根据机械臂运行效率优化调度多个 AGV 的运行轨迹）。

3）提高各设备间协作效率，实现产线范围内的资源优化配置。

3. SoS 级 CPS

在系统级 CPS 的基础上，通过构建 CPS 智能服务平台，实现系统级 CPS 之间的协同优化，SoS 级 CPS 工作流程如下。

1）多个系统级 CPS 构成了 SoS 级 CPS，如多条产线或多个工厂之间的协作，以实现产品生命周期全流程及企业全系统的整合。

2）CPS 智能服务平台对多个系统级 CPS 的工作状态进行统一监测、实时分析和集中管控。

3）利用数据融合、分布式计算、大数据分析技术对多个系统级 CPS 的生产计划、运行状态、寿命估计进行统一监管。

4）实现企业级远程监测诊断、供应链协同、预防性维护。

2.3.5 信息物理系统的特征

CPS 作为支撑两化深度融合的一套综合技术体系，构建了一个能够联通物理空间与信息空间，驱动数据在其中自动流动，实现资源优化配置的智能系统。这套系统的灵魂是数据，在系统的有机运行过程中，通过数据自动流动对物理空间中的物理实体逐渐“赋能”，实现对特定目标资源优化的同时，表现出以下六大典型特征。

1）数据驱动：数据是 CPS 的灵魂所在。

2）软件定义：软件是实现 CPS 功能的核心载体之一。

3）泛在连接：具备泛在连接能力，并实现跨网络、跨行业、异构多技术的融合与协同，以保障数据在系统内的自由流动。

4）虚实映射：构筑信息空间与物理空间数据交互的闭环通道，实现信息虚体与物理实体之间的交互联动。

5）异构集成：通过异构硬件、软件、数据、网络等的集成实现数据在信息空间与物理空间不同环节的自动流动，实现信息技术与工业技术的深度融合。

6）系统自治：自适应地对外部变化做出有效响应，实现多个 CPS 之间的自组织。

2.3.6 信息物理系统的架构

1. 单元级 CPS 架构

单元级 CPS 是具有不可分割性的 CPS 最小单元，其本质是通过软件对物理实体及环境进行状态感知、计算分析，并最终控制到物理实体，构建最基本的数据自动流动的闭环，形成物理世界和信息世界的融合交互。其中物理装置通过信息层实现物理实体的“数字化”，信息世界可以通过信息层对物理实体“以虚控实”，架构如图 2-21 所示。

2. 系统级 CPS 架构

系统级 CPS 基于多个单元级 CPS 的状态感知、信息交互、实时分析，实现了局部制造资源的自组织、自配置、自决策、自优化。在实际运行中，任何活动都是多个人、机、物共同参与完成的，在制造业中，实际生产过

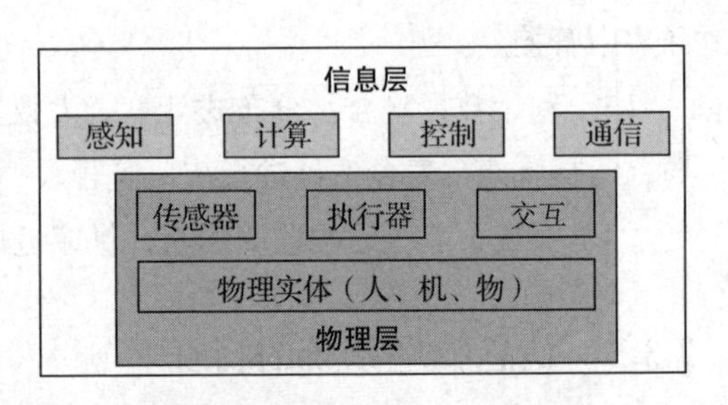

图 2-21　单元级 CPS 架构图 [5]

程中的冲压可能是由传送带进行传送，由工业机器人进行调整，然后由冲压机床进行冲压，是多个智能产品共同活动的结果，这些智能产品一起形成了一个系统。通过 CPS 总线形成的系统级 CPS 架构如图 2-22 所示。

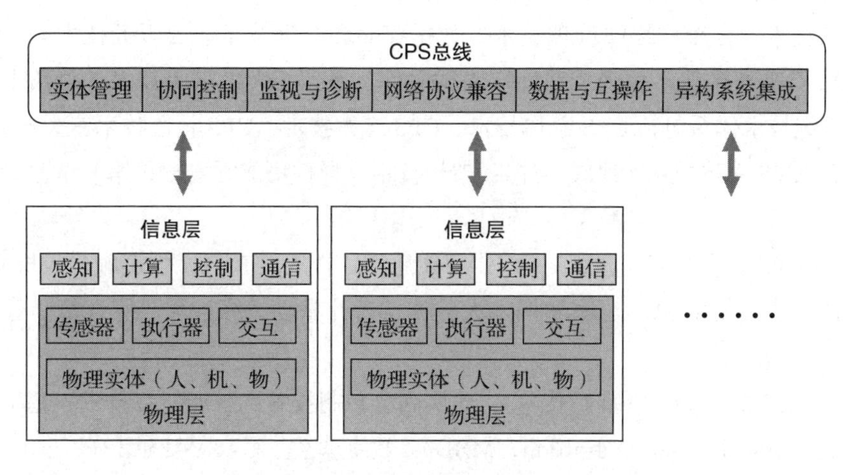

图 2-22　系统级 CPS 架构图 [5]

3. SoS 级 CPS 架构

SoS 级 CPS 主要实现数据的汇聚，从而对内进行资产的优化和对外形成运营优化服务。SoS 级 CPS 可以通过大数据平台，实现跨系统、跨平台的互联、互通和互操作，SoS 级 CPS 架构如图 2-23 所示。

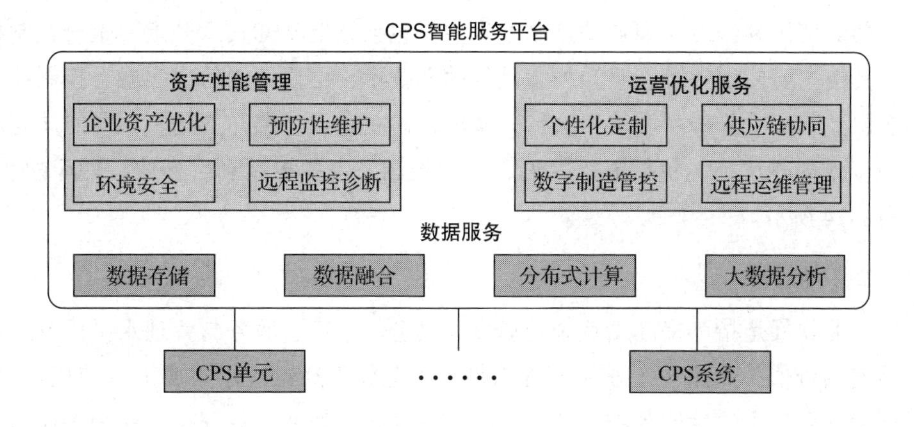

图 2-23　SoS 级 CPS 架构图 [5]

2.3.7 信息物理系统的技术体系

通过研究分析 CPS 的架构和技术需求，综合单元级、系统级、SoS 级 CPS 所需的自动控制技术、智能感知技术、计算（软件）技术、通信技术、互联技术、协同控制技术、分布式终端管理技术、数据存储和处理技术、云服务技术等，并结合 CPS 所需的当前已较为成熟的嵌入式软件、通信、大数据等技术，总结出信息物理系统技术体系包括 CPS 总体技术、CPS 支撑技术、CPS 核心技术三大部分。

1）CPS 总体技术（顶层设计）：架构技术、异构集成、安全技术、试验验证技术等。

2）CPS 支撑技术（应用支撑）：智能感知、嵌入式软件、数据库、人机交互、中间件、认知技术 SDN、物联网、大数据、云计算、边缘计算、雾计算、分布式计算等。

3）CPS 核心技术（基础技术）：虚实融合控制技术、智能装备技术、基于模型的定义（Model Based Definition，MBD）、数字孪生、CAX\MES\ERP\PLM\CRM\SCM、现场总线、工业以太网等。

2.3.8 信息物理系统的核心技术要素

本节主要介绍基于 CPS 的“一硬”（感知和自动控制）、“一软”（工业软件）、“一网”（工业网络）、“一平台”（工业云和智能服务平台）的四大核心技术要素。

1. 感知和自动控制

CPS 使用到的感知和自动控制技术主要包括智能感知技术和虚实融合控制技术，其中主要使用的智能感知技术是传感器技术，主要使用的虚实融合控制技术是多层“感知 - 分析 - 决策 - 执行”循环，建立在状态感知基础上，实时向高层次同步或即时反馈，包括嵌入控制、虚体控制、集控控制和目标控制四个层次。如图 2-24 所示。

2. 工业软件

工业软件是指为提高工业企业研发、制造、生产、服务与管理水平以及工业产品使用价值，专用于工业领域的软件。工业软件通过应用集成能够使机械化、电气化、自动化的生产系统具备数字化、网络化、智能化特征，从而为工业领域提供一个面向产品生命周期的网络化、协同化、开放式的产品设计、制造和服务环境，CPS应用的工业软件技术主要包括嵌入式软件技术和MBD技术等。

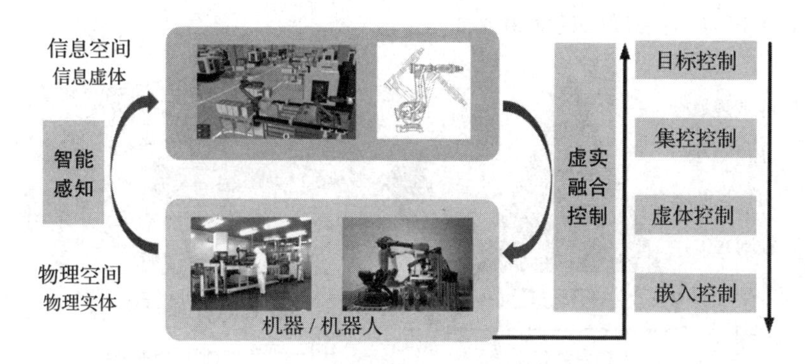

图2-24 感知和自动控制技术

1）嵌入式软件技术（实现CPS功能的载体）：植入硬件产品或生产设备的嵌入式系统之中，应用于生产设备，体现采集、控制、通信、显示等功能。

2）MBD技术（支撑数据在各环节流动）：采用一个集成的全三维数字化产品描述方法来完整地表达产品的各种几何、工艺等信息，例如将三维实体模型作为生产制造过程中的唯一依据。

3）CAX/MES/ERP软件技术（生产全流程优化控制的基础）：CAX软件是CPS信息虚体的载体；MES是满足大规模定制的需求并实现柔性排程和调度的关键，其主要操作对象是CPS信息虚体；ERP是以市场和客户需求为导向，以实行企业内外资源优化配置。

3. 工业网络

经典的工业控制网络金字塔模式展示了定义明晰的层级结构，信息从现场设备层，向上经由多个层级流入企业规划层。尽管这一模式得到广泛认可，但其中的数据流动并不顺畅。由于金字塔每层的功能性要求不尽相同，这就导致了各层往往采用不同的网络技术，使得不同层级之间的兼容性较差。此外，由于CPS对开放互联和灵活性的要求更高，自动化金字塔模式的这种结构越来越受到诟病。CPS中的工业网络技术将颠覆传统的基于金字塔分层模型的自动化控制层级，取而代之的是基于分布式的全新范式，如图2-25所示。由于各种智能设备的引入，设备可以相互连接，从而形成一个网络服务。每一个层面，都拥有更多的嵌入式智能和响应式控制的预测分析；每一个层面，都可以使用虚拟化控制和工程功能的云计算技术。与传统工业控制系统严格的基于分层的结构不同，高层次的 CPS 是由低层次 CPS 互连集成、灵活组合而成。

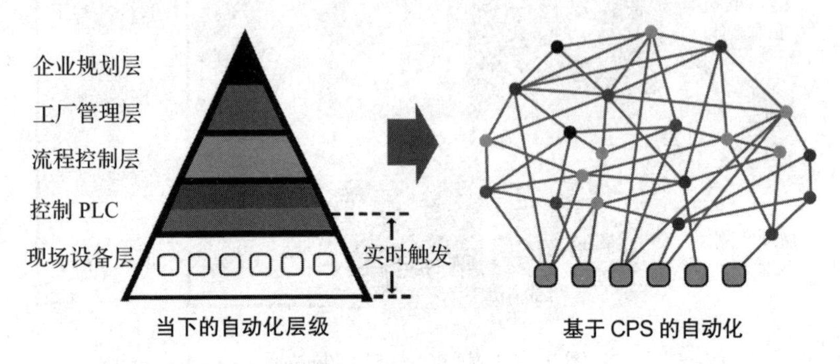

图 2-25 工业网络 [5]

4. 工业云和智能服务平台

工业云和智能服务平台通过边缘计算技术、雾计算技术、大数据分析技术等技术进行数据的加工处理，形成对外提供数据服务的能力，并在数据服务基础上提供个性化和专业化智能服务，如图 2-26 所示。

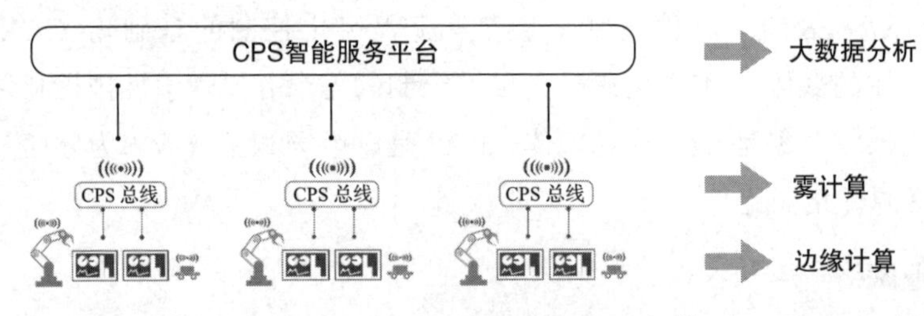

图 2-26 工业云和智能服务平台 [5]

2.3.9 信息物理系统的应用场景

目前，CPS 受到工业领域的广泛关注，并已在多个环节得到应用和体现。通过对目前 CPS 在工业领域中的应用程度、重要性、代表性进行筛选和考量，本节选择从智能设计、智能生产、智能服务、智能应用这四个方面，结合 CPS 的关键特征和关键技术实现，对 CPS 的应用场景进行阐述和说明。应用场景概览如图 2-27，随着 CPS 技术和应用的快速发展，我们也将会对本部分内容进行不断丰富和完善。

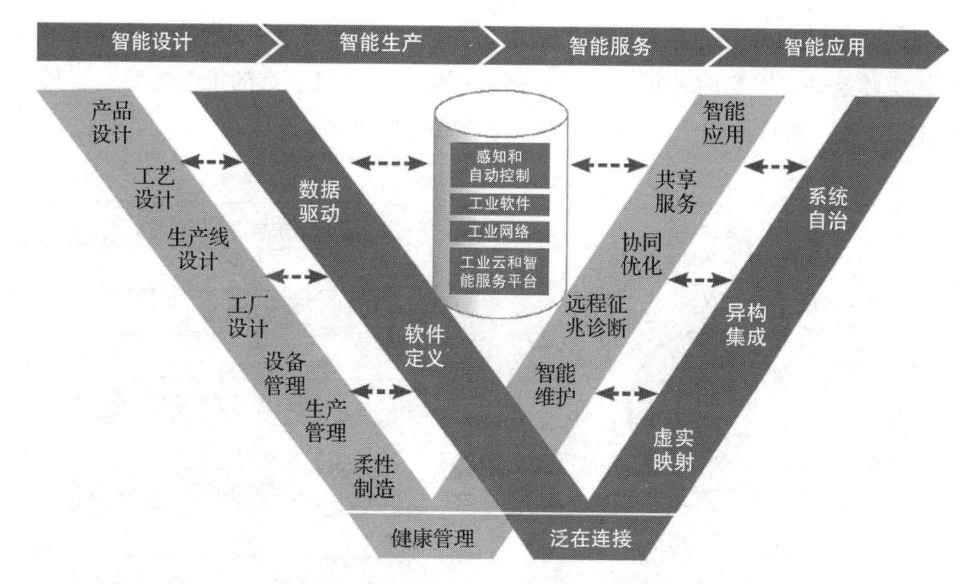

图 2-27 CPS 在制造业的应用场景概览[5]

1. 智能设计

随着 CPS 不断发展，在产品及工艺设计、生产线或工厂设计过程中，企业流程正在发生深刻变化，研发设计过程中的试验、制造、装配都可以在虚拟空间中进行仿真，并实现迭代、优化和改进。通过基于仿真模型的“预演”，可以及早发现设计中的问题，减少实际生产、建造过程中设计方案的更改，从而缩短产品设计到生产转化的时间，并提高产品的可靠性与成功率。

（1）产品及工艺设计应用场景

CPS 在进行产品研发设计过程中，通过采集已有的相关经验设计数据或者试验数据等不同种类的数据，建立结构、动力、热力等异构仿真系统组成的集成综合仿真平台，将数据及仿真模型以软件的形式进行集成，从而实现更全面、真实的产品使用工况仿真，同时结合产品设计规范、设计知识库等信息，形成某一目标的优化设计算法，通过数据驱动形成产品优化设计方案，实现产品设计与产品使用的高度协同，在产品工艺设计方面，为了使产品的制造工艺设计更加精准、高效，需要对实际制造工艺的具体参数进行采集，例如机加工中刀具的切削参数、电机功率参数等，在软件系统或平台中将工艺参数、工艺设计方案、工艺模型进行信息的组织和融合，考虑不同的工艺参数对产品制造质量、产品制造效率、产品制造设备可承受力等方面的影响，建立关联性模型，依据工艺设计目标和制造现场实际条件，以实时采集的工艺数据进行仿真，并以已有的工艺方案、工艺规范作为支撑，形成制造工艺优化方案，场景如图 2-28 所示。

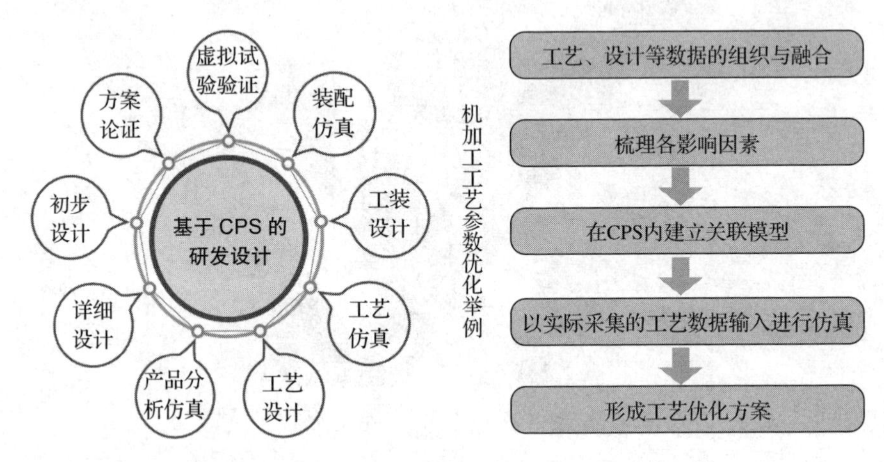

图 2-28 研发设计应用场景及工艺参数优化案例 [5]

（2）生产线 / 工厂设计应用场景

在生产线 / 工厂设计方面，首先建立产品生产线 / 工厂的初步方案，初步形成产品的制造工艺路线，通过采集实际和试验所生成的工时数据、物流运输数据、工装和工具配送数据等，在软件系统中基于工艺路线建立生产线 / 工厂中的人、机械、物料等生产要素与生产线产能之间的信息模型。综合考虑生产线 / 工厂中不同设备、不同软件系统、不同网络通信协议之间的集成，根据现有条件，结合系统采集的工时、运输等数据来分析计算出合理的设备布局、人员布局、工装工具物料布局、车间运输布局，建立生产线 / 工厂生产模型，进行生产线 / 工厂生产仿真，依据仿真结果优化生产线 / 工厂的设计方案。同时，生产线 / 工厂的管理系统设计要通过数据传递接口与企业管理系统、行业云平台及服务平台进行集成，从而实现生产线 / 工厂设计与企业、行业的协同，场景如图 2-29 所示。

2. 智能生产

生产制造是制造企业运营过程中非常重要的活动，CPS 将针对生产制造环节的应用需求对生产制造环节进行优化，以实现资源优化配置的目标。CPS 通过软硬件配合，可以完成物理实体与环境、物理实体（包括设备、人等）之间的感知、

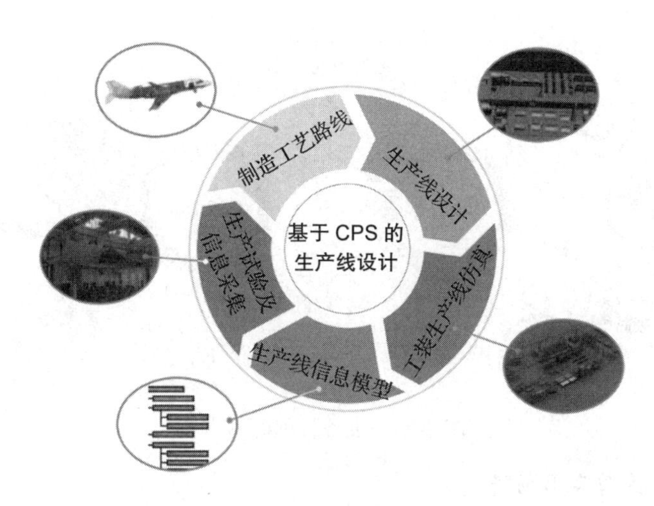

图 2-29 生产线设计应用场景[5]

分析、决策和执行。设备将在统一的接口协议或者接口转化标准下连接，形成具有通信、精确控制、远程协调能力的网络。通过实时感知分析数据信息，将分析结果固化为知识、规则并保存到知识库、规则库中。知识库和规则库中的内容，一方面帮助企业建立精准、全面的生产图景，企业根据所呈现的信息可以在最短时间内掌握生产现场的变化，从而做出准确判断和快速应对，在出现问题时得到快速合理的解决；另一方面也可以在一定的规则约束下，将知识库和规则库中的内容分析转化为信息，通过设备网络进行自主控制，实现资源的合理优化配置与协同制造。

（1）设备管理应用场景

CPS将无处不在的传感器、智能硬件、控制系统、计算设施、信息终端、生产装置通过不同的设备接入方式（例如串口通信、以太网通信、总线模式等）连接成一个智能网络，构建设备网络平台或云平台，在不同的布局和组织方式下，企业、人、设备、服务之间能够互联互通，具备了广泛的自组织能力、状态采集和感知能力，数据和信息能够通畅流转，同时也具备了对设备进行实时监控和模拟仿真的能力，通过数据的集成、共享和协同，实现对工序设备的实时优化控制和配置，使各种组成单元能够根据工作任务需要自行集结成一种超柔性组织结构，并最优和最大限度地开发、整合和利用各类信息资源，场景如图2-30所示。

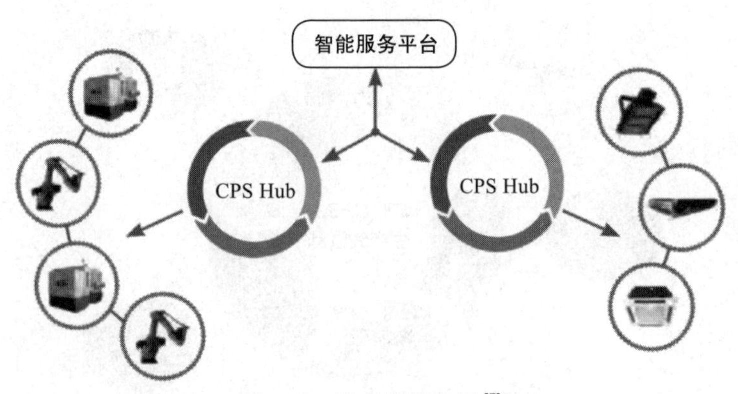

图 2-30　设备管理应用 [5]

（2）生产管理应用场景

CPS 是实现制造业企业中物理空间与信息空间联通的重要手段和有效途径。在生产管理过程中通过集成工业软件、构建工业云平台对生产过程数据进行管理，实现对生产制造环节的智能决策，并根据决策信息和领导层意志及时调整制造过程，打通从上游到下游的整个供应链。如图 2-31 所示，从资源管理、生产计划与生产调度等方面对整个生产制造进行管理、控制以及科学决策，使整个生产环节资源处于有序可控的状态。

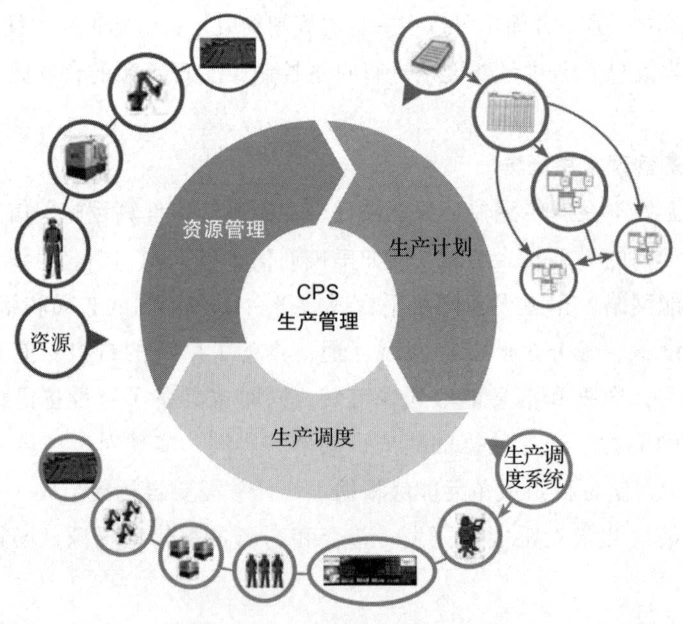

图 2-31　生产管理应用场景 [5]

（3）柔性制造应用场景

CPS对整个制造过程进行数据的采集和存储，对各种加工程序和参数配置进行监控，为相关的生产人员和管理人员提供可视化的管理指导，方便设备、人员的快速调整，同时实现整个智能工厂信息的整合和业务协同，提高了整个制造过程的柔性。如图2-32所示，CPS通过结合CAX、MES、自动控制、云计算、数控机床、工业机器人、射频识别（Radio Frequency IDentification，RFID）等先进技术或设备，实现整个智能工厂信息的整合和业务协同，为企业的柔性制造提供技术支撑。

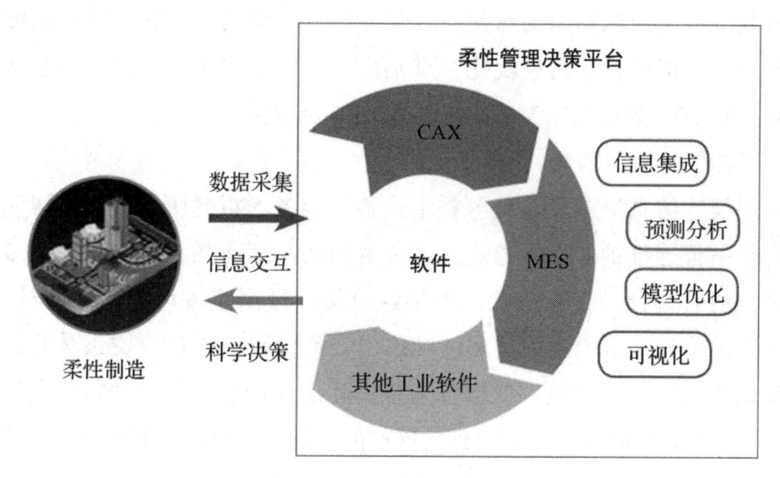

图2-32 柔性制造应用场景[5]

3. 智能服务

通过在自身或相关要素搭载具有感知、分析、控制能力的智能系统，采用恰当的频率对人、机、料、法、环数据进行感知、分析和控制，运用工业大数据、机器学习、PHM、人工智能等技术手段，帮助企业解决装备健康监测、预防维护等问题，实现“隐性数据－显性数据－信息－知识”的循环优化。同时通过将不同的“小”智能系统按需求进行集成，构建一个面向群体或是SoS装备的工业数据分析与信息服务平台，对群体装备间的相关多源信息进行大数据分析、挖掘，实现群体、SoS之间数据和知识的共享优化，解决远程诊断、协同优化、共享服务等问题，同时通过云端的知识挖掘、积累、组织和应用，构建具有自成长能力的信息空间，实现“数据－知识－应用－数据”。通过CPS按照需要形成本地与远程云服务相互协作、个体与群体（或个体）、群体与系统的相互协同一体化工业云服务体系，能够更好地服务于生产，实现智能装备的协同优化，支持企业用户经济性、安全性和高效性经营目标落地。

（1）健康管理应用场景

将 CPS 与装备管理相结合，通过应用建模、仿真测试、验证等技术建立装备健康评估模型，在数据融合的基础上搭建具备感知网络的智能应用平台，实现装备虚拟健康管理。通过智能分析平台对装备运行状态进行实时的感知与监测，并实时应用健康评估模型进行分析预演及评估，将运行决策和维护建议反馈到控制系统，为装备最优使用和及时维护提供自主认知、学习、记忆、重构的能力，实现视情使用、视情维护、转速优化、纵倾优化、监测报警等功能，满足装备健康管理需求。图 2-33 为某船舶健康监测管理 CPS 示意图。

（2）智能维护应用场景

应用建模、仿真测试及验证等技术，基于装备虚拟健康的预测性智能维护模型，构建装备智能维护 CPS。通过采集装备的实时运行数据，将相关的多源信息融合，进行装备性能、安全、状态等特性分析，预测装备可能出现的异常状态，并提前对异常状态采取恰当的预测性维护。装备智能维护 CPS 突破传统的阈值报警和穷举式专家知识库模式，依据各装备实际活动产生的数据进行独立的数据分析与利用，提前发现问题并处理，延长资产的正常运行时间，如图 2-34 所示。

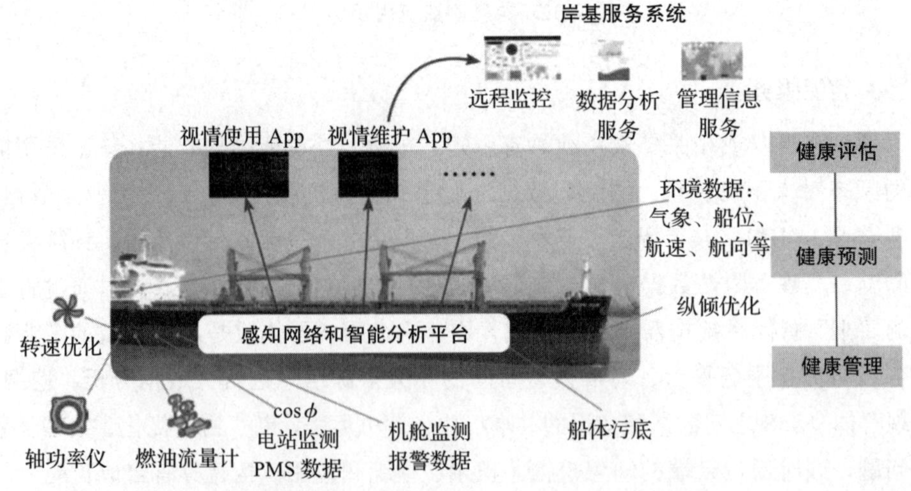

图 2-33　某船舶健康监测管理 CPS 示意图 [5]

图 2-34 CPS 在预测性维护中的应用[5]

（3）远程征兆性诊断应用场景

传统的装备售后服务模式下，装备发生故障时需要等待服务人员到现场进行维修，这将极大程度影响生产进度，特别是大型复杂制造系统的组件装备发生故障时，维修周期长，更是增加了维修成本。在 CPS 应用场景下，当装备发生故障时，远程专家可以调取装备的报警信息、日志文件等数据，在虚拟的设备健康诊断模型中进行预演推测，实现远程的故障诊断并及时、快速地解决故障，从而减少停机时间并降低维修成本。图 2-35 为 CPS 在远程征兆诊断中的应用。

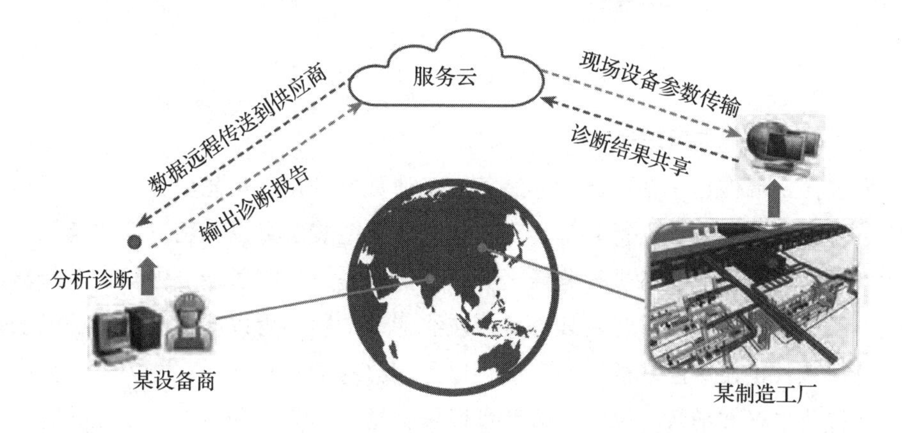

图 2-35 CPS 在远程征兆诊断中的应用[5]

（4）协同优化应用场景

CPS通过搭建感知网络和智能云分析平台，构建装备的全生命周期核心信息模型，并按照能效、安全、效率、健康度等目标，通过对核心部件和过程特征等在虚拟空间进行预测推演，结合不同策略下的预期标尺线，从而筛选出最佳决策建议，为装备使用提供辅助决策，从而实现装备的最佳应用。以飞机运营为例，运营中对乘客人数、飞行时间、飞行过程环境数据、降落数据、机场数据等数据的采集，同步共享给相关方，飞机设计与制造部门通过飞机虚拟模拟模型推演出最优方案以指导飞机操作人员，航空运营商提供最优路线方案给地勤运营，等等。图2-36为CPS在飞机运营调度的场景图。

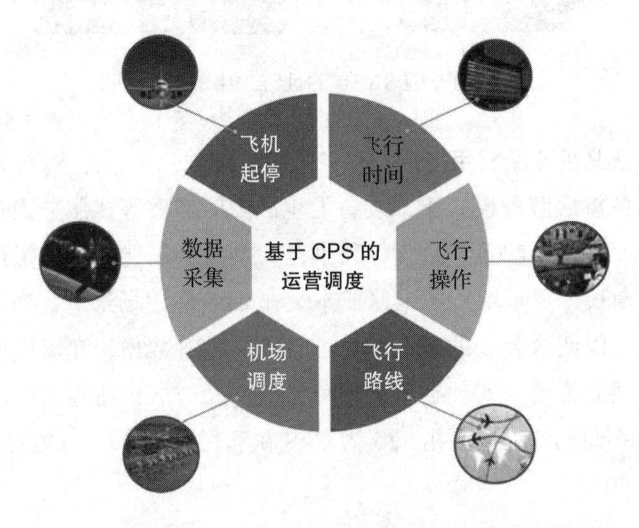

图2-36　CPS在飞机运营调度中的场景[5]

（5）共享服务应用场景

通过在云端构建一个面向群体装备的工业数据分析与信息服务平台，将单一智能装备的信息与知识进行共享，正在运行的智能装备可以利用自身的感知和运算能力帮助其他智能装备进行分析运算，智能装备可依据云端群体知识进行活动优化。以船舶为例，将要开始某个具体航线活动的船舶可以向该区域内的船舶提出信息请求，正在该区域活动的船舶可以利用自身的感知与运算能力进行分析运算，并将结果告知前者，这样，前者可以依据这个结果选择航线、设定航速、躲避气象灾害。

4. 智能应用

通过建设“一硬”(感知和自动控制)、“一软”(工业软件)、“一网”(工业网络)和“一平台”(工业云和智能服务平台),实现制造业全产业链的信息物理融合和价值共同创造,将设计者、生产者和使用者的单调角色转变为新价值创造的参与者,并通过创建新型价值链促进产业链转型,从根本上调动生产流程中各个参与者的积极性和创造力,最终实现业态融合的制造业转型。

(1)无人装备应用场景

船舶、飞机等重资产装备,普遍操作难度大,安全性要求高,一旦发生意外就会造成严重后果,这就对操作人员的能力和经验提出了很高的要求。随着老龄化加剧,人力资源短缺的情况日益严重,以船舶为例,传统模式下,培养一个优秀的船员需要5到10年,市场上迫切需要一种智能化船舶解决方案,一方面快速提高船员的技能水平,同时降低对船员经验的依赖程度。

CPS很好地解决了装备智能化的问题,通过装备状态感知和实时计算,学习认知装备操控过程知识,并通过行为认知和启发认知不断迭代增强决策正确率,逐渐实现物的智慧代替人的智慧,建立无人智能设备,同时构建CPS智能胶囊,在同类型的装备上进行模型移植,实现设备智能化能力的低成本快速推进。如图2-37所示。

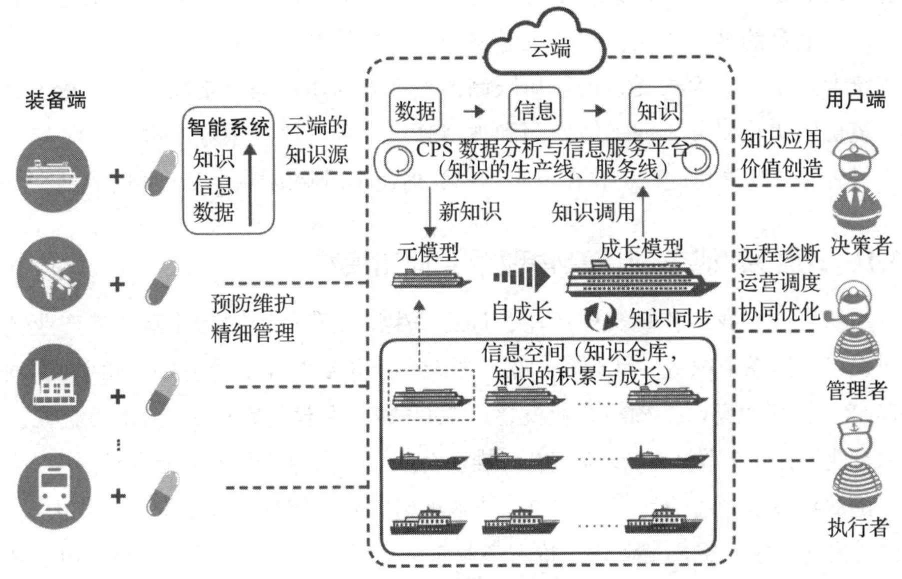

图2-37 无人装备应用场景[5]

（2）产业链互动应用场景

当市场需求饱和时，需要设计者、生产者共同参与到使用者的活动之中，利用工业网络，构建融合设计、生产和使用的信息空间，并通过机器学习和群体认知等手段，快速分析产品的使用状况，预测用户的需求变化和市场趋势，提供设计修改建议和生产维修计划辅助决策知识，智能优化配置资源，及时处理用户需求。同时，通过CPS，可以让用户参与到产品的设计生产过程中，激发用户的需求，增加购买欲望，共同实现敏捷设计和柔性生产。

（3）价值链共赢应用场景

制造企业要实现向服务商的转型，由单一的依靠销售产品收入变为通过交付后的产品服务实现长期稳定的收入。依靠传统的售后维护手段，显然已无法满足用户企业的服务需求。传统的定期保养、远程维护、专家诊断等方式，均是“与用户争利”的手段，高额的养护成本更加激化了二者之间的矛盾，许多大型企业用户不惜花重金建立自有的服务体系。但是，提升定期保养、专家诊断等服务模式保养保障能力的边际成本很高，只有大型企业才有实力构建自己专家系统，而占据更大市场份额的中小企业则无力承担高额的保养费用和庞大的专家系统。因此，制造企业面向最广大的用户，尤其是中小企业用户，以较低成本向其提供与大型企业相同的定制化服务，这就需要通过CPS建立人、装备和环境在信息空间中的映射，更重要的是，建立机器自主学习的认知决策系统，通过智能决策支持，突破传统专家系统等模式受人员素质限制的桎梏，向用户提供更加便利、高效的人与环境协同优化服务，即视情使用和视情管理服务。通过服务，进一步参与到产品交付后的持续盈利过程中，在分担用户管理使用风险的同时实现共同盈利。

2.3.10 纺纱智能车间信息物理单元通用模型

纺织工业是我国传统支柱产业、重要民生产业和创造国际化新优势产业，作为纺织工业体系中织造、针织、印染、服装、家用纺织品等行业的前道基础产业，2016年全国仅规模以上棉纺企业就超过5000家，主营业务收入超1.6万亿元，占纺织行业主营业务收入的22%左右，推动纺纱产业向智能化发展的需求巨大。

随着计算机、通信和智能控制等技术迅速发展，信息物理系统已经成为美国、德国等发达国家实施再工业化、抢占产业变革的制高点；智能纺纱机械目前已基本实现国产化，单机自动化已无法满足纺织行业的发展，通过建立纺纱信息物理系统将进一步促进企业智能化生产水平；CPS生产单元技术正在智能制造中快速发展，构建生产单元更有利于智能车间技术向技术相对落后地区快速推广。

通过将纺纱车间分为5个CPS生产单元，建立基于CPS单元技术的纺纱智能车间参考模型。车间分为CPS单元层、通信层和执行层。CPS单元对各工艺环节进行数据采集与存储，对各工序的参数和进程进行监控，CPS单元群结合工业机器人、智能传感器、自动控制、物联标识等先进技术和设备，通过工业互联网将状态感知、传输、计算与制造过程融合起来，实现整个纺纱智能工厂的信息整合和业务协同，为企业的柔性制造提供技术支撑。车间参考模型如图2-38所示，纺纱智能车间参考模型架构如图2-39所示。

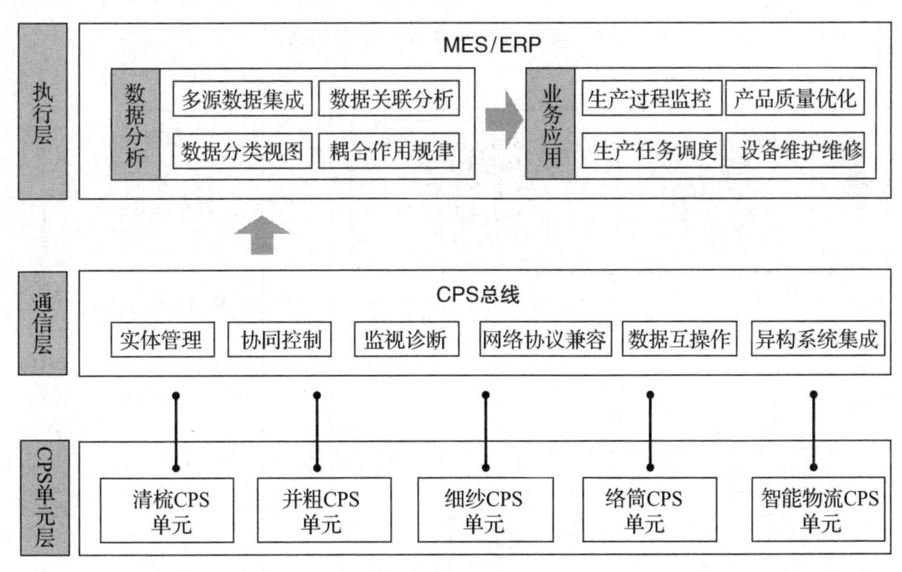

图2-38 车间参考模型[6]

纺纱CPS单元模型（以清梳单元为例）

纺纱智能车间中依据工艺流程建设清梳、并粗、细纱、络筒和智能物流五个CPS生产单元，通过构建纺纱设备、嵌入式软件、通信模块及控制软件构成含有“感知-分析-决策-执行”的数据自由流动闭环，为制造工艺与流程信息化提供数据基础和控制基础，实现CPS单元内部资源优化，进而实现高效的车间资源优化。CPS单元分为物理层、通信层、信息层和控制层。清梳CPS单元架构如图2-40所示，其余单元结构与清梳单元类似。

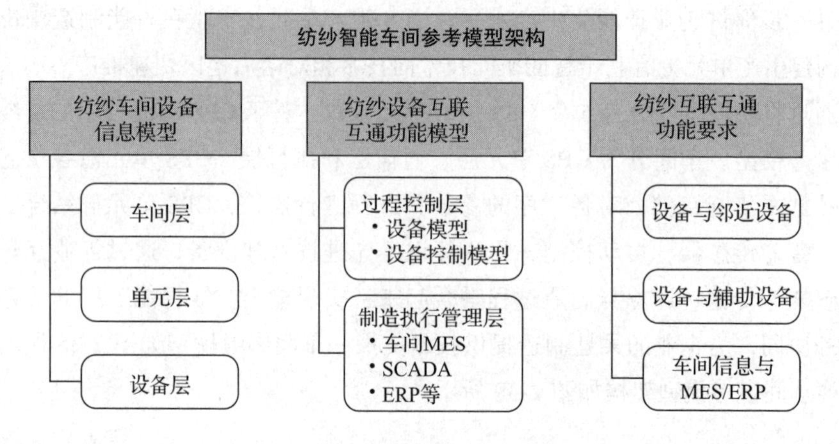

图 2-39 纺纱智能车间参考模型架构 [6]

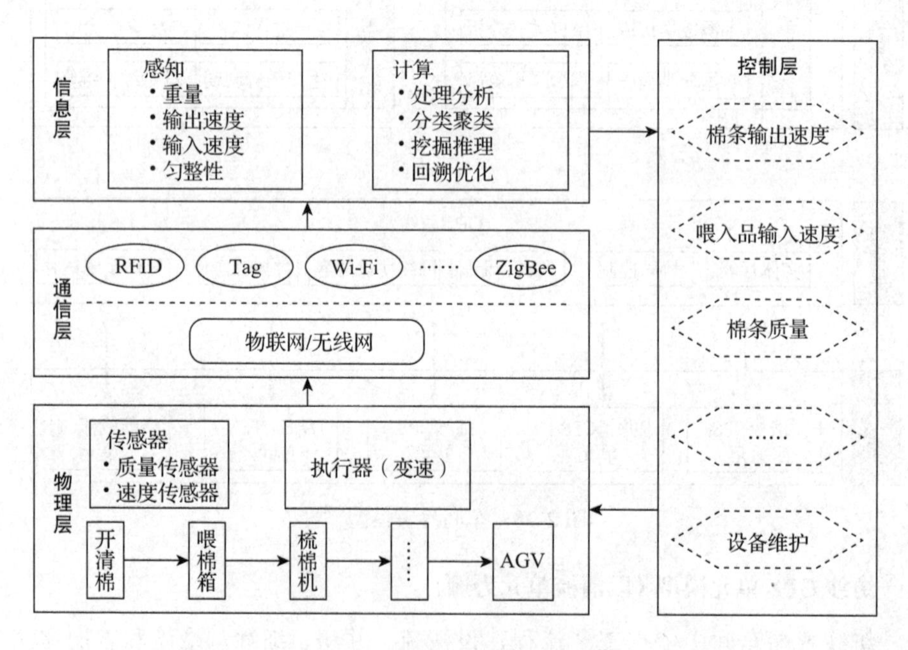

图 2-40 清梳 CPS 单元架构 [6]

其中清梳 CPS 单元的信息层部分包括棉条生产过程中的五种不同的纺织机械，分别为抓棉机、开棉机、混棉机、清棉机以及梳棉机，依次生产出：棉块、小棉束、棉层、棉卷或棉流、棉条。在加工过程中实时地将工艺参数、设备参数、质量参数与数据库互联，实现虚拟车间与实际车间信息的交互，如图 2-41 所示。

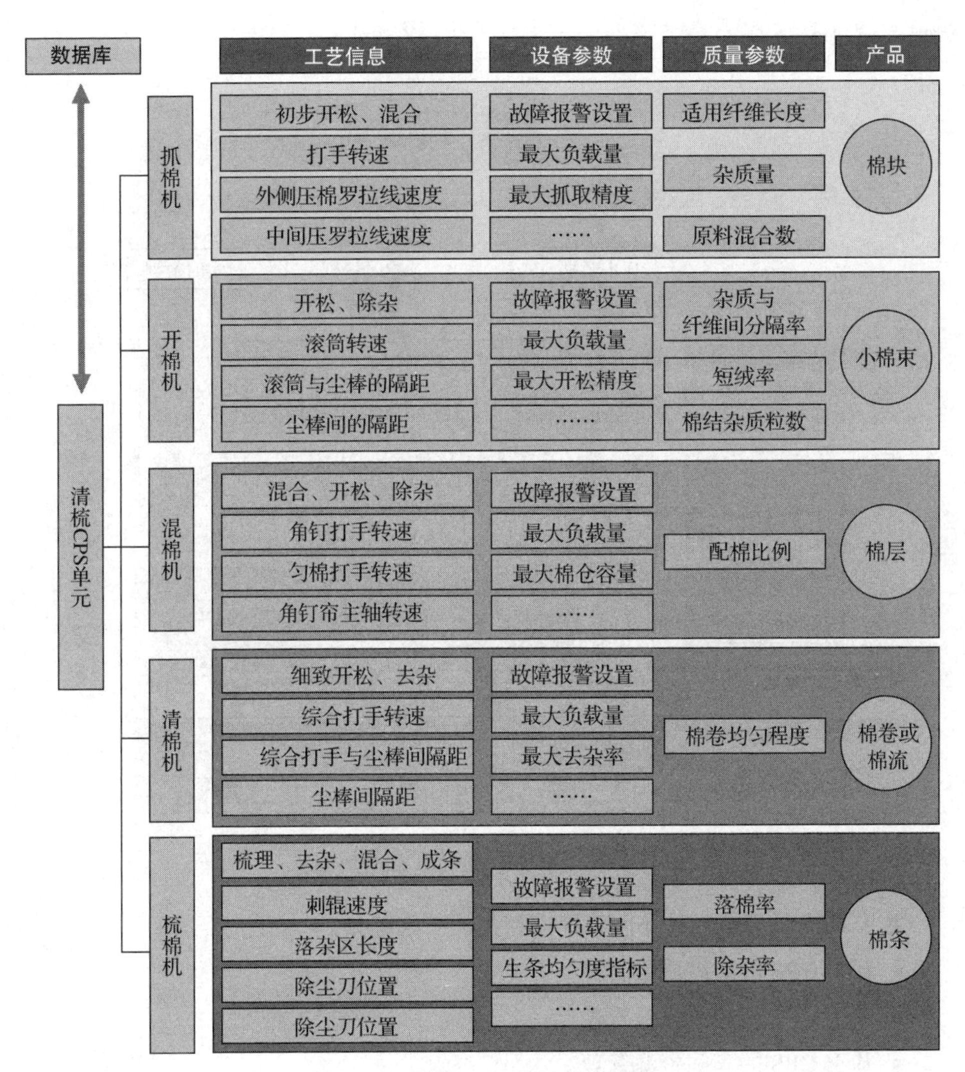

图 2-41 清梳 CPS 单元信息模型

在清梳 CPS 单元的控制层部分，CPS 智能控制单元通过接收清梳工艺流程信息以及智能车间控制中心的历史数据和实时数据，得到 CPS 单元控制的具体内容，通过单片机或 PLC 等可编程控制器实现对包括棉条输入输出速度、棉条质量、纱线强度等工艺参数的实时控制，并通过 Wi-Fi 或以太网的方式实时传输至智能车间控制中心。通过物理车间与虚拟车间所得到的信息，通过数据挖掘的方式可实现故障检测、故障报警、紧急处理以及状态查询等功能，从而实现清梳单元的智能控制，如图 2-42 所示。

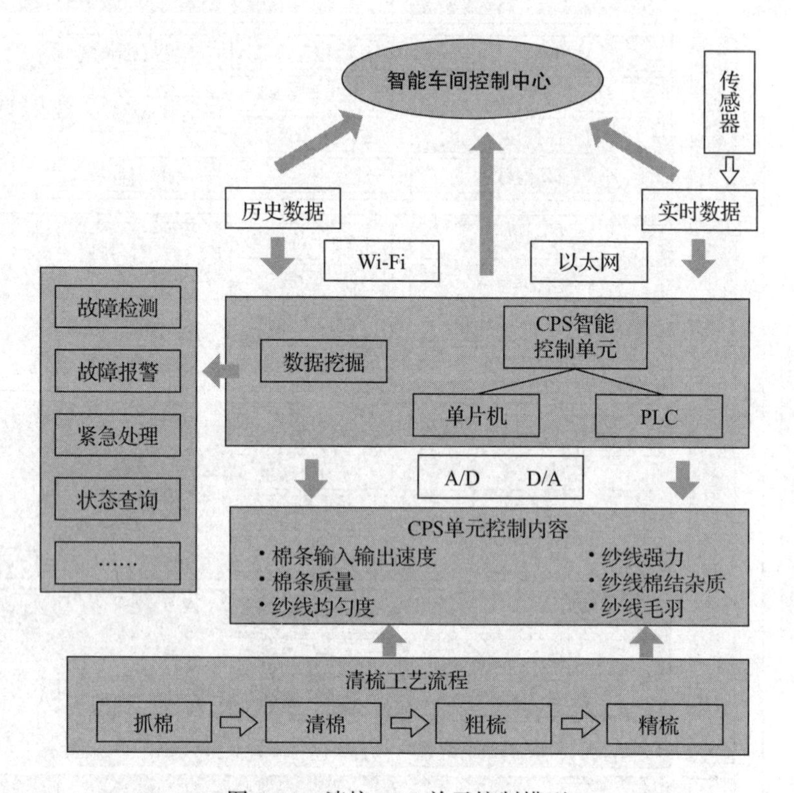

图 2-42 清梳 CPS 单元控制模型

基于 CPS 的智能纺纱车间管控模型包括三大部分：

- 基于 CPS 的纺纱质量管控
- 基于 CPS 的纺纱设备管理
- 基于 CPS 的车间资源管理

通过现场管理层将梳棉、精棉、并条、粗纱、细纱、物流等智能纺纱设备中的信息通过现场总线、无线传感网形成梳棉 CPS、并粗 CPS、细纱 CPS 等柔性制造单元，通过制造执行管理层最终实现智能化纺纱工厂，如图 2-43 所示。

通过将 CPS 技术引入纺纱智能车间参考模型，为建设纺纱智能车间，加速纺纱行业的两化融合提供了极大的帮助。

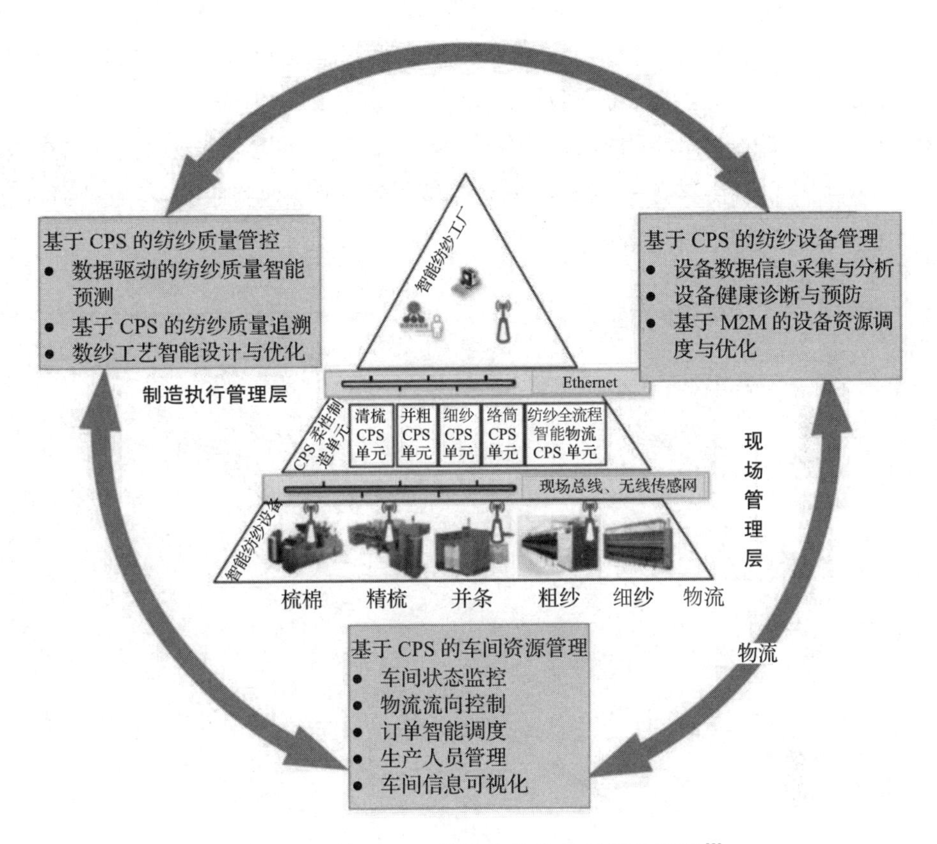

图 2-43 基于 CPS 的智能纺纱车间管控模型 [6]

参考文献

[1] 李海花 . 各国强化工业互联网战略标准化成重要切入点 [J]. 世界电信，2015(7): 24-27.

[2] 过峰，赵介军，吴淼，等 . 从智能制造系统架构看传感器环境可靠性的标准化需求 [J]. 第十四届中国标准化论坛论文集，2017.

[3] 祝毓 . 国外工业互联网主要进展 [J]. 竞争情报，2018, 14(6): 59-65.

[4] 中华人民共和国工业和信息化部 . 智能制造能力成熟度模型：GB/T 39116—2020[S]. 北京：中国标准出版社，2020.

[5] 全国信息技术标准化技术委员会 . 信息物理系统　参考架构：GB/T 40020—2021[S]. 北京：中国标准出版社，2021.

[6] 郑小虎，鲍劲松，张洁 . 基于 CPS 的纺纱智能车间参考模型的研究 [J]. 第十九届中国科协年会——分 5 “智能制造引领东北工业基地振兴” 交流研讨会论文集，2017.

Chapter3 第 3 章

智能制造系统使能技术

智能制造系统使能技术是智能制造发展的动力和基础，智能制造使能技术包括工业物联网技术、工业大数据技术、虚拟现实和增强现实技术、数字孪生技术、机器学习技术以及信息安全技术，本章将对以上关键技术进行介绍。

3.1 工业物联网技术

制造业自诞生之日起就有了一定的信息化的基础，随着产业革命，特别是第三次产业革命的开展，制造业信息化水平节节攀升。物联网作为近年来提出的一种信息化技术，其对制造业信息化的功能和平台的进一步提升起到了关键作用，通过物与物之间信息的沟通和传递，可以使制造过程更加信息化和智能化。本节将对物联网技术以及其中的工业物联网技术展开介绍。

3.1.1 物联网概述

物联网来自英文词组“ Internet of Things”就是“物物相连的智能互联网”。首先，物联网的核心和基础仍然是互联网，是在互联网基础上延伸和扩展的网络；其次，其用户端延伸和扩展到了任何物品与物品之间，进行信息交换和通信；最后，该网络具有智能属性，可进行智能控制、自动监测与自动操作。更具体一点，一般认为物联网的定义是通过射频识别（RFID)、红外感应器、全球定位系统、激光扫描器等信息传感设备，按约定的协议，把任何物品与互联网连接起来，进行信息交换和通信，以实现智能化识别、定位、跟踪、监控和管理的一种网络。

物联网概念的提出已经有十余年的历史，并在世界范围内引起越来越多的关注。在国内，随着政府对物联网产业关注和支持力度的显著提高，物联网已经逐渐从产业愿景走向现实应用，中国物联网产业正进入百花齐放的“应用启动”阶段。

物联网的概念是在 1999 年提出的。在中国，物联网曾被称为传感网。2005 年 11 月 17 日，在突尼斯举行的信息社会世界峰会上，国际电信联盟（ITU）发布了《ITU 互联网报告 2005：物联网》，正式提出了“物联网”的概念。由于信息和通信技术的发展，开辟了一个新的维度：从任何人在任何时间、任何地点进行信息交换，到现在可以连接任何事物，互联的倍增，由此创造出一个全新的动态网络——物联网。届时，世界上所有的物体，都可以通过互联网主动进行交换。物联体系结构见表 3-1。

表 3-1　物联网体系结构描述

名称	描　述	典型技术
感知层	主要用于对物理世界中的各类物理量、标识、音频、视频等数据的采集与感知	传感器、RFID、二维码等
网络层	主要用于实现更广泛、更快速的网络互联，从而把感知到的数据信息可靠、安全地进行传送	互联网、无线通信网、卫星通信网与有线电视网等
应用层	主要包含应用支撑平台子层和应用服务子层。应用支撑平台子层用于支撑跨行业、跨应用、跨系统的信息协同、共享和互通	智能交通、智能家居、智能物流、智能医疗、智能电力、数字环保、数字农业、数字林业等领域

物联网技术是一项技术革命，依赖于射频识别（RFID）技术、传感器技术、纳米技术、智能嵌入技术等的创新和应用。射频识别技术使日常用品及其设备的信息可以导入大型的数据库和网络，主要用于物体数据的收集和处理。传感器技术能够检测物体物理状态的改变，拓宽了物体信息的自动提取方式及范围。智能嵌入增强了处理性能，使得越来越小的物体可以进行交互。

3.1.2　工业互联网

工业互联网是物联网重要的组成部分，只不过物联网应用的范围比工业互联网更大。事实上，工业互联网革命已经展开，在过去的十年中，企业开始逐步将互联网技术应用到工业生产。尽管如此，目前基于互联网的数字技术还没有将全部潜力充分实现于全球产业体系。智能设备、智能系统和智能决策代表着物理学在机器、设备、机组和网络上的主要应用方式，而这些应用把数据传输、多数据、数据分析很好地融合到一起。

本质上来说，互联网解决人和人之间的信息交互和共享，而物联网解决更大维度的人和物、物和人、物和物之间的信息交互和共享。

1. 工业互联网的定义、关键要素与价值分析

GE的伊斯梅尔认为所谓工业互联网就是“开放、全球化的网络，将人、数据和机器连接起来”。工业互联网的目标是实现关键工业领域的转型升级。这是一个庞大的物理世界，由机器、设备、集群和网络组成，能够在更深的层面与连接能力、大数据、数字分析相结合。这就是工业互联网革命。

工业互联网的关键要素有以下几点。

1）智能机器：将世界上各种机器、设备组、设施和系统网络与先进的传感器、控制和软件应用程序相连接。

2）高级分析：利用物理分析、预测算法、自动化以及材料科学、电气工程等关键学科的专业知识来了解机器与大型系统的运转方式；在任何时候将人相连（无论他们在办公室还是在行进中）以支持更加智能的设计、运营、维护，以及更高质量的服务和安全性。

GE认为工业互联网的价值总体上将从三个方面来体现。

1）提高能源（包括油、气、电等）的使用效率，而减少能源的浪费，并提高使用率，从侧面也等于提高了GDP。

2）提高工业系统与设备的维修和维护效率，减少宕机的时间，减少故障，并缩短维护时间，这相当于提高了生产力。

3）优化并简化运营，提高运营效率，这相当于解放了更多宝贵的人力资源，让他们可以进行更有价值和富有创新的工作。

2. 工业互联网价值分析和应用案例

（1）氯化镍电池工厂

GE在美国纽约州斯克内克塔迪市有一家氯化镍电池厂，在180 000ft^2（1ft^2≈0.093m^2）的电池生产厂区内，一共安装了1万多个传感器，并全部连接高速内部以太网进行数据传输。这些传感器有的用来检测电池制造核心的温度，有的用来检测制造一块电池所耗费的能源，还有的用来检测生产车间的气压。在流水生产线外，管理人员手拿 iPad 通过工厂的 Wi-Fi 网络来获取这些传感器发出的数据，监督生产过程。

在新工厂中生产的电池上都标有序列号和条形码，方便各种传感器进行识别。如果管理人员想知道电池组件的耗能情况或者一天的产能，只需要在强力的工作站上完成数据采集和分析。抽检的电池如果某一环节出现问题，就可以通过追踪传感器产生的数据发现问题的根源，并及时解决。传感器和机器之间也有数据交换，当某一传感器发现流水线移动缓慢时，就会“告知”机器，让它们降低传输的速度。

另外，GE 还准备将天气预报加入斯克内克塔迪电池工厂的工业互联网中，因为电池生产受气压、湿度的影响非常大，加入天气预报更有利于管理人员采取相应的对策，保证电池生产的质量和数量。

（2）喷气发动机

在美国加州圣拉蒙市的 GE 软件研发中心，工作人员通过测试来筛选 2 万台喷气发动机的各种细小警报信息，可以提供发动机维修的前瞻性评估数据。包括能够提前一个月预测哪些发动机急需维护修理，准备率达到 70%。这套系统的另一个价值，就是可以让飞机误点率大幅降低。因为每年航班延误给全球航空公司带来 400 亿美元的损失，其中 10% 的飞机延误正是源自飞机发动机等部件的突发性维修。

GE 航空还和埃森哲成立了一家名为 Taleris 的合资公司，为全球各地的航空公司和航空货运公司提供该服务。通过云计算服务，当一架飞机落地以后，Taleris 很快就可以把飞机数据用无线的方式传递出去，随后为之量身打造一套专门的维修方案。航空公司因此也能够对飞机上的各项性能指标进行实时监测和分析，并对故障进行预测，从而避免飞机因计划外的故障造成损失。

GE 的下一代 GEnX 引擎中（装备波音 787 飞机）将会保留每次飞行的所有基础数据，甚至会在飞机失事时传输回 GE 分析。这样一台引擎一年产生的数据量甚至会超过 GE 航空业务历史上所有的数据。海航是 GE 的合作伙伴，公司 5 年前就对飞机进行了资产的数据管理，以节省燃油和降低碳排放。利用软件分析数据后，对系统进行改进，使得海航在 2011 年和 2012 年节省了 1.1% 的燃油使用量，节约人民币2亿多元，同时碳排放减少了9.7万吨。

3.1.3 5G技术

1. 5G基本概念

移动通信延续着每十年一代技术的发展规律，已历经1G、2G、3G、4G的发展。每一次代际跃迁，每一次技术进步，都极大地促进了产业升级和经济社会发展。从1G到2G，实现了模拟通信到数字通信的过渡，移动通信走进了千家万户；从2G到3G、4G，实现了语音业务到数据业务的转变，传输速率成百倍提升，促进了移动互联网应用的普及和繁荣。当前，移动网络已融入社会生活的方方面面，深刻改变了人们的沟通、交流乃至整个生活方式。4G网络造就了繁荣的互联网经济，解决了人与人随时随地通信的问题，随着移动互联网快速发展，新服务、新业务不断涌现，移动数据业务流量爆炸式增长，4G移动通信系统难以满足未来移动数据流量暴涨的需求，急需研发下一代移动通信（5G）系统。

第五代移动通信技术（5th Generation Mobile Communication Technology，5G）是具有高速率、低时延和大连接特点的新一代宽带移动通信技术，是实现人机物互联的网络基础设施。

国际电信联盟（ITU）定义了5G的三大类应用场景，即增强移动宽带（eMBB）、超高可靠低时延通信（uRLLC）和海量机器类通信（mMTC）。增强移动宽带主要面向移动互联网流量爆炸式增长，为移动互联网用户提供更加极致的应用体验；超高可靠低时延通信主要面向工业控制、远程医疗、自动驾驶等对时延和可靠性具有极高要求的垂直行业应用需求；海量机器类通信主要面向智慧城市、智能家居、环境监测等以传感和数据采集为目标的应用需求。

5G作为一种新型移动通信网络，不仅要解决人与人通信，为用户提供增强现实、虚拟现实、超高清（3D）视频等更加身临其境的极致业务体验，更要解决人与物、物与物通信问题，满足移动医疗、车联网、智能家居、工业控制、环境监测等物联网应用需求。最终，5G将渗透到经济社会的各行业、各领域，成为支撑经济社会数字化、网络化、智能化转型的关键新型基础设施。

2. 5G技术指标

标志性能力指标为“Gbps用户体验速率”，一组关键技术包括大规模天线阵列、超密集组网、新型多址、全频谱接入和新型网络架构。大规模天线阵列是提升系统频谱效率的最重要技术手段之一，对满足5G系统容量和速率需求将起到重要的支撑作用；超密集组网通过增加基站部署密度，可实现百倍量级的容量提升，是满足5G千倍容量增长需求的最主要手段之一；新型多址技术通过发送信号的叠加传输来提升系统的接入能力，可有效支撑5G网络千亿设备连接需求；全频谱接入技术通过有效利用各类频谱资源，可有效缓解5G网络对频谱资源的巨大需求；新型网络架构基于SDN、NFV和云计算等先进技术可实现以用户为中心的更灵活、智能、高效和开放的5G新型网络。

5G就是第五代通信技术，主要特点是波长为毫米级、超宽带、超高速度、超低延时。1G实现了模拟语音通信；2G实现了语音通信数字化；3G实现了语音以外图片等的多媒体通信；4G实现了局域高速上网。1G～4G都是着眼于人与人之间更方便快捷的通信，而5G将实现随时、随地、万物互联，让人类敢于期待与地球上的万物通过直播的方式无时差同步参与其中。“高速率”保障了信息的海量与无比充分的细节，“低时延”保障了跨越空间的同步与互动，而“广连接”使得外部环境的点滴存在都可以成为信息细节的发出方，从物理世界高保真地迁移到了数据世界，在物物相连的全新世界里，人类将有可能第一次使全部官能同步脱离“肉体”的束缚和禁锢。

3. 5G技术优势

5G网络主要有三大特点，极高的速率、极大的容量、极低的时延。相对4G网络，传输速率提升10～100倍，峰值传输速率达到10Gbit/s，端到端时延达到毫秒级，连接设备密度增加10～100倍，流量密度提升1000倍，频谱效率提升5～10倍，能够在500km/h的速度下保证用户体验。

与2G、3G、4G仅面向人与人通信不同，5G在设计之时，就考虑了人与物、物与物的互联，全球电信联盟接纳的5G指标中，除了对原有基站峰值速率的要求，还对5G提出了8大指标：基站峰值速率、用户体验速率、频谱效率、流量空间容量、移动性能、网络能效、连接密度和时延。即5G最大的不同，是将真正帮助整个社会构建“万物互联”。比如无人驾驶、云计算、可穿戴设备、智能家居、远程医疗等海量物联网，在5G发展到足够成熟的阶段时，能够实现真正意义上的物/物互联、人/物互联。新的技术革命人工智能、新的智能硬件平台VR、新的出行技术无人驾驶、新的场景万物互联等颠覆性应用，在5G的助力下，才可喷薄展开。

4. 5G技术缺点

回到现实，我们也必须承认，要想全面延伸，当下技术所能达到的程度还很粗浅和简陋，想让电脑做到以假乱真还为时尚早。随着智能手机和平板电脑等移动终端设备的大量普及，移动通信产业对频谱的需求越来越大。然而，频谱资源具有两个特点。

1）可用的频谱资源总量有限，尤其是中低频段的优质频谱资源，数量更为稀少，5GHz以下的频段已非常拥挤。

2）由于无线通信的广播特性，同一频段的频谱资源在被多个系统同时同地使用的时候会产生相互干扰，限制通信的质量。不幸的是，目前大部分可用的频谱资源都已经被划分给了各类不同的无线电系统使用，移动通信频谱紧缺的问题日益突出。

3.2 工业大数据技术

工业大数据是指在工业领域中，围绕典型智能制造模式，从客户需求到销售、订单、计划、研发、设计、工艺、制造、采购、供应、库存、发货和交付、售后服务、运维、报废或回收再制造等产品全生命周期各个环节所产生的各类数据及相关技术和应用的总称。工业大数据技术是使工业大数据中所蕴含的价值得以挖掘和展现的一系列技术与方法，包括数据规划、采集、预处理、存储、分析挖掘、可视化和智能控制等。工业大数据技术的研究与突破，其本质目标就是从复杂的数据集中发现新的模式与知识，挖掘得到有价值的新信息，从而促进制造型企业的产品创新、提升经营水平和生产运作效率以及拓展新型商业模式。本节将对工业大数据技术中的工业大数据感知技术、工业大数据通信与控制网络技术、工业大数据分析与挖掘技术展开介绍。

3.2.1 工业大数据感知技术

工业大数据感知技术是实现大数据驱动的智能制造系统的基础。工业大数据感知技术包括：实际生产中生产线、生产设备通过传感器抓取数据，然后经过无线通信连接互联网来传输数据，以对生产本身进行实时监控，生产所产生的数据同样经过快速处理、传递，反馈至生产过程中，将工厂升级为可以管理和自适应调整的智能网络，使得工业控制和管理最优化，对有限资源进行最大限度使用，从而降低工业和资源的配置成本，使得生产过程能够高效进行。工业大数据感知技术包括智能传感器技术、制造资源标识技术，本节将对这两种技术进行介绍，主要对制造资源标识技术展开介绍。

1. 智能传感器技术

智能传感器技术作为制造业底层传感网络的重要组成部分，其技术发展程度决定了传感器网络的整体性能。尽管国内智能传感器技术发展迅速，但国家级的智能传感器标准尚处于研究开发阶段，不过各领域已出现了一些实用的智能传感器并应用于汽车、航天航空、通信等领域。

2. 制造资源标识技术

制造资源标识技术是能够自动识别制造环境中各种物理和逻辑实体的方法，识别之后才可以实现对物体信息的整合和共享、对物体的管理和控制、对相关数据的正确路由和定位，并以此为基础实现各种各样的物联网应用，包括条码技术、磁卡技术、RFID 技术、EPC 系统等。在这里主要介绍 RFID 技术与二维码技术。

（1）RFID 技术

① RFID 技术简介

RFID 技术是一种非接触的自动识别技术，其基本原理是利用射频信号和空间耦合（电感或电磁耦合）传输特性实现识读器与标签间的数据传输。

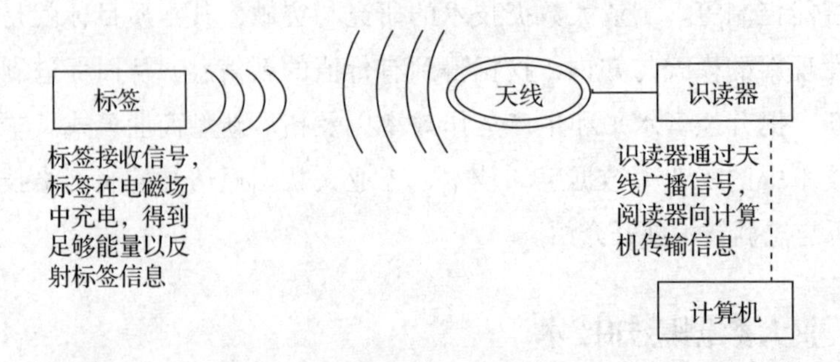

图 3-1　RFID 系统示意图 [1]

RFID 系统一般由三个部分组成（如图 3-1 所示），即标签（应答器，Tag)、识读器（读头，Reader）和天线（Antenna)，部分功率要求不高的 RFID 设备把识读器和天线集成在一起，统一称作识读器。在应用时，射频标签黏附在被识别的物品上（或者物品内部)，当该物品移动至识读器驱动的天线工作范围内时，识读器可以无接触地把物品所携带的标签里的数据读取出来，从而实现无线、一定空间间隔的物品识别。若只能读，不能擦写，则称这种射频识别系统为读卡器。另一种可读写的 RFID 设备不但可以读射频标签，还可以擦写数据，故被称为读写器，可以通过识读器（读写器）在标签所附着的物品经过工作区域时，把需要的数据写入标签，从而完整地实现产品的标记与识别。

② RFID 技术的分类

随着 RFID 技术的进步，其产品也越来越多样化，RFID 设备主要有以下几类。

1）根据标签的供电方式分为有源系统和无源系统。

2）根据标签的数据调制方式分为主动式、被动式和半主动式。

3）根据标签的工作频率分为低频、高频、超高频和微波系统。

4）根据标签可读写类型分为只读、读写和一次写入多次读出卡。

5）根据射频标签内部使用存储器类型的不同可分为三种：可读写卡（RW)，一次写入多次读出卡（WORM）和只读卡（RO）。

6）根据标签中存储器数据存储能力可分为标识标签与便携式数据文件。

③ RFID 技术在制造业大数据感知中的应用

RFID 技术应用于混流制造系统生产过程以跟踪需要实现 RFID 数据采集、处理以及与 MES 的集成。因此为了明确基于 RFID 的混流制造系统生产过程跟踪系统的结构与功能组成，并指导生产过程跟踪系统的研究与实施，需要建立基于 RFID 技术的混流制造系统生产过程跟踪系统架构。

射频标签嵌入物料并跟随物料遍历生产全过程，在 RFID 天线信号感知范围内，安装与生产设备关联的 RFID 识读器以获取物料标签，从而完成对物料的跟踪，基于 RFID 的跟踪系统需要完成物料标签数据的获取、处理，以及与设备数据的关联。系统通过中间件层实现标签数据的获取与发布，通过生产过程跟踪层完成物料与设备等信息的关联与处理。

生产过程跟踪系统要向生产商和客户提供从物料入库到加工生产，再到产品打包出库的所有数据，能提供快速及时的生产状况反馈，其主要功能如下。

1）客户可以实时获知其订单的进度。

2）生产商可以充分了解其生产过程中的瓶颈。

3）对有特殊要求的物料或工序（安全、涉密及含量要求等）进行实时跟踪。

4）了解工程进度，为生产计划的制定奠定基础。

本书设计的面向混流制造系统的基于RFID的生产过程跟踪系统架构（如图3-2所示）由以下几部分构成。

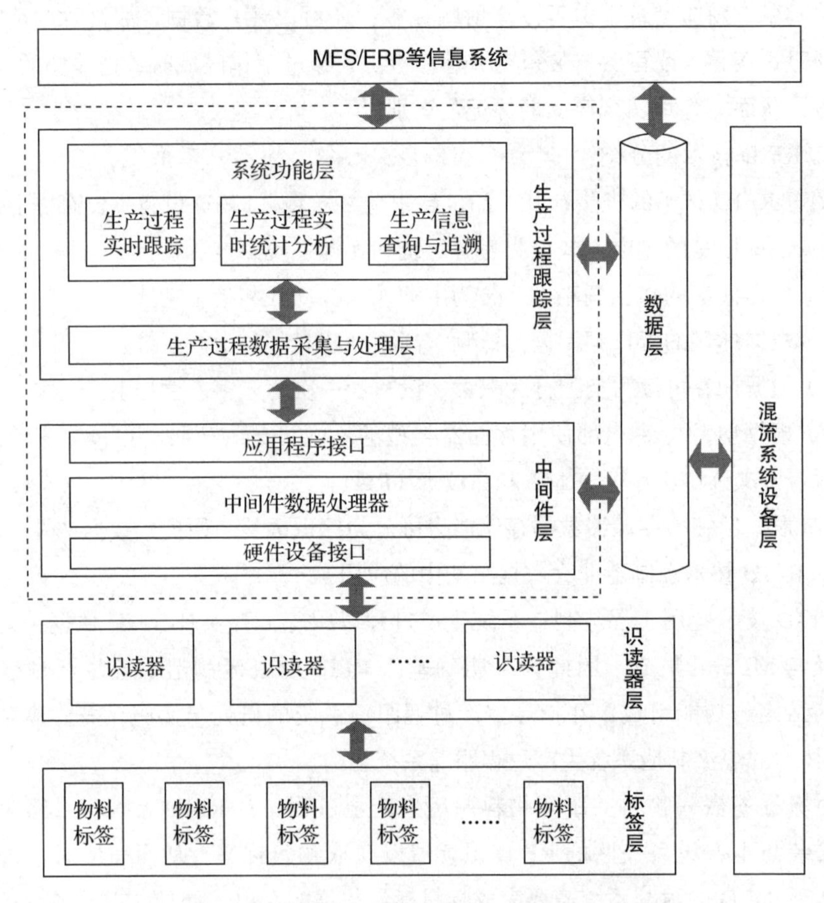

图3-2 基于RFID的生产过程跟踪系统架构[1]

1）标签层。生产过程中RFID标签嵌入物料，通过识读器跟踪标签的位置及内容，实现对物料的跟踪。

2）识读器层。识读器与生产设备关联，其识别的标签即为进入该生产设备工作范围的物料标识，获得该物料的标签信息与位置信息即获得了该设备的加工对象的信息。

3）中间件层。在RFID系统中，图3-3所示的RFID中间件（中间件层），是RFID系统的灵魂。其主要功能为：配置RFID设备，发送控制指令，收集、处理识读器返回的数据，实现标签数据的获取与处理发布，是设备与应用程序连接的纽带。

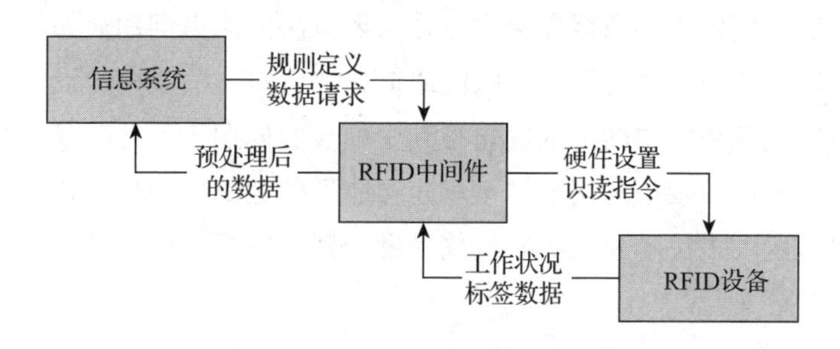

图3-3 RFID中间件的作用[1]

完整的RFID系统跟其他信息系统集成时，通常需要中间件等软件设备来配置和操作硬件设备并实现初期的数据处理，以便更好地发挥RFID系统的作用，如图3-3所示。

4）生产过程跟踪层。通过RFID设备与中间件获取物料信息，通过OPC（OLE for Process Control）与数据库来获取设备、质量等信息，实时处理生产过程的各项数据，实现物料、设备等的跟踪。为生产信息系统其他部分提供支持。

除此之外，跟踪系统通过数据层获取生产过程数据，数据层需要的生产计划信息、设备信息等通过其他信息系统与OPC等获取。

（2）二维码技术

①常见二维码介绍

二维码可以分为行排式二维条码和矩阵式二维条码。行排式二维条码由多行一维条码堆叠在一起构成，但与一维条码的排列规则不完全相同；矩阵式二维条码是深色方块与浅色方块组成的矩阵，通常呈正方形，在矩阵中深色块和浅色块分别表示二进制中的1和0。

②二维码的技术特点

与一维码相比，二维码具有存储密度大，拥有纠错能力，与其他技术结合应用广泛，能存储汉字、字母、数字等多种信息的优点。

3.2.2 工业大数据通信与控制网络技术

大数据时代下的智能车间要实现工厂 / 车间的设备传感和控制层的数据与企业信息系统融合，使得生产大数据传到云端的大数据中心以进行存储、分析，形成决策并反过来指导生产。在智能生产线、生产设备对制造数据进行抓取之后，如何将这些制造数据传输到数据存储中心是需要解决的重点问题。如何对智能设备进行组网，从而实现数字化设备的联网通信，如何对这些联网的设备进行智能控制，从而实现设备和资源的配置优化是其中的核心问题。因此，车间底层智能硬件设备的组网和通信技术，用于维系车间智能硬件之间的通信与连接，将现场总线、以太网、嵌入式技术和无线通信技术融合到控制网络中，是大数据驱动智能制造的重要支撑技术。

1. 工业现场总线通信技术

现场总线（fieldbus）是 20 世纪 80 年代末、90 年代初国际上发展形成的一种连接大量现场级设备和操作级设备的工业通信系统，用于过程自动化、制造自动化、楼宇自动化等领域的现场智能设备互连通信网络。其一般定义为：一种用于智能化现场设备和自动化系统的开放式、数字化、双向串行、多节点的通信总线。现场总线作为工厂数字通信网络的基础，实现了生产现场中控制设备与更高层控制管理设备之间的联系。它不仅是一个基层网络，而且还是一种开放式、新型全分布控制系统，这项以智能传感、控制、计算机、数字通信等技术为主要内容的综合技术，已经得到世界范围的关注，成为自动化技术发展的热点，并将引起自动化系统结构与设备的深刻变革。

目前国际上有 40 多种现场总线，但没有任何一种现场总线能覆盖所有的应用面，按其传输数据的大小可分为 3 类：传感器总线（Sensorbus），属于位传输；设备总线（Devicebus），属于字节传输；现场总线，属于数据流传输。目前主要的总线有基金会现场总线、LonWorks 现场总线、Profibus 现场总线、CAN 总线等。常见现场总线的技术特点与应用情况见表 3-2。

表 3-2 常见现场总线的技术特点与应用情况

总线类型	技术特点	主要应用场合	价格	支持公司
FF	功能强大，本质安全，实时性好，总线供电；但协议复杂，实际应用少	流程控制	较贵	Honeywell、Rosemount、ABB、Foxboro、横河等
WorldFIP	有较强的抗干扰能力，实时性好，稳定性好	工业过程控制	一般	Alstone
ProfibusPA	本质安全，总线供电，实际应用较多；但支持的传输介质较少，传输方式单一	过程自动化	较贵	Siemens
ProfibusDP/FMS	速度较快，组态配置灵活	车间级通信、工业、楼宇自动化	一般	Siemens
CAN	采用短帧，抗干扰能力强；但速度较慢，协议芯片内核由国外厂商垄断	汽车检测、控制	较便宜	Philips、Siemens、Honeywell 等
LonWorks	支持 OSI 七层协议，实际应用较多，开发平台完善；但协议芯片内核由国外厂商垄断	楼宇自动化、工业、能源	较便宜	Echelon

2. 工业现场无线网络通信技术

近年来，以太网、互联网等网络架构已越来越广泛地应用于自动化工业领域，取代传统的串口通信将成为自动化系统通信的主流。无线网络利用无线电波来为各种智能现场设备、移动机器人以及各种自动化设备之间的通信提供高带宽的无线数据链路和灵活的网络拓扑结构，在一些特殊环境下有效地弥补了有线网络的不足，进一步完善了工业控制网络的通信性能，是现代数据通信系统发展的一个重要方向。

无线网络技术在工业控制中的应用，主要包括数据采集、视频监控等，帮助用户实现移动设备与固定网络的通信或移动设备之间的通信，且坚固、可靠、安全。它适用于各种工业环境，即使在极恶劣的情况下也能够保证网络的可靠性和安全性。目前，工业自动化领域中的无线通信技术协议主要是：对于可用于现场设备层的无线短程网，采用的主流协议是 IEEE 802.15.4；而对于适应较大传输覆盖面和较大信息传输量的无线局域网，采用的是 IEEE 802.11 系列；对于较大数据容量的短程无线通信，工业界广泛采用的是蓝牙标准。

3. OPC 技术

OPC 全称是 OLE（Object Linking and Embedding）for Process Control，它的出现为基于 Windows 的应用程序和现场过程控制应用建立了桥梁。在 OPC 技术出现之前，为了存取现场设备的数据信息，每一个应用软件开发商都需要编写专用的接口函数。由于现场设备的种类繁多，且产品的不断升级，往往给用户和软件开发商带来了巨大的工作负担。但是，通常这样也难以满足工业现场的实际需要，急需一种具有高效性、可靠性、开放性、可互操作性的工业现场设备通信标准，OPC 标准应运而生，它最初以微软公司的 OLE 技术为基础，它的制定是通过提供一套标准的 OLE/COM 接口完成的，从而实现多台个人计算机之间文档、图形对象的交换。采用 OPC 技术前后的工业现场通信架构如图 3-4 所示。

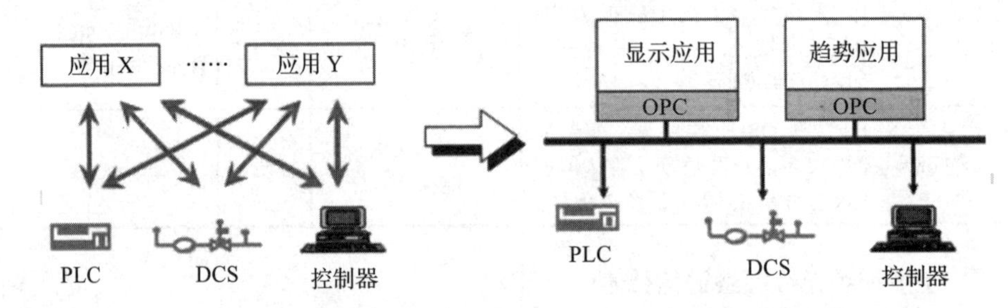

图 3-4　采用 OPC 技术前后的工业现场通信架构 [2]

4. DNC 控制技术

分布式数控（Distributed Numerical Control，DNC），是网络化数控机床常用的制造术语，其本质为：计算机与具有数控装置的机床群使用计算机网络技术组成的分布在车间中的控制系统。DNC 系统解决方案为企业搭建车间设备联网管理平台，将设备统一联网管理，取代了低效纸质数控程序的传递和手动的程序输入，大大缩短设备的程序准备时间和传输时间，实现高效准确的程序传输，帮助设备发挥最大价值。该系统整合多种通用的物理和逻辑资源，动态地将数控加工任务分配给任一加工设备，可大幅提高设备利用率，降低生产成本，是未来制造业的发展趋势。

5. DCS 控制技术

20 世纪 70 年代中期，过程工业发展很快，但由于设备大型化、工艺流程连续性要求高、要控制的工艺参数增多，而且条件苛刻，要求集中显示操作等，使已经普及的电动单元组合仪表不能完全满足要求，在此情况下，工业界经过市场调查，确定开发以模拟量反馈控制为主，辅以开关量的顺序控制和模拟量开关量混合型的批量控制（针对精细化工等行业的批量生产方式）的流程工业控制系统，后来逐渐统一称为DCS。这些控制系统在原来采用中小规模集成电路而形成的直接数字控制器（DDC）的自控和计算机技术的基础上，结合阴极射线管（CRT）、数据通信技术，以集中显示操作、分散控制为特征，可以覆盖炼油、石化、化工、冶金、电力、轻工及市政工程等大部分行业。

在以后的20多年中，DCS产品虽然在原理上并没有多少突破，但由于技术进步、外界环境变化和需求的改变，共出现了3代DCS产品。1975年至20世纪80年代前期为第一代产品，20世纪80年代中期至20世纪90年代前期为第二代产品，20世纪90年代中期至21世纪初为第三代产品。3代产品的区别，可从DCS的三大部分（即控制站、操作站和通信网络）的发展来判断。

6. 大数据时代下车间联网通信与控制方案

在大数据时代的工业互联网中，车间的高度自动化使得海量的制造底层数据（如设备启停时间、数控设备加工程序号、设备报警信息等）被源源不断地采集，然后通过车间的通信网络与控制网络对数据进行预处理并传输到企业的数据存储系统中。在这些高度自动化的车间中，数据的采集、传输、存储已经形成了完整的传输存储结构，这为制造业的大数据分析与决策提供了良好的数据基础。云计算、分布式网络化制造等技术的成熟为工业互联网时代的车间联网通信提出了新挑战。在车间的数据采集和指令控制方面，各个设备的工作状态数据通过OPC的方式统一采集上来，从而实现生产线数据的实时采集；在机加工车间中，联网的机床通过DNC系统实现机床之间的联网协同、数据通信和可视化监控；在流程控制工业中，DCS实现了设备的控制和数据通信，过程工业中的大量开关量和模拟量开关量通过DCS实现了计算机控制。在大数据时代的工业互联网中，这些数据通过工业以太网的形式被传输到云端，实现大数据的存储、分析和可视化。

（1）大数据时代的工业互联网络方案

在大数据时代的工业互联网中，制造车间是典型的数字化车间，其间的通信网络可以分为传感器层、智能设备层、车间层三个层次。在传感器层，传感器之间通过蓝牙或无线局域网的方式实现通信；在设备层，部分数控机床采用现场总线或者工业以太网的形式相互连接；车间的大量控制 PLC、执行设备之间采用总线或者工业以太网进行相连，实现数据上传与指令下达；车间中的可移动设备通过工业无线网络与总控内网连接，实现数据通信。而在各个制造车间之间，由于工业以太网低成本、高速度和大带宽的特点，在车间之间广泛采用工业以太网的方式实现数据传输。在数控设备之间、数控设备内部的通信中，由于设备供应商不一，其通信方式具备典型的异构特性，车间内的通信网络示意图如图 3-5 所示。在大数据时代的工业互联网中，大量的自动化工装设备通过现场总线、工业以太网和工业无线网连接起来，最终通过以太网的方式跨过网关来实现与各车间之间设备的通信，这样复杂的通信方式形成了极为复杂的通信网络。随着信息技术的进步，大数据时代的工业互联网络逐渐具备了异构性、互联性和自治性特征。异构性主要体现在大数据时代下的智能设备种类进一步丰富，使得车间的联网设备的通信协议、通信总线具备了典型的异构特性；互联性主要体现在随着 OPC 等通信技术的进一步成熟，大数据时代下设备的联网能力成为工业设备的重要特征，车间设备都能够通过总线、以太网等方式互联互通，从而实现数据通信；自治性主要体现在大数据时代下的 DCS 等智能控制技术进一步细化和发展，单台设备能够根据车间状态进行设备参数的自我调控，从而保证设备的工作状态。

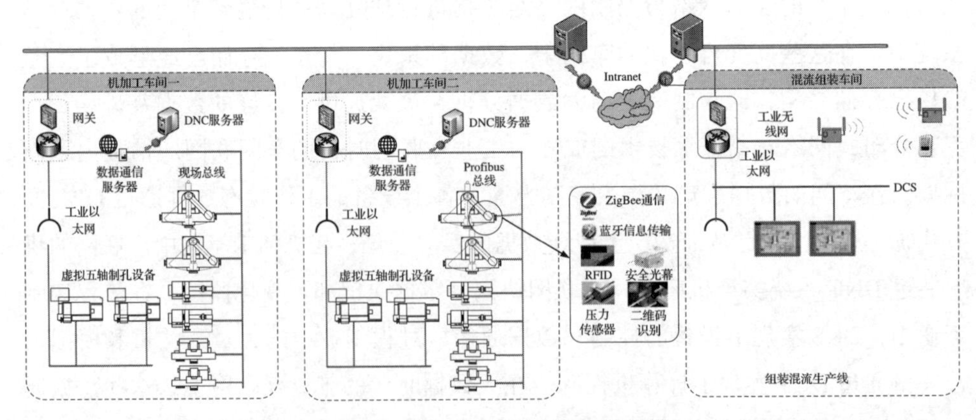

图 3-5　车间内通信网络示意图 [2]

(2) 大数据时代的工业互联网络中的 DCS 技术应用

在大数据时代下的工业互联网络中，流程作业车间中往往部署了 DCS（如图 3-6 所示），以实现流程作业的数据采集、DDC 控制、顺序控制、信号报警、打印报表和数据通信。在工业互联网中，通信技术和控制技术的进步使得DCS技术焕发出新的活力，在DCS的核心——主干网络中，总线技术和工业以太网技术的进步使得DCS的核心控制网络在实时性、可靠性和扩充性上得到了长足的进步。此外，OPC技术的成熟使得兼容多种多样的底层控制器成为可能，这为DCS中的可视化监控、信号报警、数据采集提供了强有力的支撑。在DCS的作用下，流程车间中的智能设备接入了工业互联网中，其中的站位状态、控制数据、设备过程数据、产品质量数据能够通过工业通信网络传输、处理，从而实现制造过程、产品生产的优化。

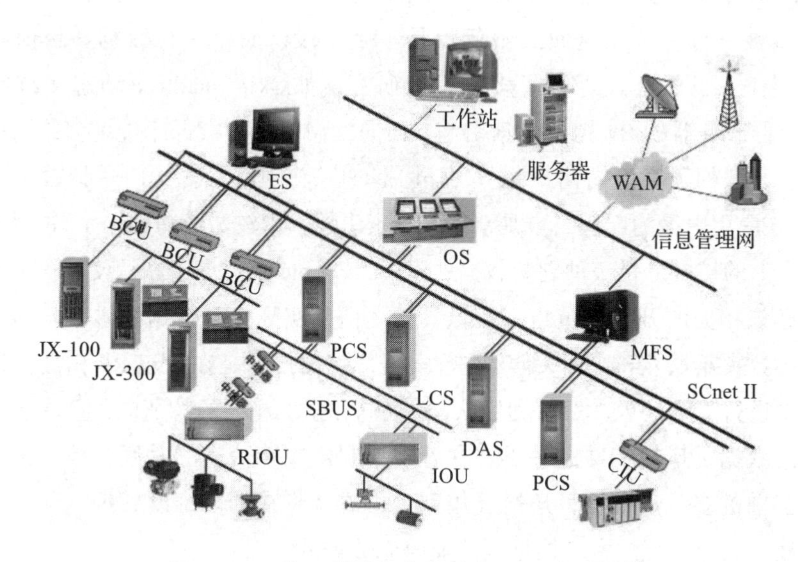

图3-6 工业互联网中流程制造DCS演示图[2]

3.2.3 工业大数据分析与挖掘技术

随着制造业大数据时代的到来，特别是在电子商务、物联网等众多领域飞速发展下，制造型企业所管理的数据在规模、类型以及复杂度上都有了爆炸式的增长。在制造业领域中，大数据分析与挖掘技术通过快速获取、分析、处理海量制造业流程数据和多样化生产数据来提取有价值的信息，从而帮助制造企业做出合理的生产管理决策。本节主要介绍制造业大数据处理技术，包括检索与查询技术、分类与聚类技术、非结构化数据处理技术、多源数据融合处理技术以及关联关系分析技术。

1. 检索与查询技术

制造业的信息化水平随着技术的不断发展而前进，现代工业模式的生产制造环节，使用了各种控制系统，存储了大量与生产过程有关的有价值的数据。在制造业领域，特别是在需要进行在线分析处理或数据挖掘的环节，都需要通过数据的索引与查询技术，有效地管理在生产制造环节出现的海量数据，使得数据能够被快速存取的关键性技术。主要有三种关键性技术：一是在检索上使用的复杂度较低的算法；二是针对多维数据的索引技术；三是针对时态数据的索引技术。

多维数据索引是指对多维数据空间中的数据进行索引，比如，在二维表空间根据属性进行查找，返回的不仅仅是一个字段，而是一行数据。目前在多维数据索引中，虽然已经进行了多方面的研究，如 Skip quadtree 动态多维数据结构 [3]、集群服务器的 B+ 树资源索引 [4]、面向模糊对象的数据库查询多维数据检索结构 [5]、云架构下索引结构 [6] 以及 Skip Lists[7] 等，但是其中由 B- 树改进而来的 R- 树，在应用中最为广泛，也是众多多维索引技术中较为成功的一个，R- 树是 B- 树在多维上的扩展，是一种划分数据的索引，Oracle 数据库中默认使用该算法作为索引并建议相关的开发人员也采用该算法。但是实际生产数据的维数较多，容易形成“维数灾难”，若要对多维度进行索引，关键技术是在构建 R- 树之前需要对多维数据进行降维处理，然后利用 R- 树存储和索引序列的特征向量。在多维数据中，时态数据是比较特殊的一类。在管理层制定决策信息的时候，他们不仅仅需要使用当前的多维度数据，还需要用到过去或者将来的多维度数据，使得时态数据索引技术成为关键技术。根据制造业时态数据的特点，通常会使用事务时间（即事件发生的事件）以及有效时间来对制造业时态数据进行描述，这种双时态的数据结构在应用到制造业的时候，会产生 4 种属性：事件开始时间、事件终止事件、有效开始时间以及有效结束时间。因为双时态数据比较不稳定，传统的数据库无法对这些变量进行查询，但是这些变量在 R- 树的叶子节点上确切记录了时间，所以可以通过二维的几何关系进行描述，因此而构成的二维坐标图较为熟悉，在构建索引结构时候最容易实现。

2. 分类与聚类技术

分类和聚类技术是制造业数据挖掘的重要方法之一，分类是从大量的生产数据中提取描述数据类的方法。在制造业领域中分类的目的是通过分类算法把数据项映射到一个给定的类别当中。制造业的数据相当分散，通过不同地点、不同设备、不同合同组合而成，这些数据既互相联系又互相独立，这样的独立性有助于海量的数据分析。目前，制造型企业大量离散分布的数据并未给企业提供太多的有用信息。传统的ERP软件不能满足业务分析的需要，特别是作为管理层的辅助决策手段，因此需要利用数据模型算法得到辅助决策信息。我们需要根据制造业生产流程中的质量检测数据，对已有的异常质量发现规则进行汇总，挖掘出有可能发生质量问题的条件，决策树分类算法适时地为我们提供了理论和模型基础。数据挖掘常用的分类算法有决策树、神经网络、朴素贝叶斯以及遗传算法等。跟其他几种方法相比，决策树能够训练更大量的数据集，并且算法执行效率较高。使用决策树对数据进行分类，体现出该分类算法在制造业领域数据挖掘方面的应用价值。C5.0是Quinlan[8]在C4.5算法的基础上进行改进后得到的新算法，在C4.5的基础上引入的许多其他技术，如Boosting技术用来提高样本的识别率[9-10]。而且算法复杂度更低，使用更简单。

在制造业领域中，聚类分析的意义就是把相似的样本归为一类，把差异大的数据对象从聚类中剔除，由此得到一组数据对象的集合，在这个集合内的数据对象有较高的相似度。

目前已经有了很多聚类方法，但是算法的选择依赖于数据的类型以及聚类的目的和应用。针对同样的数据使用不同聚类方法，会从不同方面得到不同的结果。根据数据挖掘的思路，聚类方法可以分成如下几类：基于划分的聚类方法、基于层次的聚类方法、基于密度的聚类方法和基于模型的聚类方法等。根据数据应用情景的不同，可以将多种思路进行结合。聚类算法的最终目的之一是将目标集合划分成若干个簇，簇内具有较高的相似度而簇与簇之间相对差异较大。K-means算法是很经典的基于距离的聚类算法，其通常是用于n维的连续空间中的对象。其采用距离作为相似性的指标，两个对象距离越近，相似度越大，与簇中心距离近的对象可以划分为一个簇。

3. 非结构化数据处理与分析技术

结构化数据通常意义上可以认为是，在逻辑或物理结构上具有一定关系的一组数据，比如关系型数据中的表结构；而这些结构化数据之外的数据都可以认为是非结构化数据，在制造型企业当中，采集的数据不一定都是一组标准化的结构，可以实现结构化的传输，也存在文本形式的数据，如高级工程师收到的来自其他一线信息采集人员对于生产线异常的描述，或者收到的第三方的设计图纸等。非结构化数据的处理过程主要有：预处理、划分训练集和测试集、构造分类以及评价分类。

（1）对于文本的处理

首先需要对文本进行分词处理。根据文本的内容去除关联词、介词等，获得一组词序列，这一步骤主要针对中文的处理，比如要进行正确的分词就需要看文字前后连起来的意义及使用概率，英文的处理相对简单。

其次需要将这些文本进行向量化。使用向量空间模型对这些文本进行特征选取，因为计算机无法直接理解文字的含义，所以需要对这些特征选取后的关键词进行量化，转化为计算机能够处理的形式。

其中特征选取算法，目前主要采用的是词频统计、信息增益、互信息量等。

（2）对于图像的处理

图像也是一种非结构化的数据，不存在明显的语义定义，制造业图像信息的处理是为了满足数据挖掘的要求。图像处理技术涉及去噪音、增强对比度、图像分割、特征提取优化、分类、规则生成、预测及聚类等。

制造业更加关心的是图像的智能分类技术，如何从大量的工业图像中挖掘出有重要信息的方法，它需要使用一种有监督的学习方法，首先需要通过特征提取，建立制造业局部图像的特征描述，然后对每一类样本进行反复的训练，常用的分类方法有：决策树、神经网络、Bayes 方法、粗糙集方法和支持向量机等方法。

图像数据挖掘关联规则的处理不同于结构化数据，它以可视特征、对象空间关系作为特征表示图像，先按粗分辨率进行挖掘，对于挖掘结果得出的频繁项集进行进一步挖掘。

4. 多源数据融合处理技术

制造业数据的特点就是分布离散化，当决策层希望获取准确的和完整的决策信息的时候，就需要尽可能多地聚合可用的信息作为数据挖掘的原始数据。这样得到的结果更具备普遍意义的参考价值，其中数据的来源就显得格外重要，因为这个会影响最终数据挖掘的可信度。最直接的数据源的筛选和判断方法是咨询行业专家。实现多数据源融合的处理技术，主要用来解决两个问题：首先，不同数据源数据之间可能是异构的关系，需要有效的融合方法；其次，需要解决专家不能同时评估所有数据源的问题。针对制造业出现的上述两个问题，首先使用信息图对数据进行统一表达，然后对数据进行可信度的分析，最后利用扩展贝叶斯方法对多数据源进行融合。

5. 关联关系分析技术

制造业的结构化或非结构化都不是为关联分析所设计的，所以会包含与目标主题挖掘无关的属性数据，也会存在历史原因导致同样的业务数据由于业务逻辑的变更使得数据维度产生了很大的变化的情况，因此数据预处理是制造业大数据关联分析数据过程的基础以及保证规则结果有效性的前提，从大量的数据属性中提取与挖掘过程有关的属性可以降低原始数据的维数。常用的关联关系算法有Apriori算法和FP增长算法，但是Apriori会产生大量的冗余数据，造成对稀疏矩阵进行挖掘，FP增长算法对于Apriori的缺点进行了修正，但是对于制造业海量分布式的数据结果来说，分布式数据挖掘是必然的，并行Apriori算法原生地对分布式处理有良好的支持，而且能够支持增量处理，只需要对汇总的规则在最后进行融合。所以使用并行Apriori算法对制造业大数据进行关系分析。Apriori算法的基本思想是先找出所有的频繁项集，然后由频繁项集产生强关联规则，这些规则必须满足最小支持度和最小置信度。

3.3 虚拟现实和增强现实技术

虚拟现实和增强现实技术作为高级人机交互技术，将在智能制造系统中发挥人与智能设备之间传递、交换信息媒介及对话接口的作用。随着智能制造系统的发展和虚拟现实与增强现实技术的不断成熟和进步，虚拟现实与增强现实必将逐步深入工业应用，在智能制造人机交互过程中充分发挥"智能之窗"的作用。本节将对虚拟现实与增强现实技术展开介绍。

3.3.1 虚拟现实技术

虚拟现实（Virtual Reality，VR）技术，又称灵境技术，是20世纪发展起来的一项全新的实用技术。VR技术囊括计算机、电子信息、仿真技术于一体，其基本实现方式是计算机模拟虚拟环境从而给人环境沉浸感。随着社会生产力和科学技术的不断发展，各行各业对 VR 技术的需求日益旺盛。VR 技术也取得了巨大进步，并逐步成为一个新的科学技术领域。

1. 虚拟现实技术概述

虚拟现实，是虚拟和现实相互结合。从理论上来讲，虚拟现实技术是一种可以创建和体验虚拟世界的计算机仿真系统，它利用计算机生成一种模拟环境，使用户沉浸到该环境中。虚拟现实技术就是利用现实生活中的数据，通过计算机技术产生电子信号，将其与各种输出设备结合，使其转化为能够让人们感受到的现象，这些现象可以是现实中真真切切的物体，也可以是我们肉眼看不到的物质，通过三维模型表现出来。因为这些现象不是我们直接能看到的，而是通过计算机技术模拟出来的现实中的世界，故称为虚拟现实。

虚拟现实技术是一门综合性技术，融合了较多科技手段，如数字图片处理技术、多媒体技术、传感器技术等，具有综合性的功能。虚拟现实技术还融合了硬件技术和软件技术，集硬件、软件各项优势于一体，使得受众可以沉浸在虚拟世界，并在虚拟世界进行操控和观看。虚拟现实技术这些年在社会上引起了不小的应用反响，讨论声热烈，受欢迎程度也在逐年上升，已经成为当前最主流的技术，越来越多的用户喜欢投入虚拟现实技术构建出的虚拟世界中进行体验，不仅做到实时掌控和操作，还能在其中收获刺激的观感和体验，实现了人机互动，大大体现了计算机、虚拟现实技术的先进优势，也给大众带去了更好的体验，大大满足了人们的需求。由此可见，虚拟现实技术拥有广泛市场，也还有许多的提升空间。

2. 虚拟现实技术分类

虚拟现实技术的最主要应用亮点在于可以让受众沉浸在虚拟环境中，也由于不同的沉浸形式和体验形式有了不同的系统分类，当前主要分为四种类型。

（1）桌面虚拟现实系统

桌面虚拟现实系统主要利用计算机和工作站进行仿真，计算机显示器可以作为与虚拟世界的连通窗口，用其他工具操控虚拟现实中的场景切换和情境操作，并且对虚拟世界中构建的物品进行逼真使用，想要达到这样的效果，还需要用户实时操控鼠标等工具，并坐在显示器前密切关注虚拟环境的变化，根据不同场景做出不同调整。通过计算机的应用，用户可以在虚拟环境中做到 360° 角度转换，还可以操纵各类物品改变环境属性以推动发展情节，虽然可以吸引用户的兴趣投入，但是这份投入并不能做到全身心，仍旧会受到一些因素的干扰，如外界噪音、变动等。

（2）沉浸型虚拟现实系统

沉浸型虚拟现实系统提供的是投入功能，可以让用户置身于虚拟世界中。它的应用功能主要集中在头盔、手套、跟踪器、手控等设备上，这些设备的应用齐头并进，大大增加了用户体验真实感，让用户可以全身心投入进去。

（3）增强现实型虚拟现实系统

增强现实型虚拟现实系统不仅可以构建逼真的虚拟世界，还可以利用它来增强体验者的切身感受，并将现实生活中人们无法感知的感觉在虚拟现实中得以体验，对于广大用户来说是一种难能可贵的体验。

（4）分布式虚拟现实系统

分布式虚拟现实系统支持多个用户的计算机进行连接，将多个用户带入同一个场景中，增强多人的体验感，增强真实感，加强娱乐性、趣味性，也由此产生了更广阔的虚拟空间和虚拟场景。

3. 虚拟现实技术的具体应用

（1）模拟驾驶方面的应用

由于大型机械设备价格昂贵，其操作也需要具有专业知识，况且在某些操作中可能存在安全隐患，各类风险居高不下，在这种状况下，虚拟现实技术就可以应用进来，用于开发汽车模拟驾驶器，可以构建虚拟的驾车场景，不断根据场景切换做出贴合反应，并在投入过程中实时配合指导工人进行操作，大大节省了成本，也减少了风险，显而易见地提升了真实机械设备操作成效，有助于企业长远、可持续发展。

（2）在航空发动机装配中的应用

在以往的航空发动机装配过程中，对于人力的需求往往过大，再加上发动机零件类型众多，装配要求较高，往往造成人力的专业性也要较高，生产周期难以缩短，成本也会顺势居高不下，人力和成本的制约让装配效率迟迟得不到提升。而虚拟现实技术在航空发动机装配中的应用，大大改变了这种格局，利用虚拟现实技术对发动机三维模型的虚拟装配，可以减少装配失误率，大大减轻工人承担的责任与压力，也有效帮助工人提高了发动机装配熟练度，在成本减少的基础上效率大大提升，可谓一举两得，切实发挥了虚拟现实技术的强大优势。

3.3.2 增强现实技术

增强现实（Augmented Reality，AR），是一种实时计算摄影机影像的位置及角度并加上相应图像的技术，是一种将真实世界信息和虚拟世界信息“无缝”集成的新技术，这种技术的目标是在屏幕上把虚拟世界套在现实世界上并进行互动。这种技术最早于1990年提出。随着随身电子产品运算能力的提升，增强现实的用途越来越广。

1. 增强现实技术概述

增强现实技术，是一种将真实世界信息和虚拟世界信息“无缝”集成的新技术，是将原本在现实世界的一定时间空间范围内很难体验到的实体信息（视觉信息、声音、味道、触觉等）通过计算机等科学技术，进行模拟仿真后再叠加，将虚拟的信息应用到真实世界，被人类感官所感知，从而达到超越现实的感官体验。真实的环境和虚拟的物体实时叠加到了同一个画面或空间，同时存在。增强现实技术，不仅展现了真实世界的信息，而且将虚拟的信息同时显示出来，两种信息相互补充、叠加。在视觉化的增强现实中，用户利用头盔显示器，把真实世界与计算机图形多重合成在一起，便可以看到真实的世界围绕着他。增强现实技术包含了多媒体、三维建模、实时视频显示及控制、多传感器融合、实时跟踪及注册、场景融合等新技术与新手段。增强现实提供的信息不同于在一般情况下人类可以感知的信息。

2. 增强现实技术应用领域

AR技术不仅在与VR技术相类似的应用领域（诸如尖端武器、飞行器的研制与开发、数据模型的可视化、虚拟训练、娱乐与艺术等领域）具有广泛的应用，而且由于其具有能够对真实环境进行增强显示输出的特性，在医疗研究与解剖训练、精密仪器制造和维修、军用飞机导航、工程设计和远程机器人控制等领域，具有比VR技术更加明显的优势。德国西门子某工厂提出了远程专家协助系统的优化需求，并研发了AR远程标准化作业系统，通过使用AR智能眼镜传输数据，指导工程师进行设备安装、维保、检修等工作，主要案例包括运用AR、MR远程专家系统实现的德国克虏伯电梯维修实例。

医疗领域：医生可以利用增强现实技术，轻易地进行手术部位的精确定位。

军事领域：部队可以利用增强现实技术，进行方位的识别，获得实时所在地点的地理数据等重要军事数据。

古迹复原和数字化文化遗产保护：文化古迹的信息以增强现实的方式提供给参观者，用户不仅可以通过头戴式显示器（Helmet-Mounted Display，HMD）看到古迹的文字解说，还能看到遗址上残缺部分的虚拟重构。

工业维修领域：通过头盔式显示器将多种辅助信息显示给用户，包括虚拟仪表的面板、被维修设备的内部结构、被维修设备零件图等。

网络视频通信领域：使用增强现实和人脸跟踪技术，在通话的同时在通话者的面部实时叠加帽子、眼镜等虚拟物体，在很大程度上提高了视频对话的趣味性。

3.4 数字孪生技术

3.4.1 数字孪生概述

数字孪生的概念最早由密歇根大学的 Michael Grieves 博士于 2002 年提出（最初的名称为“Conceptual Ideal for PLM”），至今已有超过 15 年的历史。数字孪生被形象地称为“数字化双胞胎”，是智能工厂的虚实互联技术，从构想、设计、测试、仿真、生产线、厂房规划等环节，可以虚拟和判断出生产或规划中的所有工艺流程，以及可能出现的矛盾、缺陷、不匹配，所有情况都可以用这种方式进行事先的仿真，缩减大量方案设计及安装调试时间，加快交付周期。

根据西门子对数字孪生技术的定义，数字孪生是实际产品或流程的虚拟表示，用于理解和预测对应物的性能特点。在投资实体原型和资产之前，可使用数字孪生在整个产品生命周期中仿真、预测和优化产品与生产系统。通过结合多物理场仿真、数据分析和机器学习功能，数字孪生不再需要搭建实体原型，即可展示设计变更、使用场景、环境条件和其他无限变量所带来的影响，同时缩短开发时间，并提高成品或流程的质量。

数字孪生技术是将带有三维数字模型的信息拓展到整个生命周期中的影像技术，最终实现虚拟与物理数据同步和一致，它不是让虚拟世界做现在我们已经做到的事情，而是发现潜在问题、激发创新思维、不断追求优化进步——这才是数字孪生的目标所在。

数字孪生技术帮助企业在实际投入生产之前即能在虚拟环境中优化、仿真和测试，在生产过程中也可同步优化整个企业流程，最终实现高效的柔性生产、实现快速创新上市，锻造企业持久竞争力。数字孪生技术是制造企业迈向工业 4.0 战略目标的关键技术，通过掌握产品信息及其生命周期过程的数字思路，将所有阶段（产品创意、设计、制造规划、生产和使用）衔接起来，并连接到可以理解这些信息并对其做出反应的生产智能设备。

数字孪生技术并不局限于单纯的数值仿真或者机器学习技术。相对于传统的数值仿真方法，数字孪生可以应用物理实体反馈的数据进行自我学习和完善；另一方面，相对于机器学习，数字孪生可以通过对物理过程的仿真和领域知识提供更加准确的理解与预测。

3.4.2 产品数字孪生技术

在产品的设计阶段，利用数字孪生可以提高设计的准确性，并验证产品在真实环境中的性能。产品数字孪生内包含产品所有设计元素的信息，如产品的三维几何模型、系统工程模型、物料清单（Bill Of Material，BOM）表、一维至三维及多学科的仿真模型、电气系统设计、软件与控制系统设计等。它可以在产品的设计阶段预测产品的各项物理性能及整体性能，并在虚拟环境中对产品进行调整或优化。产品数字孪生关键技术涉及以下几个方面。

1. 数字模型设计

使用 CAD 工具开发出满足技术规格的产品虚拟原型，精确地记录产品的各种物理参数，以可视化的方式展示出来，并通过一系列验证手段来检验设计的精准程度。

2. 模拟和仿真

通过一系列可重复、可变参数，以及可加速的仿真实验，来验证产品在不同外部环境下的性能和表现，在设计阶段就可验证产品的适应性。

对单个维度物理性能或系统性能进行数值仿真的技术在当前已经比较成熟。然而，对于复杂的实际产品，其运行时的性能涉及多物理场、多学科的综合作用。例如，对海上漂浮的风力发电平台进行产品数字孪生开发，就需要同时集成涡轮叶片的空气动力特性、浮体的水动力特性、浮体的结构变形特性，以及发电系统的响应特性、控制系统的逻辑与算法等多个方面的一体化仿真验证技术。为此，在数字化模型的基础上，基于单个系统或多个系统的联合仿真对产品的性能进行预测分析同样是实现产品数字孪生的重要技术。

3. 其他技术

实现完备的产品数字孪生，还需要建模和仿真之外的其他技术，如创成式设计技术，基于历史数据的仿真结果校准技术等。

产品数字孪生将在需求驱动下，建立基于模型的系统工程产品研发模式，实现“需求定义—系统仿真—功能设计—逻辑设计—物理设计—设计仿真—实物试验”全过程闭环管理。

3.4.3 生产数字孪生技术

生产数字孪生针对生产装配的过程，在产品实际投入生产之前通过仿真等手段验证制造流程在各个条件下的实际效果，最终达到加快生产速度与提高稳定性的目的。在产品的制造阶段，生产数字孪生的主要目的是确保产品可以被高效、高质量和低成本地生产，它所要设计、仿真和验证的对象主要是生产系统，包括制造工艺、制造设备、制造车间、管理控制系统等。

利用数字孪生可以加快产品导入的时间，提高产品设计的质量，降低产品的生产成本和提高产品的交付速度。产品生产阶段的数字孪生是一个高度协同的过程，通过数字化手段构建起来的虚拟生产线，将产品本身的数字孪生同生产设备、生产过程等其他形态的数字孪生高度集成起来。生产数字孪生背后包括以下几个方面的关键技术。

1. 工艺过程定义（Bill Of Process，BOP）

将产品信息、工艺过程信息、工厂产线信息和制造资源信息通过结构化模式的组织管理，达到产品制造过程的精细化管理，基于产品工艺过程模型信息进行虚拟仿真验证，同时为制造系统提供排产准确输入。

2. 虚拟制造（Virtual Manufacturing，VM）评估——人机 / 机器人仿真

基于一个虚拟的制造环境来验证和评价我们的装配制造过程和装配制造方法，通过产品 3D 模型和生产车间现场模型，具备机械加工车间的数控加工仿真、装配工位级人机仿真、机器人仿真等提前进行虚拟评估。

3. 虚拟制造评估——产线调试

数字化工厂柔性自动化生产线建设投资大，建设周期长，自动化控制逻辑复杂，现场调试工作量大。

按照生产线建设的规律，发现问题越早，整改成本越低，因此有必要在生产线正式生产、安装、调试之前，在虚拟的环境中对生产线进行模拟调试，解决生产线的规划、干涉、PLC 的逻辑控制等问题，在综合加工设备、物流设备、智能工装、控制系统等各种因素中全面评估生产线的可行性。

生产周期长、更改成本高的机械结构部分在虚拟环境中进行展示和模拟；易于构建和修改的控制部分由 PLC 搭建的物理控制系统实现，由实物 PLC 控制系统生成控制信号，虚拟环境中的机械结构作为受控对象，模拟整个生产线的动作过程，从而发现机械结构和控制系统的问题并在物理样机建造前予以解决。

4. 虚拟制造评估——生产过程仿真

在产品生产之前，就可以通过虚拟生产的方式来模拟在不同产品、不同参数、不同外部条件下的生产过程，实现对产能、效率以及可能出现的生产瓶颈等问题的提前预判，加速新产品导入的过程。

将生产阶段的各种要素（如原材料、设备、工艺配方和工序要求）通过数字化的手段集成在一个紧密协作的生产过程中，并根据既定的规则，自动地完成在不同条件组合下的操作，实现自动化的生产过程。同时记录生产过程中的各类数据，为后续的分析和优化提供依据。

关键指标监控和过程能力评估：通过采集生产线上的各种生产设备的实时运行数据，实现全部生产过程的可视化监控，并且通过经验或者机器学习建立关键设备参数、检验指标的监控策略，对出现违背策略的异常情况进行及时处理和调整，实现稳定且不断优化的生产过程。

3.4.4 设备数字孪生技术

作为客户的设备资产，产品在运行过程中将设备运行信息实时传送到云端，以进行设备运行优化、预测性维护与保养，并通过设备运行信息对产品设计、工艺和制造进行迭代优化。

1. 设备运行优化

通过工业物联网技术实现设备连接云端、行业云端算法库以及行业应用App，通过数字孪生和物联网等技术实现设备运行的优化。

2. 连接层（MindConnect）

支持开放的设备连接标准，如OPC UA，实现与第三方产品的即插即用。对数据传输进行安全加密。

3. 平台层（MindSphere）

为客户个性化App的开发提供开放式接口，并提供多种云基础设施，如SAP、AWS、Microsoft Azure，并提供公有云、私有云及现场部署。

4. 应用层（MindApps）

应用来自合作伙伴的App或由企业自主开发的App，以获取设备透明度与深度分析报告。

5. 预测性维护

基于时间的中断修复维护不再能提供所需的结果。通过对运行数据进行连续收集和智能分析，数字化开辟了全新的维护方式，通过这种洞察力，可以预测维护机器与工厂部件的最佳时间，并提供了各种方式，以提高机器与工厂的生产力。

预测性服务可将大数据转变为智能数据。数字化技术的发展可让企业洞察机器与工厂的状况，从而在实际问题发生之前，对异常和偏离阈值的情况迅速做出响应。

6. 设计、工艺与制造的迭代优化

复杂产品的工程设计非常困难，产品团队必须将电子装置和控件集成进机械系统，使用新的材料和制造流程，满足更严格的法规，同时必须在更短期限内、在预算约束下交付创新产品。

传统的验证方法不再足够有效。现代开发流程必须变得具有预测性，使用实际产品的“数字孪生”驱动设计并使其与产品进化保持同步，此外还要求具有可支撑的智能报告和数据分析功能的仿真和测试技术。

产品工程设计团队需要一个统一且共享的平台来处理所有仿真学科，而且该

平台应具备易于使用的先进分析工具，可提供效率更高的工作流程，并能够生成一致结果。设备数字孪生能帮助用户比以前更快地驱动产品设计，以获得更好、成本更低且更可靠的产品，并能更早地在整个产品生命周期内根据所有关键属性预测性能。

3.4.5 性能数字孪生技术

性能数字孪生，既包括实际生产产品的生产执行阶段的生产性能数字孪生，也包括产品投入使用时的产品性能数字孪生。前者面向的是工厂与制造商，基于生产线的实际情况与运行信息反馈对生产的数字孪生进行调整与优化；后者面向的是产品的使用客户，基于物理传感器等的信息对具体产品的实际特性进行提取与分析，实现预测性维护等功能，也可以通过产品的实际运行信息反馈指导产品的设计方案。

总体而言，性能数字孪生从物理实体中获得数据输入，并通过数据分析将实际结果反馈到整个数字孪生体系中，产生封闭的决策循环。

实现性能数字孪生需要以下几类关键技术。

1. 快速仿真与实时预测

在生产的实际执行阶段或者产品的运行阶段，原材料、设备、流程、人员或者环境参数、运行状态等系统信息随时会出现调整与变动，而性能的数字化双胞胎需要将这些变动实时地在数字空间内进行更新。为此，结合物理传感器输入的数据进行快速、实时的仿真与预测是性能数字孪生的重要技术。

在产品投入运行后，基于数据输入与快速仿真技术可以对重要但难以测量的性能参数进行实时的仿真计算，实现对产品的预测性维护。例如在电动机运行的过程中，对电动机内部温度应用性能数字孪生进行分析和预测。

2. 大数据分析与数据闭环

生产线或产品的各个物理传感器会产生大量的数据，对这些实际数据应用机器学习等方法进行分析是实现主动响应、事故溯源、预测性维护等数字孪生信息反馈功能的重要技术。例如，生产性能数字孪生可以对生产过程中出现的事故等实际情况进行数据提取，通过机器学习与数值模拟验证等方式实现原因分析，并针对事故原因提出产品设计、生产流程设计中的针对性改进方案。

3.4.6 数字孪生技术在工业领域的应用

数字孪生技术最先应用于工业制造的领域中。目前，全球领先的制造企业正在将对数字孪生的理解与自身业务进行融合，以形成工业4.0时代下的解决方案。

美国通用电气公司借助数字孪生这一概念，提出物理机械和分析技术融合的实现途径，让每个引擎、每个涡轮、每台核磁共振都拥有一个数字化的“双胞胎”，并通过数字化模型在虚拟环境下实现机器人调试、试验、优化运行状态等模拟，以便将最优方案应用在物理世界的机器上，从而节省大量维修、调试成本。

德国软件公司SAP基于Leonardo平台在数字世界打造了一个完整的数字化双胞胎，在产品试验阶段采集设备的运行状况，进行分析后得出产品的实际性能，再与需求设计的目标比较，形成产品研发的闭环体系。

在中国也不乏这样的案例。在2019年12月，被誉为“世纪工程”的中俄东线天然气管道工程正式投产通气，得到了中俄两国元首的热烈祝贺和高度评价。作为中国首条“智能管道”样板工程，中俄东线管道工程构建了一个“数字孪生体”，实现了在统一的数据标准下开展可研、设计、采办和施工。随着运营动态数据的不断丰富，“数字孪生体”将跟随管道全生命周期而共同生长。

3.5 机器学习技术

3.5.1 机器学习概述

信息处理和知识合成是智能制造系统的重要环节，直接影响着系统运行和产品实现的质量与效率。机器学习技术能够通过消化和归纳各种制造加工过程中的海量数据信息，合成决策知识，实现制造系统的自学习能力，正在成为智能制造研究的热点。机器学习是一门多领域交叉学科，涵盖概率论知识、统计学知识、近似理论知识和复杂算法知识，使用计算机作为工具并致力于真实实时地模拟人类学习方式，将现有内容进行知识结构划分以有效提高学习效率。下面将对机器学习技术进行进一步介绍。

3.5.2 大数据环境下机器学习的研究现状

随着大数据时代各行业对数据分析的需求持续增加，通过机器学习高效地获取知识，已逐渐成为当今机器学习技术发展的主要推动力。大数据时代的机器学习更强调“学习本身是手段”，机器学习成为一种支持和服务技术。如何基于机器学习对复杂多样的数据进行深层次的分析并更高效地利用信息成为当前大数据环境下机器学习研究的主要方向。所以，机器学习越来越朝着智能数据分析的方向发展，并已成为智能数据分析技术的一个重要源泉。另外，在大数据时代，随着数据产生速度的持续加快，数据的体量有了前所未有的增长，而需要分析的新的数据种类也在不断涌现，如文本的理解、文本情感的分析、图像的检索和理解、图形和网络数据的分析等。这使得大数据机器学习和数据挖掘等智能计算技术在大数据智能化分析处理应用中具有极其重要的作用。在 2014 年 12 月中国计算机学会（CCF）大数据专家委员会上通过数百位大数据相关领域学者和技术专家投票推选出的“2015 年大数据十大热点技术与发展趋势”中，结合机器学习等智能计算技术的大数据分析技术被推选为大数据领域第一大研究热点和发展趋势。

3.5.3 机器学习的分类

几十年来，研究发表的机器学习的方法有很多种类，根据强调侧面的不同可以有多种分类方法。基于学习策略的分类可分为符号学习、连接学习及统计机器学习。基于学习方法的分类可分为归纳学习、演绎学习、类比学习及分析学习。基于学习方式的分类可分为监督学习、无监督学习与强化学习。基于数据形式的分类可分为结构化学习与非结构化学习。基于学习目标的分类可分为概念学习、规则学习、函数学习、类别学习及贝叶斯网络学习。

3.5.4 机器学习的常见算法

1. 决策树算法

决策树及其变种是一类将输入空间分成不同的区域，每个区域有独立参数的算法。决策树算法充分利用了树形模型，根节点到一个叶子节点是一条分类的路径规则，每个叶子节点象征一个判断类别。先将样本分成不同的子集，再进行分割递推，直至每个子集得到同类型的样本，从根节点开始测试，到子树，再到叶子节点，即可得出预测类别。此方法的特点是结构简单、处理数据效率较高。

2. 朴素贝叶斯算法

朴素贝叶斯算法是一种分类算法。它不是单一算法，而是一系列算法，它们都有一个共同的原则，即被分类的每个特征都与任何其他特征的值无关。朴素贝叶斯分类器认为这些“特征”中的每一个都独立地贡献概率，而不管特征之间的任何相关性。然而，特征并不总是独立的，这通常被视为朴素贝叶斯算法的缺点。简而言之，朴素贝叶斯算法允许我们使用概率给出一组特征来预测一个类。与其他常见的分类方法相比，朴素贝叶斯算法需要的训练很少。在进行预测之前必须完成的唯一工作是找到特征的个体概率分布的参数，这通常可以快速且确定地完成。这意味着即使对于高维数据点或大量数据点，朴素贝叶斯分类器也可以表现良好。

3. 支持向量机算法

基本思想可概括如下：首先，要利用一种变换将空间高维化，当然这种变换是非线性的，然后，在新的复杂空间取最优线性分类表面[10]。由此种方式获得的分类函数在形式上类似于神经网络算法。支持向量机是统计学习领域中一个代表性算法，但它与传统方式的思维方法很不同。它通过提高输入空间的维度从而将问题简化，使问题归结为线性可分的经典解问题。支持向量机应用于垃圾邮件识别、人脸识别等多种分类问题。

4. 随机森林算法

控制数据树生成的方式有多种，根据前人的经验，大多数时候更倾向选择分裂属性和剪枝，但这并不能解决所有问题，偶尔会遇到噪声或分裂属性过多的问题。基于这种情况，总结每次的结果可以得到袋外数据的估计误差，将它和测试样本的估计误差相结合可以评估组合树学习器的拟合及预测精度。此方法的优点有很多，可以产生高精度的分类器，并能够处理大量的变数，也可以平衡分类资料集之间的误差。

5. 人工神经网络算法

人工神经网络与神经元组成的异常复杂的网络大体相似，是个体单元互相连接而成，每个单元有数值量的输入和输出，形式可以为实数或线性组合函数。它先要以一种学习准则去学习，然后才能进行工作。当网络判断错误时，通过学习使其减少犯同样错误的可能性。此方法有很强的泛化能力和非线性映射能力，可以对信息量少的系统进行模型处理。从功能模拟角度看，此方法具有并行性，且传递信息速度极快。

6. Boosting 与 Bagging 算法

Boosting 是一种通用的增强基础算法性能的回归分析算法。不需构造一个高精度的回归分析，只需一个粗糙的基础算法，再反复调整基础算法就可以得到较好的组合回归模型。它可以将弱学习算法提高为强学习算法，可以应用到其他基础回归算法（如线性回归、神经网络等）来提高精度。Bagging 和前一种算法大体相似，但又略有差别，主要想法是给出已知的弱学习算法和训练集，它需要经过多轮的计算，才可以得到预测函数列，最后采用投票方式对示例进行判别。

7. 关联规则算法

关联规则是用规则去描述两个变量或多个变量之间的关系，是客观反映数据本身性质的方法。它是机器学习的一大类任务，可分为两个阶段，先从资料集中找到高频项目组，再去研究它们的关联规则。其得到的分析结果即是对变量间规律的总结。

8. EM 算法

在进行机器学习的过程中需要用到极大似然估计等参数估计方法，在有潜在变量的情况下，通常选择 EM（期望最大化）算法，不是直接对函数对象进行极大估计，而是添加一些数据进行简化计算，再进行极大化模拟。它是对本身受限制或比较难直接处理的数据的极大似然估计算法。

9. 深度学习

深度学习（Deep Learning，DL）是机器学习（Machine Learning，ML）领域中一个新的研究方向，它被引入机器学习使其更接近于最初的目标——人工智能（Artificial Intelligence，AI）。

深度学习是学习样本数据的内在规律和表示层次，这些学习过程中获得的信息对诸如文字、图像和声音等数据的解释有很大的帮助。它的最终目标是让机器能够像人一样具有分析学习能力，能够识别文字、图像和声音等数据。深度学习是一个复杂的机器学习算法，在语音和图像识别方面取得的效果，远远超过先前相关技术。

深度学习在搜索技术、数据挖掘、机器学习、机器翻译、自然语言处理、多媒体学习、语音、推荐和个性化技术，以及其他相关领域都取得了很多成果。深度学习使机器模仿视听和思考等人类的活动，解决了很多复杂的模式识别难题，使得人工智能相关技术取得了很大进步。

3.5.5 机器学习技术在工业领域的应用

1. 过程监测和质量控制

神经网络能够分类复杂工况下的加工状态，滤掉加工过程中常有的状态信噪，其结构特有的大规模并行计算特性可以快速地处理各种大量传感信号。利用以上优点，Barschorff 建立了一个具有代表性的 BP 网监测模型。Monostori 在该模型基础上，将过程参数融入网络的训练中，提高了泛化能力，并且易于滤除漂移量。为了保证分辨率，实现在线监测，Jammu 采用了 SCBC 无监督神经网络，而 Tarng 设计了自回归滑块平均模型与 ART2 网组成的集成学习模型。

检测、诊断和质量控制是先进制造系统中的必备环节。质量检测中测头所产生的预行程是坐标测量机误差的主要来源，Shen 使用 BP 网学习预行程误差与位置坐标的映射关系，以此补偿位置误差。机床精度对热变形非常敏感，Yang 通过训练 CMAC 网络，学习机床床身温度场与热变形之间的非线性对应关系，进行热补偿。故障诊断实质上是求解故障特征空间到识别空间的映射关系，通常难以确定精确的数学模型。Montazemi 将实例学习用于诊断交流电动机运转过程中可能出现的故障。Drake 使用三层 BP 网识别数控立铣内液压冷却系统的工作状态。

2. 过程建模和自适应控制

最优加工参数的选择、自适应控制的设计和基于模型的监测算法等都需要可靠的过程模型。Rangwala 使用 BP 网学习车削过程中进给速率、切削深度和切削速度等输入变量与切削力、功率和表面光洁度等输出变量之间的映射关系，较好地解决了建模多约束、时变和非线性加工过程这一难题。自适应控制作为智能控制的基本方法，其求解过程是反求学习所建立的过程映射，即在满足加工约束条件的前提下，优化加工参数。Rangwala 在学习后获得的 BP 网上，应用增广拉格朗日算法来优化一组选定的性能指标，其优点是仅依赖于传感器的检测数据，不需先验的过程模型。Liao 和 Tarng 在过程建模和优化时，分别引入了波尔兹曼因子和基因算法，以此改善算法性能。

3. 产品设计和系统设计

新产品设计通常从以往相似的产品中提取可用信息。Srinivasan 基于这一设计思想，采用概念聚类建立设计信息检索系统，根据加工特征进行零件分类。Lu 提出了适应性交互建模系统 AIMS，设计过程中，AIMS 从由多种归纳学习方法组成的“工具箱”中，选择相应建模阶段的最佳学习方法。Arai 利用 BP 网的联想记忆，学习功能需求与设计方案之间的映射关系，实现产品设计。

4. 工艺设计和工序规划

零件加工方法选择反映的是，从期望加工特征空间到适当加工参数空间映射关系的求解设计中常用的设计手册和建模计算工具（仿真系统）只提供了加工特征 / 加工参数关系的逆映射，即由加工参数计算出能够达到的加工质量。通过学习，可以在设计手册和建模计算工具的基础上，反求加工特征 / 加工参数映射关系，产生切实经济的加工工艺，Lu 利用 CLUSTER/2 概念聚类系统对加工过程仿真模型产生的训练实例进行无监督学习，自动生成工艺分类的概念描述，为专家系统提供辅助设计人员制定工艺规划的规则知识。Mei 以加工基准选择为例，利用 BP 网的学习功能，自动选择零件加工基准。

5. 生产调度和生产管理

生产调度过程是将一组作业以一种合理的顺序分配到相关设备上，完成要求的加工步骤，达到优化过程性能指标的目的。在多维空间中搜索最优解的调度问题属非确定性多项式（Nondeterministic Polynominal，NP）难题。启发式是一种简单、快捷的可靠算法，但很难获取用于实际建模假设的知识，Chu 通过概念聚类，学习启发式调度算法与任务特征之间的映射关系，获得规则知识库的内容，指导调度新的任务。Chryssoloouris 将调度分为车间中的工作调度和加工单元内的任务分配两层计算，运用 BP 网训练仿真实例，经过简单的自学习即可以获得调度方案，避免了复杂、费时的数学分析建模和仿真。

3.6 信息安全技术

随着信息技术的发展，人们的工作与生活与信息技术息息相关，随着网上购物与手机支付的普及、手机银行的使用，信息安全问题无处不在，信息安全问题不仅威胁到个人，同时也威胁到国家的政治，经济，军事等众多领域。

信息安全是指保护信息系统的软硬件和数据资源，不要因为偶然的或者恶意的行为而受到篡改、泄露或破坏。这里的信息系统从广义上说是所有提供信息服务的系统，而从狭义上说是指计算机系统。信息系统的基本要素分为三部分：人、信息、系统。人的安全主要是通过管理来保证。系统安全主要对应物理安全和运行安全，信息安全主要指数据安全和内容安全，系统和信息两部分的安全需要信息安全的重要技术来保证。本节将对系统安全技术、信息部分安全技术、区块链技术进行介绍。

3.6.1 系统安全技术

系统安全主要由物理安全和运行安全两部分组成。物理安全主要是指实体安全与环境安全，目的是研究如何保护物理设备的安全和环境的安全。主要的物理安全技术包括防偷盗、防火灾、防静电、防雷击、防泄漏和物理隔离等安全技术。信息安全的基础和前提是物理安全，如果不能保证物理安全，那么谈其他安全都是没有意义的。

运行安全是信息系统的运行过程和状态的保护。主要的运行安全技术包括身份认证、访问控制、防火墙、入侵检测、容侵、容错等技术。

1. 身份认证技术

在安全信息系统的设计中，身份认证是第一道关卡，用户在访问系统前，先经过身份认证来识别身份，系统再根据用户的身份和授权决定用户是否有权限访问资源。身份认证是信息系统对登录者身份进行辨认的过程，即系统证实用户真实身份与自己所声称的身份是否一致的过程。经常使用的身份认证主要包括基于用户口令的认证、基于密码系统的认证和基于生物特征的认证。

基于口令的认证的原理是通过比较用户输入的口令与系统内部储存的口令是否一致来判断用户的身份。基于口令的认证是最简单、最常用的认证技术。由于口令认证容易受黑客攻击，因此安全性较差。

基于密码系统的认证主要包括基于对称密钥密码的认证和基于公钥密码的认证。基于对称密钥的认证主要有基于挑战－应答方式的认证、Needham-Schroeder认证和Kerberos认证，而后两种认证必须依赖可信的第三方认证服务来分发共享密钥。而基于挑战－应答方式的认证，因为共享的对称密钥只有信息交换的双方才知道，所以发起的挑战信息加密后也只有他们双方能解密。基于公钥的认证主要有Needham-Schroeder公钥认证和CA数字证书的认证。CA是权威可信的第三方认证中心，是用来分发公钥和签发数字证书的。数字证书是经过CA签名的包含拥有者身份信息和公开密钥的电子文档。Needham-Schroeder公钥认证是发送者用私钥加密挑战信息，接收者用发送者的公钥解密，由于只有发送者知道私钥，于是验证了发送者的身份。

基于生物特征的认证是指计算机通过使用人固有的生理或行为特征来识别用户的身份。因为生理特征多为先天性的，所以不易改变，而行为习惯大部分是后天养成的，称为行为特征，所以将生理与行为特征统称为生物特征。常见的生物特征认证主要有指纹、脸形、声音、虹膜、笔迹等。生物特征认证与之前的认证相比，具有不易伪造、不易复制的特点，故此认证方式安全性更高。生物特征的认证方式对现在的人并不陌生，因为指纹识别和人脸识别的认证技术在手机中使用得比较普遍。

2. 访问控制技术

访问控制策略是保证信息系统安全的重要技术。访问控制技术管控用户对资源的访问。访问控制由主体、客体和访问控制策略三者构成。实现访问控制的模型有自主访问控制、强制访问控制和角色访问控制模型。自主访问控制模型允许授权者访问系统控制策略许可的资源，同时阻止非授权者访问资源，某些时候授权者还可以自主把自己拥有的某些权限授予其他授权者，这种访问控制模型的不足就是人员发生较大变化时，需要大量的授权工作，因此系统容易造成信息泄露。强制访问控制模型是一种多级访问控制策略，系统首先给访问主体和资源赋予不同的安全属性，在实现访问控制时，系统先对访问主体和受控制资源的安全级别进行比较，再决定访问主体能否访问资源。强制访问控制模型的优点是授权形式相对简单，工作量小，但不适合访问策略复杂的系统。角色访问控制模型是将访问权限分配给特定角色，授权用户通过扮演不同角色取得角色拥有的访问控制权。角色访问控制模型刚好解决了自主访问控制模型和强制访问控制模型的不足。文件系统的安全策略就是使用角色访问控制模型，针对系统管理员和普通用户的访问权限不同。

3. 防火墙技术

防火墙是在内网和外网之间，实施访问控制规则的一个程序，从外网流入的所有信息流都必须经过防火墙，只有与安全规则策略相符的信息包才能通过防火墙，不相符信息包则选择丢弃。防火墙保护内网不受外来非法用户的入侵。防火墙是网络防御体系中的第一道防线。下面介绍防火墙的主要作用。

1）网络流量过滤：只有与安全规则策略相符的信息包才能通过，这明显加强了内网的安全性。

2）网络审计监控：防火墙监视控制了所有外来访问信息包，并记录了所有的数据访问并生成访问日志。当发现可疑信息包时，防火墙就会发出警报，并提供可疑信息包的内容。

3）支持NAT的部署：大多数防火墙都会支持NAT技术，NAT是指网络地址翻译，是用来缓解网络地址短缺问题。但使用IPv6协议后网络地址短缺问题就不存在了。

4）支持隔离区DMZ部署：DMZ是一个放置了服务器的缓冲区，DMZ提供了外部网想要访问内部网络服务器的问题，在该缓冲区上放置了公共的服务器，如企业Web服务器，FTP服务器等。常见的防火墙有包过滤防火墙、代理防火墙、个人防火墙。

4. 入侵检测技术

入侵检测系统是一种网络安全防御系统，它对数据包传输进行实时监控，在发现可疑数据包时立即发出警报或采取积极的响应措施。有人形象地把防火墙比喻成一幢楼的大门，那么入侵检测系统就相当于楼里的监视系统。入侵检测系统的检测技术主要有误用检测和异常检测。误用检测是事前定义出已知的攻击行为的攻击特征，将实际入侵数据与攻击特征进行匹配，依据匹配情况来判断是不是发生了误用攻击。误用检测的不足是只能检测已知的攻击，对于新的攻击无法检测，而且把具体的攻击抽象成入侵特征也具有一定的困难性。误用检测的长处是，由于是依据入侵特征进行判断的，检测的准确度很高，错误报警率低。异常检测是依据使用者的行为以及对资源的使用状况水平与正常状态下的特征轮廓之间的偏差确定了一个阈值来判断是否遭到入侵，如果偏差高于阈值则发生异常侵入。异常检测的缺点是比较难以确定阈值，因为合法用户的某些错误操作可能偏离正常的标准，从而发生报警，所以遗漏报警率低，错误报警率高。优点是既能检测已知入侵，又能检测新的入侵。

3.6.2 信息部分安全技术

信息部分安全主要指数据安全和内容安全，数据安全是指保护数据在传输、储存过程中的不被泄露、窃取、篡改、破坏等。主要的技术有加密、数字签名、VPN 等。

1. 加密技术

加密主要是使用密码学的加密来保证数据安全。经典的密码体制有对称密码和公钥密码。对称密码是指信息交换的双方共享一个密钥，加密和解密的密钥相同，而安全性取决于这个共享密钥。对称密码算法有数据加密标准 DES、三重 DES、RC5、国际加密算法 IDEA、高级加密标准 AES。最早、最经典的对称密码算法就是美国 IBM 公司提出的数据加密标准 DES。图 3-7 是 DES 算法的流程图。

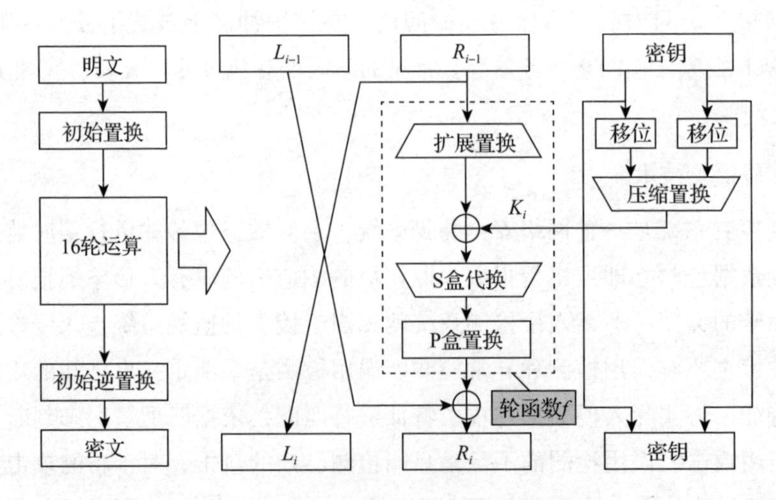

图 3-7 DES 算法流程图 [11]

DES是针对二进制数据块进行加密的一种分组算法。数据每个分组有64位，使用加密的有效密钥长度为56位。DES首先对64位明文分组进行初始置换，目的是打乱64位明文分组顺序，然后64位明文分组分为前32位和后32位，进入16轮的迭代运算，其中将后32位扩展置换成48位，再与48位子密钥进行异或运算。扩展置换是通过重复某些数位来达到扩展的目的。之后进入S盒代换：将48位输入压缩成32位的输出，S盒称为压缩代换。实际上DES算法到现在都没有完全公开S盒，其隐藏了DES的安全性。S盒代换后进入P盒置换，P盒置换主要是交换数据位置，是为了打乱32位顺序。这是一轮的迭代，经过16轮迭代之后最后将生成的64位进行初始逆置换，生成64位密文。56位有效密钥经过移位、压缩置换生成48位16轮的子密钥，16轮迭代每轮使用的子密钥都不同。

公钥密码是指加密解密有两个不同的密钥：公钥是公开的，私钥是保密的。常用的公钥密码算法有RSA、Rabin密码算法、ElGamal和ECC等。RSA是使用最广的公钥密码体制，该算法是基于欧拉定理和大整数因子分解困难性的，在算法中设计了一个单向陷门函数，单向函数中已知自变量求函数值是简单的，但反过来就很难求，这就是单向函数的不可逆性。这就保证了算法的安全性，此外RSA的安全性是基于大整数因子分解这一难题的。RSA通常用于加密会话密钥，以保证密钥传递安全，通常不用于大数据量的加密传输，因为RSA加密速度慢，特别是在随机选取大素数时和通过公钥推算模运算下的乘法逆元（即私钥）时速度都慢。

2. 数字签名技术

数字签名主要是为了避免信息发送者的否认性和数据的完整性。数字签名分为签名和验证过程，签名过程可以理解为加密过程，验证过程则是解密过程。数字签名常用的有基于公钥密码的签名使用基于公钥密码的数字签名的整体流程是通过对发送的信息文件使用散列函数来进行散列计算，并用发送者的私钥对散列值加密，加密后的散列值称为该文件的数字签名，将数字签名作为原消息的附件一起发送给接收者，当接收者收到消息后，对原消息进行同样的散列计算，得到散列值，再使用发送者的公钥对数字签名进行解密，解密后得到发送者的散列值，将这两个散列值比较，如果相同则可验证消息发送者的身份和数据的完整性。

3.6.3 区块链技术

区块链技术最初是由中本聪的关于比特币的论文[12]提出的，区块链技术作为数字加密货币[13]的关键技术，能够有效地解决数字货币面临的“拜占庭将军”问题[14-15]和双重支付问题[16-17]。区块链技术具有去中心化、开放共识、去信任、匿名性、可恢复性、不可篡改、替代性等特点，能够应用于信息安全技术领域。区块链技术包含密码学、分布式存储、共识机制、智能合约，由6个关键要素组成：透明、开源、不可改变的、分散、自治、匿名。

1. 密码学

区块链技术以多种方式使用密码学技术，将其用于钱包、交易、安全和隐私保护协议。密码学是通过复杂的数学来加密和解密信息的方法。密码学的早期例子是恺撒密码，由朱利叶斯·恺撒用来保护罗马军事机密。尽管现代密码学复杂程度要高得多，但其工作原理与之类似。现代加密系统使用数学算法，并且已经公开测试，依赖于所使用的密钥的安全性[18]。区块链使用散列算法和非对称加密技术来确保其完整性和安全性[19]。

散列算法是区块链中用得最多的一种算法。散列是一个计算机科学术语，意味着获取任意长度的输入字符串并产生固定长度的输出。某个散列函数的输入的字符数量不定，输出的长度始终相同。加密散列函数具有以下关键属性：

1）确定性：对于任意长度的输入经过哈希函数后产生的输出，其长度固定。

2）不可逆性：无法确定函数输出的输入。

3）碰撞阻力：没有两个输入可以具有相同的输出。

散列函数表达式为 $h=H(m)$，其中，m 表示任意长度的消息，H 表示散列函数，h 表示固定长度的散列值。

非对称加密是一种加密形式，其中密钥成对出现。其中一个密钥用于加密，只有另一个可以解密[20]。用户可以通过使用私钥加密来“签名”消息。任何消息接收者都可以验证用户的公钥以解密消息，从而证明用户的公钥用于加密该消息，因此这很有效。如果用户的私钥是秘密的，那么是用户而不是某些冒名顶替者发送了该消息[21]。用户可以通过使用收件人的公钥加密邮件来发送秘密邮件，在这种情况下，只有预期的收件人才能解密该邮件，因为只有该用户才能访问所需的密钥。

2. 分布式存储

作为在多个主机中传播数据的结果，分布式存储系统面临的主要问题是，当多个操作同时访问数据时，如何保持数据的一致性。比特币与其他众多数字货币采用的点对点技术已经应用广泛，它的实施在过去几年中一直是一项突破性的技术成就。

3. 共识机制

共识机制是一种容错机制，用于计算机和区块链系统[22-23]，是在分布式进程或多代理系统之间实现对单个数据值或网络的单个状态的必要协议。在区块链这种动态变化的状态下，共识机制可以为公共共享分类账提供一个高效、公平、实时、功能、可靠和安全的机制，以确保网络上发生的所有信息流动都是真实的[24]。

4. 智能合约

智能合约是一种计算机程序，可直接控制某些条件下各方之间信息的转移[25]。业务合作中，智能合约的优势突出。并且，通过某种机制，所有参与者可以确定结果而不需要中间人参与。智能合约不仅能够实现流程自动化，还能够控制行为，以及通过实时审计和风险评估实现潜力[26]。

参考文献

[1] 张洁，吕佑龙，汪俊亮，等. 智能车间的大数据应用 [M]. 北京：清华大学出版社，2020.

[2] 张洁，秦威，鲍劲松，等. 制造业大数据 [M]. 上海：上海科学技术出版社，2016.

[3] EPPSTEIN D, GOODRICH M T, SUN J Z. The skip quadtree: a simple dynamic data structrue from multidimensional data[J]. Jounral of computers, 1997, 20(9): 849-854.

[4] AGUILERA M K, GOLAB W, SHAH M A. A practical scalable distributed b-tree[J]. Proceedings of the VLDB endowment, 2008, 1(1): 598-609.

[5] YAZICI A, INCE C, KOYUNCU M. Food index: a multidimensional index structure for similarity-based fuzzy object oriented database models[J]. IEEE

transactions on fuzzy systems, 2008, 16(4): 942-957.

[6] WANG J, WU S, GAO H, et al. Indexing multi-dimensional data in a cloud system[C]//Proceedings of the 2010 ACM SIGMOD international conference on management of data.New York:Association for Computing Machinery, 2010: 591-602.

[7] PUGH W. Skip lists: a probabilistic alternative to balanced trees[J]. Communications of the ACM, 1990, 33(6): 668-676.

[8] Demšar J. Statistical comparisons of classifiers over multiple data sets[J]. The Journal of Machine learning research, 2006, 7: 1-30.

[9] QUINLAN J R. Bagging, boosting, and C4.5[C]//Aaai/iaai. MENLO PK: AMER ASSOC ARTIFICIAL INTELLIGENCE. [S.L.]: [s.n.], 1996: 725-730.

[10] FREUND Y, SCHAPIRE R E.A decision-theoretic generalization of on-line learning and an application to boosting[J]. J Comp Syst Sct, 1997(1): 119-139.

[11] 耿欣月 . 基于 DES 算法的文件加密研究 [J]. 信息与电脑 (理论版), 2020, 32(03): 44-46.

[12] ZHENG Z, XIE S, DAI H, et al. An overview of blockchain technology: Architecture, consensus, and future trends[C]//2017 IEEE International Congress on Big Data (BigData congress). New York: IEEE, 2017: 557-564.

[13] MUKHOPADHYAY U, SKJELLUM A, HAMBOLU O, et al. A brief survey of cryptocurrency systems[C]//2016 14th annual conference on privacy, security and trust (PST). New York: IEEE, 2016: 745-752.

[14] ANTONOPOULOS A M. Mastering bitcoin: unlocking digital cryptocurrencies[M]. Sebastopol: O'Reilly Media Inc, 2014.

[15] 范捷，易乐天，舒继武 . 拜占庭系统技术研究综述 [J]. 软件学报，2013, 24(6): 1346-1360.

[16] DWYER G P. The economics of bitcoin and similar private digital currencies[J]. Journal of financial stability, 2015, 17: 81-91.

[17] KARAME G O, ANDROULAKI E, ROESCHLIN M, et al. Misbehavior in bitcoin[J]. ACM transactions on information and system security, 2015, 18(1): 1-32.

[18] BÖHME R, CHRISTIN N, EDELMAN B, et al. Bitcoin: economics, technology, and governance[J]. Journal of economic perspectives, 2015, 29(2): 213-238.

[19] KOSBA A, MILLER A, SHI E, et al. Hawk: the blockchain model of cryptography and privacy-preserving smart contracts[C]// 2016 IEEE Symposium on Security and Privacy（SP）. New York: IEEE, 2016.

[20] 李传湘 . 树数据结构 [J]. 数学物理学报，1983, 3(3): 283-302.

[21] 蒋春凤 . 非对称加密算法 [J]. 内江科技，2012, 33(8): 148.

[22] SHARMA P K, CHEN M, PARK J H. A software defined fog node based distributed blockchain cloud architecture for IoT［J］. IEEE access, 2018, 6: 115-124.

[23] CACHIN C, VUKOLIĆ M. Blockchain consensus protocols in the wild[J]. arXiv preprint arXiv: 1707. 01873, 2017.

[24] WANG W B, DINH T H, XIONG Z H. A survey on consensus mechanisms and mining management in blockchain networks[J]. arXiv preprint arXiv: 1805. 02707, 2018.

[25] WATANABE H, FUJIMURA S, NAKADAIRA A, et al. Blockchain contract: securing a blockchain applied to smart contracts [C]//2016 IEEE International Conference on Consumer Electronics(ICCE). New York: IEEE, 2016.

[26] CLACK C D, BAKSHI V A, BRAINE L. Smart contract templates: foundations, design landscape and research directions[J]. arXiv preprint arXiv: 1608. 00771, 2016.

第 4 章 Chapter4

智能制造系统关键装备

智能制造装备是指具有感知、分析、推理、决策、控制功能的制造装备，是先进制造技术、信息技术和智能技术在装备产品上的集成和融合，可提高生产效率、降低生产成本，实现柔性化、数字化、网络化及智能化的全新制造模式，是战略性新兴产业发展的装备基础，是各行业产业升级、技术进步的重要保障。

如图 4-1 所示，智能制造装备是在制造装备基础之上的进一步发展，智能制造关键装备主要有智能传感系统、智能数控机床、智能机器人以及智能物流装备，随着新技术的不断推出并赋能智能制造，生产制造在柔性化、智能化、高度集成化、缩短产品研制周期、降低资源能源消耗、降低运营成本、提高生产效率等方面的优势不断放大。本章主要对智能制造系统中的关键智能装备进行介绍。

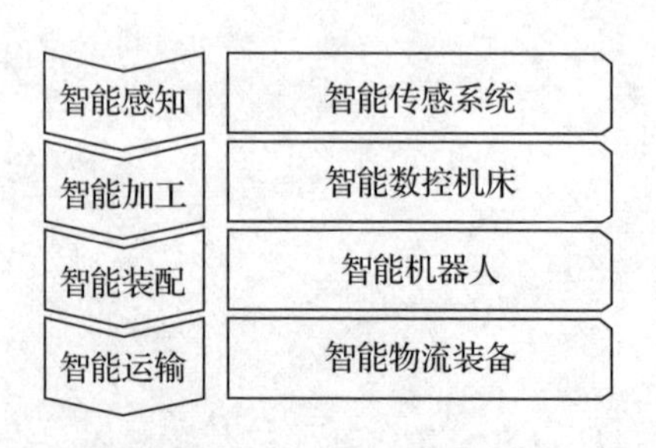

图 4-1 智能制造关键装备

4.1 智能传感系统

4.1.1 概述

制造业发展的方向是智能化、网络化、数字化，而这些都离不开其最根本的基础——智能传感器，大量传统制造业在实现智能制造的转型过程中，广泛地在生产、检测及物流领域采用传感器。传感器作为整个智能制造系统的最前端，是整个智能制造系统数据的重要来源和信息基础，其特性的好坏及输出信息的可靠性直接决定了整个智能制造系统的稳定性和可靠性[1]。

自20世纪80年代以来，传感系统的组成与研究内容始终在不断更新，尤其是在当前智能时代的推动下，高性能、高可靠性的多功能复杂自动测控系统以及基于射频识别技术的物联网的兴起与发展，越发凸显了具有感知、认知能力的智能传感器的重要性及其快速发展的迫切性。

智能传感器通过将传感器检测信息的功能与微处理器的信息处理功能有机地结合在一起，充分利用微处理器进行数据分析和处理，对内部工作过程进行调节和控制，同时可以和人工智能技术配合，弥补了传统传感器性能的不足，使采集的数据质量得以提高[2]。与传统传感器相比，智能传感器在功能上有较大提高，主要表现在：

1）自补偿能力：通过软件对传感器的非线性、温度漂移、时间漂移、响应时间等进行自动补偿。

2）自校准功能：操作者输入零值或某一标准量值后，自校准软件可以自动地对传感器进行在线校准。

3）自诊断功能：接通电源后，可对传感器进行自检，检查传感器各部分是否正常，并可诊断发生故障的部件。

4）数值处理功能：可以根据智能传感器内部的程序，自动处理数据，如进行统计处理、剔除异常值等。

5）双向通信功能：微处理器和基本传感器之间构成闭环，微处理器不但接收、处理传感器的数据，还可将信息反馈至传感器，对测量过程进行调节和控制。

6）信息存储和记忆功能。

7）数字量输出功能：输出数字信号，可方便地与计算机或接口总线相连。

智能传感器输出的也不再是简单的传感信号，而是为了完成某种确定功能，通过很多科学的算法得到的直接结果。例如，图像传感器能够输出连续不断的图像信号，而智能图像传感器在安防领域的应用就成为人脸识别系统，在工业领域的应用就成为机器视觉系统；声音传感器或麦克风能够输出连续不断的波形信号，而智能声音传感器在工业领域可以当作判断机器是否有异常的智能噪声诊断系统应用，在民生领域可以当作辨别声音的语音识别系统应用。

4.1.2 智能传感器基础

传感器本质是把自然界的物理量、化学量、生物量变成可利用的信号的装置或器件，在当前智能时代的推动下，加快对具有感知和认知能力的智能传感器的研究和发展显得尤为重要和迫切，所谓的智能化，就是传统传感器的“感知”能力被重新定义，并赋予“分析”和“发出指令”的能力。目前，传感器正在经历单一材料到复合材料、简单结构到系统结构的过程，而原有的物理量感应功能也在进行智能化转化[3]，本节将从经典传感器、智能传感系统的智能化技术基础以及智能传感系统的组建三个方面展开对智能传感系统的介绍。

1. 经典传感器

经典传感器都是按照一级变化场量转化为可测量或者易测量的形式，按照测量对象来对传感器进行分类，传感器的种类如表 4-1 所示。

表 4-1 经典传感器分类

被测量		传感器的种类
物理量传感器	力学量	压力传感器、力传感器、力矩传感器、速度传感器、加速度传感器、流量传感器、位移传感器、位置传感器、尺度传感器、密度传感器、黏度传感器、硬度传感器、浊度传感器
	热学量	温度传感器、热流传感器、热导率传感器
	光学量	可见光传感器、红外光传感器、紫外光传感器、照度传感器、色度传感器、图像传感器、亮度传感器
	磁学量	磁场强度传感器、磁通传感器
	电学量	电流传感器、电压传感器、电场强度传感器
	声学量	声压传感器、噪声传感器、超声波传感器、声表面波传感器
	射线	X 射线

（续）

被测量		传感器的种类
化学量传感器	化学量	离子传感器、气体传感器、湿度传感器
生理量传感器	生物量	体压传感器、脉搏传感器、心音传感器、体温传感器、血流传感器、呼吸传感器、血容量传感器、体电图传感器
	生化量	酶式传感器、免疫血型传感器、微生物型传感器、血气传感器

始于1950年的传感器经过半个多世纪的发展后，传统的传感器在技术、应用等方面已达到其技术极限，检测技术难以得到较大提升，同时，随着制造业整体智能化的推进，传统的传感器技术已经很难满足目前行业的需求，而原有的物理量感应功能也在进行智能化转化。目前的经典传感器技术在以下几方面存在严重不足：

1）功能单一，复杂环境下需大量传感器，增加了信号传输负荷。

2）因结构尺寸大，而时间（频率）响应特性差。

3）输入－输出特性存在非线性，且随时间而漂移。

4）参数易受环境条件变化的影响而漂移。

5）信噪比低，易受噪声干扰。

6）存在交叉灵敏度，选择性、分辨率不高。

2. 智能传感系统的智能化技术基础

（1）神经网络技术在智能传感系统的应用

神经网络是一个由相连节点层组成的计算模型，其分层结构与大脑中的神经元网络结构相似，它具有高度非线性描述能力。在实际应用中，神经网络会根据对象的输入－输出信息，不断地对网络进行学习，实现从输入参数到输出参数的非线性映射，同时它还可以根据来自机理模型和实际运行对象的新数据样本进行自适应学习[4]。神经网络作为一种分析处理问题的新方法用于智能传感系统，利用软件实现传感信号的智能处理，方便灵活，可靠性高，免去了硬件电路，与智能传感器结合而广泛应用于非线性校正、分类、诊断、识别等领域，典型的应用领域主要有以下几个：

1）神经网络实现传感器的非线性自校正。目前传感器的输入－输出特性大多为非线性。对一些非线性非常严重的传感系统，通过硬件或普通的软件补偿有一定的难度。神经网络以并行处理、容错、自适应以及自学习能力强的优势在传感系统的非线性自校正上获得广泛应用。

2）神经网络实现智能传感器的故障自诊断。神经网络具有很强的非线性拟合能力且不需要已知系统的数学模型，正好适应了故障诊断所针对的对象一般都具有模型难以确定、非线性极强的特点。因此近几年来，神经网络正逐步应用于故障诊断、监测等研究领域。比如说作为深度神经网络中重要组成部分的卷积神经网络（Convolutional Neural Network，CNN），它由可训练的多级架构组成，由于其良好的特征提取能力而得到了广泛的使用，CNN 的每级一般包含卷积层以及池化层（下采样层），可以通过多次的交替运算实现监测对象的特征提取，最后通过全连接层以及分类器实现故障的分类[5]。

3）神经网络在多传感器信息融合中的应用。多传感器信息融合能提供系统丰富而完整的信息，可以大大提高测控系统的精确性，是当前测控系统中传感器发展的一个重要方向。多传感器信息融合技术是把多个传感器检测到的信息进行分析和集成，提取对象的有用信息以形成检测对象信息的全面和完整的描述。神经网络技术的非线性拟合能力成为进行多传感器数据融合的有效措施。

4）智能传感系统中神经网络用于模式识别。神经网络具有强大的自组织、自学习、自适应和分类计算能力，广泛应用于模式识别等领域。神经网络除了成功应用于图像、语音的典型识别领域之外，还逐步应用于高新技术领域的识别作业。比如说，将触觉传感器装配在工业机器人上，从而可以实现机器人在未知环境下高精度的作业[6]。

（2）支持向量机技术在智能传感系统的应用

支持向量机（Support Vector Machine，SVM）技术已在很多领域得到广泛和成功的应用，近年来已被引入智能传感系统，用来实现传感器的智能化功能，成为继神经网络技术之后另一种更为有效的智能化技术手段[7]。在 SVM 方法中，通过定义不同的内积函数，就可以实现多项式拟合、贝叶斯分类器、径向基函数（Radial Basis Function，RBF）多层感知器等许多现有学习算法的功能。

支持向量机方法主要有以下几个优点：

1）支持向量机是专门针对有限样本情况的，其目标是得到现有信息条件下的最优解，而不仅仅是样本数趋于无穷大时的最优值。

2）支持向量机的算法最终将转化为一个二次型寻优问题，从理论上说，得到的结果将是全局最优点，解决了在神经网络方法中无法避免的局部极值问题。

3）支持向量机的算法将实际问题通过非线性变换转换到高维的特征空间，在高维空间中构造线性判别函数来实现原空间中的非线性判别，这种特殊性质能保证机器有较好的推广能力，同时它巧妙地解决了维数问题，使其算法复杂度与样本维数无关。

（3）粒子群优化算法在智能传感系统的应用

粒子群优化（Particle Swarm Optimization，PSO）算法是近年迅速发展起来的一种智能优化算法。该算法和遗传算法有一些相似的地方，比如二者都是基于群体进行优化的方法，都是将系统初始化为一组随机解，通过迭代来搜索最优值。但是，PSO算法要比遗传算法更为简单、更易实现，需要调整的参数较少，因此PSO算法从它诞生之初就引起学者的广泛关注，成为国际上一个新的研究热点。

PSO的优势在于简单且容易实现，同时又有深刻的智能背景，最近几年来，PSO算法获得了很大发展，并在一些智能传感领域得到应用，如比例积分微分（Proportional Integral Derivative，PID）调速、调温，以及液压伺服等控制系统[8]，与各种神经网络（遗传、模糊、径向基、小波等）结合进行火灾图像识别、故障诊断等。

（4）自动知识获取技术

收集某一领域内的知识来构建知识数据库的方法是非常复杂且耗时的，它往往是搭建专家系统的瓶颈所在[9]。而自动知识收集技术通常要求采用多个案例作为学习的输入，每一个案例都具有多种属性参数，并按类型归类。一种方法就是采用“分治策略”[10]，根据某一策略对各种属性进行筛选，将原有的案例集合划分为子集合，然后归纳学习程序建立决策树并将给定的案例集合正确分类，决策树能够表述从集合中的特定案例产生出什么知识。另一种方法被称为“覆盖法”，归纳学习程序的目标是找到一组被某一类型的案例所共同持有的属性，并将这一共同属性作为“如果”的部分，将类型作为“然后”的部分。程序将集合中符合规则的案例移除，直至没有共同属性。还有一种使用逻辑程序代替命题逻辑的方法就是对案例进行描述，然后表述全新的概念。这种方法使用了更加强大的预测逻辑来描述训练案例和背景知识，然后表述全新概念。预测逻辑允许使用不同形式的训练案例和背景知识，它允许归纳过程的结果（归纳概念）以带有变量的一阶子句的形式描述，而不仅限于由属性 – 值对组成的零阶命题子句。这种系统主要有两种类型，第一种是由上至下的归纳 / 总结方法，第二种是反向解析原理。

已经出现了不少的学习程序，例如：ID3，它是一种分治策略程序；AQ 程序采用了覆盖法；FOIL 程序是采用了归纳 / 总结方法的 ILP 系统；GOLEM 程序是采用反向解析方法的 ILP 系统。虽然大多数程序产生的都是明确的决策规则，但是也有一些算法能够产生模糊规则。要求以严格的格式提供案例集合（明确的属性和明确的分类）在传感系统和传感器网络中很容易满足，因此自动学习技术在传感系统中应用得颇为广泛。这种类型的学习适合于那些属性是以离散的或者符号的形式所表示的传感系统案例，而非具有连续属性值的传感系统案例。一些推断学习应用的例子包括激光切割、矿石检测和机器人应用。

3. 智能传感系统的组建

随着微机械加工技术和大规模集成电路工艺技术的迅猛发展，智能传感系统沿着集成化、非集成化、混合集成化三条途径也获得了飞速发展，并且在这三条基本实现途径上，还有另外两种构建智能传感系统的形式：传感器与个人计算机相结合的虚拟仪器形式；传感器与微处理器（MicroProcessor Unit，MPU）相结合的智能仪器形式。但无论哪种实现形式，智能传感系统的基本组成主要由传感器、调理电路、数据采集与转换、计算机及其 I/O 接口设备四大部分组成，如图 4-2 所示。

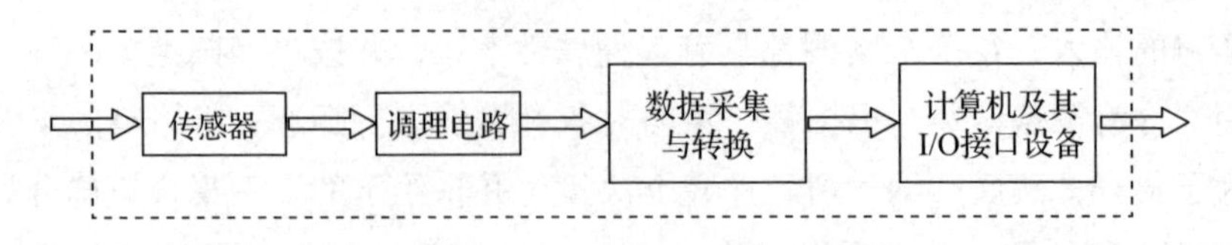

图 4-2 智能传感系统的基本组成 [1]

（1）传感器

传感器部分主要负责完成信号的获得，它将规定的被测参量按照一定的规律转换成相应的可用的输出信号，以满足信息的传输、处理、存储、显示、记录和控制等要求。传感器所获取的信息包括但不限于电信号，比如像 CCD（Charge

Coupled Device）相机或CMOS（Complementary Metal-Oxide Semiconductor）传感器采集的信息是被检测对象的图像数据。

（2）调理电路

来自传感器的输出信号通常是含有干扰噪声的微弱信号。因此，需要在传感器后面配接信号调理电路，信号调理电路的基本作用有三个：一是放大，将信号放大到与数据采集卡（板）中的A/D转换器相适配；二是预滤波，抑制干扰噪声信号的高频分量，将频带压缩以降低采样频率，避免产生混淆，如果信号调理电路输出的是规范化的标准信号，即4～20mA的电流信号，则称这种信号调理电路与传感器的组合为变送器；三是转换，将传感器输出的电参量（如电容C、电感L或M、电阻R的改变量）转换为电压或频率量，即C/u、L/u、M/u、R/u转换等。此外，根据需要还可进行信号的隔离与变换等。

（3）数据采集与转换

数据采集部分由采样/保持（S/H）与多路切换开关（MUX）组成，实现对多传感器多点多通道输入信号的分时或并行采样。时间连续信号$x(t)$经过采样后变为离散时间序$x(n)$，n=0, 1, 2, …。

数据转换部分主要负责将模拟信号转换成数字信号，以供后续信号和数据的处理。

（4）计算机及其I/O接口设备

计算机是神经中枢，它使整个测量系统成为一个智能化的有机整体，在软件导引下按预定的程序自动进行信号采集与存储，自动进行数据的运算分析与处理，指令以适当的形式输出，显示或记录测量结果。根据采用的计算机类型，传感系统可分为两种形式：

1）以微型计算机或微处理器（Microprocessor）为核心的智能仪器式智能传感系统，这类传感器是测量技术与计算机最初的结合形式，打破了传感器与仪器的界限。

2）以个人计算机为核心的虚拟/集成仪器式智能传感系统，这类传感器有更加强大的运算以及信号分析、处理和显示功能，与前者相比，它有更强大的智能，实现起来也更加容易和快捷。

4.1.3 智能传感器的关键应用场景

1. 监测、控制和改善运营情况

大数据已经在医疗、金融等行业得到应用，它也将对制造业产生巨大影响。接受德勤调查的87%的制造商认为，工业4.0将带来更多社会和经济的平等和稳定。

智能传感器通过连接不同的设备和系统来产生数据，使不同的机器能够相互对话。这样就能在整个工厂建立无缝连接，让制造商能够监控设备和系统性能，汇总所有生成的数据，对数据集进行比较和分析[11]。

2. 设备故障预测

智能传感器可以使制造商能够通过减少或避免不必要的计划性维护、部件更换成本和潜在的业务停机时间来降低其更换资产价值（Replacement Asset Value，RAV），从而使制造商可以保持竞争力，削减运营和维护预算，尽量减少维护需求可以节省成本并提高整体效率。

同时，智能传感器技术可以使制造商更容易从计划性维护过渡到预测性维护，传感器可以实时采集被监测设备的运行状态数据，智能传感器可以使用这些数据来实时判断和预测设备故障状态，并及时向用户发出警报，通知维护人员当前设备可能存在的潜在的问题，以便在它们成为故障点之前加以预防，减少因维护而造成的严重影响[12]。

3. 数据记录和监管

制造工厂需要遵守严格的制造业的生产规则和要求，在制造设备或仓库系统中安装的智能传感器可能会自动记录能耗、温度、湿度、运行时间、维护和生产线输出等数据，当制造工厂被要求生成包括历史数据、记录和日志等报告以证明它的合规性时，可以避免从零散的系统中提取、整合的步骤，从而减少整理工作的时间，提高效率和准确性。

4. 生产异常识别

智能传感器不仅可以减轻法规遵从的负担，还有助于改善生产流程。它们可以识别可能影响产量或产品质量的系统异常，并提供异常问题的实时通知，从而使制造商可以主动发现并及时解决异常，将被动解决转化为主动发现和解决，避免工厂因处理不及时而停机。

5. 加快信息流和对市场状况的反应速度

智能传感器为制造商提供了采用敏捷方法的机会，对流程进行实时改变，从而提高产量。传感器产生的数据可以提高工厂的透明度，并提供整个工厂的峰值和流量的可视化表示，通过对客户需求的洞察，制造商可以更快速地响应，更容易地扩大业务规模，确保生产效率始终能带来盈利。

4.1.4 智能传感器的行业应用情况

对于制造业来说，智能传感器是实现智能制造的基础，通过在整个工厂中集成智能传感器，工厂可改善运营，实现更高的制造效率。在当前智能时代的推动下，高性能、高可靠性的多功能复杂自动测控系统以及基于射频识别技术的物联网的兴起与发展，越发凸显了具有感知、认知能力的智能传感器的重要性及其快速发展的迫切性，大量传统制造业在实现智能制造的转型过程中，在生产、检测及物流等领域都广泛采用了传感器。

在汽车制造行业中，以基于光学传感的机器视觉为例，在工业领域的三大主要应用有视觉测量、视觉引导和视觉检测。视觉测量技术通过测量产品关键尺寸、表面质量、装配效果等，可以确保出厂产品合格；视觉引导技术通过引导机器完成自动化搬运、最佳匹配装配、精确制孔等，可以显著提升制造效率和车身装配质量；视觉检测技术可以监控车身制造工艺的稳定性，同时也可以用于保证产品的完整性和可追溯性，有利于降低制造成本[13]。

在高端装备行业的设备运维与健康管理中，如航空发动机装备的智能传感器，使控制系统具备故障自诊断、故障处理能力，提高了系统应对复杂环境和精确控制的能力。基于智能传感技术，综合多领域建模技术和新型信息技术，对物理实体的数字孪生体进行精确模拟，从而反映出物理系统的特性以及对环境的多变应对特性，实现对发动机的性能评估、故障诊断以及寿命预测等目的。同时，基于全生命周期多维反馈数据源，在行为状态空间迅速学习和自主模拟，实现对安全事件的预测响应，并通过物理实体与数字实体的交互数据进行对比，可以及时发现问题，激活系统的自修复机制，减轻损伤和退化，从而有效避免具有致命损伤的系统行为[14]。

在石油化工和冶金行业中，整个生产、加工、运输、使用环节会排放较多危险性、污染性气体，需要对一氧化碳、二氧化硫、硫化氢、氨气、环氧乙烷、丙烯、氯乙烯、乙炔等毒性气体和苯、醛、酮等有机蒸气进行检测，需要大量气体传感器应用于安全防护，从而防止中毒与爆炸事故。此外，在原料配比管理、工艺参数控制、设备运维与健康管理方面均需部署大量传感器，以实现原料的精确配比和安全防护，保证生产安全性[15]。

随着新材料、新技术的广泛应用，基于各种功能材料的新型传感器件将得到快速发展，这对制造的影响将愈加显著。未来，智能化、微型化、多功能化、低功耗、低成本、高灵敏度、高可靠性将是新型传感器件的发展趋势，新型传感材料与器件将是未来智能传感技术发展的重要方向。

4.2 智能数控机床

4.2.1 概述

数控机床是在机械制造技术和控制技术的基础上发展起来的，进入 21 世纪以来，随着科学技术的发展和制造业转型升级的需要，数控机床也朝着智能化、网络化等更高水平的方向发展。智能数控机床作为一种自适应、自学习、自优化和自组织控制技术的新一代机床，具备智能化加工过程数据分析和决策，智能化感知、监控及维护功能，智能化监测预报补偿优化控制功能，以及智能化人机接口与网络功能。当前，智能化已经成为高端数控机床的标志，机床智能技术解决的主要问题是：

1）提高加工效率，优化切削参数，抑制振动，充分发挥机床的潜力。

2）提高加工精度，防止热变形，测量机床的空间精度并加以自动补偿。

3）保证机床运行安全，防止刀具、工件和部件相互碰撞和干涉。

4）改善人机界面，扩大数控系统的功能，实现其他各类辅助加工和管理功能。

从制造技术本身来看，数控系统的智能化在如图 4-3 所示的四个方面进行：操作智能化、加工智能化、维护智能化和管理智能化[16]。

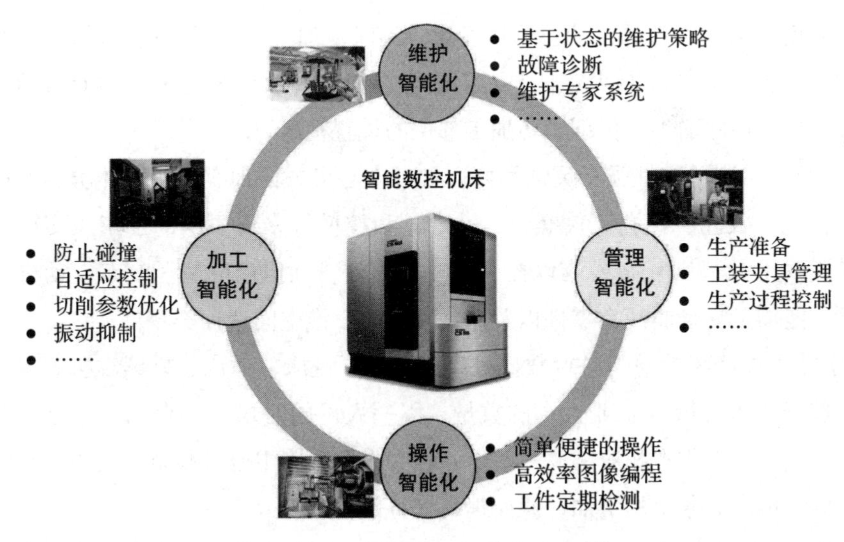

图 4-3　数控系统智能化方向 [4]

4.2.2　智能数控机床基础

1. 传统数控机床

传统的数控机床是机电一体化产品，它是利用数字控制技术对机床的运动及加工过程进行控制的加工机床。加工零件时，首先由编程人员根据被加工零件的几何形状、结构尺寸、加工精度、工艺过程、工艺参数（主轴转速、切削速度、吃刀深度）以及机床的运动、刀具的位移等内容编制加工程序。其次，编制好的加工程序经处理和计算后发出各种操作控制指令，控制机床的运动，最后将零件加工出来。当变更加工对象时，需要重新编写零件的加工程序，而机床本身不需要进行任何调整就能把零件加工出来 [17]。

数控机床的优点主要体现在以下几个方面：

1）数控机床生产效率高。不仅可省去划线、中间检验等工作，而且由于它具有自动换刀功能，通常还可以省去复杂的工装，减少对加工零件的安装、调整及多次对刀等相对复杂而烦琐的工作。加工中心能选用最佳工艺线路和切削用量，有效地减少加工中的辅助时间，从而提高生产效率。

2）数控机床加工精度高、加工质量稳定。加工中心具有的自动换刀功能，可以非常有效地减少工件的装夹次数，降低或消除因多次装夹带来的定位误差，提高加工精度。当零件各部位的位置精度要求高时，加工中心具有的自动换刀功能，可以非常方便而有效地减少定位与对刀误差，能在一次装夹与一次性对刀的过程中完成各个部位的加工，保证了各加工部位的位置精度要求。

3）数控机床适应性强、灵活性好。加工中心可方便地实现对箱体类零件进行钻孔、扩孔、铰孔、镗孔、攻螺纹、铣端面和挖槽等多道不同的加工工序，因此能加工轮廓形状特别复杂或难以控制尺寸的零件，如风扇叶片、汽车发动机箱体等零件，能加工复杂曲线类零件以及非常复杂的三维空间曲面类零件。

4）能提高经济效益，一台数控机床，集中了铣床、钻床、攻螺纹机等多种设备的功能，它可以减少企业机床的数量，因一人可同时操作多台加工中心，减少了操作工人，人工成本相应减少；另外，拥有数控加工中心也是企业实力的具体表现，会促成更多业务量的增加，从而提高经济效益。

但是，随着科学技术的发展和制造业转型升级的需要，传统的数控机床设备越来越难以满足“高精尖”的加工需求，难以适应制造业从单一制造场景到多种混合制造场景的转变，从基于经验的决策到基于证据的决策的转变，从解决可见问题到避免不可见问题的转变，以及从基于控制的机器学习到基于丰富数据的深度学习的转变，因此，需要加快新一代智能化技术与数控机床的融合应用，加快数控机床走上智能化的进程。

2. 智能数控机床的智能化关键技术基础

（1）智能感知技术

由机床、刀具、工件组成的数控机床制造系统在加工过程中，随着材料的切除，伴随着多种复杂的物理现象，隐含着丰富的信息。在这种动态、非线性、时变、非确定性环境中，数控机床自身的感知技术是实现智能化的基本条件，这就需要各种传感器收集外部环境和内部状态信息，此外，由于机床在加工制造过程中存在不可预测或不能预料的复杂现象和奇怪问题，并且对于所监测到的信息和数据存在时效性、精确性、完整性等要求，因此，还要求传感器配有高性能的智能处理器以对采集到的数据有分析、推理、学习等智能化处理。

（2）人工智能算法在智能监测及补偿中的应用

数控机床的误差包括几何误差、热（变形）误差、力（变形）误差、装配误差等。研究表明，几何误差、热误差占到机床总误差的 50% 以上，是影响机床加工精度的关键因素。几何误差随时间变化不大，属于静态误差，误差预测模型相对简单，可以通过系统的补偿功能得到有效控制。但是热误差随时间变化很大，属于动态误差，误差预测模型复杂，数控机床在加工过程中的热源（包括轴承、滚珠丝杠、电动机、齿轮箱、导轨、刀具等部件）的升温会引起主轴延伸、坐标变化、刀具伸长等，造成机床误差增大，由于温度敏感点多、分布广，针对温度测试点位置优化设计的主要方法有遗传算法、神经网络、模糊聚类、粗糙集、信息论、灰色系统等。在确定了温度测点的基础上，常用神经网络、遗传算法、模糊逻辑、灰色系统、支持向量机等来进行误差预测与补偿[18]。

随着钛合金、镍合金、高强度钢等难加工材料的广泛应用，以及高速切削条件下，切削量的不断增大，刀具、工件间很容易发生振动，严重影响工件的加工精度和表面质量。由于切削力是切削过程的原始特征信号，最能反映加工过程的动态特性，因此可以借助切削力监测与预报进行振动监测。借助测力仪、力传感器、进给电动机的电流等，利用粒子群算法、模糊理论、遗传算法、灰色理论等对切削力进行建模和预测。考虑到引起机床振动的原因主要有主轴、丝杠、轴承等部件，也可以采集这些部件的振动、切削力、声发射等信号，利用神经网络、模糊逻辑、支持向量机等智能方法直接进行振动的监测。

（3）工业互联网及大数据技术

工业互联网及大数据技术作为新一代信息技术与制造业深度融合的产物，日益成为新工业革命的关键支撑以及重要基石，将对未来工业发展产生全方位、深层次、革命性影响，机床工具行业作为工业行业发展的根源和基础，也面临着全新的挑战和机遇，在智能化和数字化这“两化”的拉动下，整个产业也开始向工业互联网和大数据时代迈进。

数控机床在运行和生产中会产生大量的、珍贵的数据（如刀具的温度数据、切削力数据等与机床状态、工件加工状态和工装夹具状态等密切相关的数据），数控机床大数据同样继承了大数据规模巨态、表征动态、价值密度低、结构多态的四大特性，并具备工业大数据本身的特点和挑战，通过大数据技术对生产过程和制造质量的数据进行实时检测和监控，可以对设备出现的故障及时预警，以此提高加工流程的可靠性和准确性，优化一线加工生产工艺、制造工艺，改善管理和服务[19]。

工业互联网技术低时延、高可靠的特点使庞大的数据可以进行流动，为实现数控机床加工过程的实时检测和监控提供了坚实的保障，有利于打破信息孤岛，并且工业互联网的云服务平台以其远程监控、远程终端、可视化应用、统计分析和日志回放等功能使得机床厂商和数控厂商信息互通，将所有的工业实时数据都在实时数据平台内进行处理，通过制定数据终端和云平台之间的网络协议和优化数据传输通信技术，发展云数控、云计算服务平台，实现云制造，达到高效、高质、低成本的加工制造。

（4）数字孪生技术

数字孪生（Digital Twin），是以数字化方式为物理对象创建的虚拟模型，用来模拟物理对象在现实环境中的行为，即建立数字虚体空间中的虚拟事物与物理实体空间中的实体事物的连接通道，进而可以建立相互传输数据和指令的交互关系。数字孪生作为智能制造中的一个基本要素，近些年来逐渐走进了人们的视野。

数字孪生突破了虚拟与现实的界限，让人们能在物理与数字模型之间自由交互与行走，它是产品全生命周期的数据中心，其本质的提升是实现了单一数据源和阶段间信息贯通，从概念设计贯通到产品设计、仿真、工艺及后面的使用和维护。数字孪生也是全价值链的数据中心，其本质的提升在于无缝协同，而不只是共享信息[20]。

德国斯图加特大学在云计算的基础上提出“全球本地化”（Glocalized）云端数控系统，其概念如图 4-4 所示，从图中可见，传统数控系统的人机界面（Human Machine Interface，HMI）、数控核心（Numerical Control，NC）和 PLC 都移至云端，本地仅保留机床的伺服驱动和安全控制，在云端增加通信模块（COmmunication Module，COM）、中间件和以太网接口，通过路由器与本地数控系统通信。这样一来，在云端有每一台机床的“数字孪生”，在云端就可进行机床的配置、优化和维护，极大方便了机床的使用，实现所谓的控制器即服务（CaaS，Control as a Service）。

数字孪生体可以获得机床和使用过程的全方位信息（Holistic Information），这使得工业大数据的应用成为可能，简单地讲，机床领域的数字孪生体应用具有以下好处：

1）通过对实际机床的监测获得数据反馈，可以不断优化数字孪生体，简单地讲，数字孪生体可以结合到物理孪生体反馈回来的数据进行系统级别的改进。

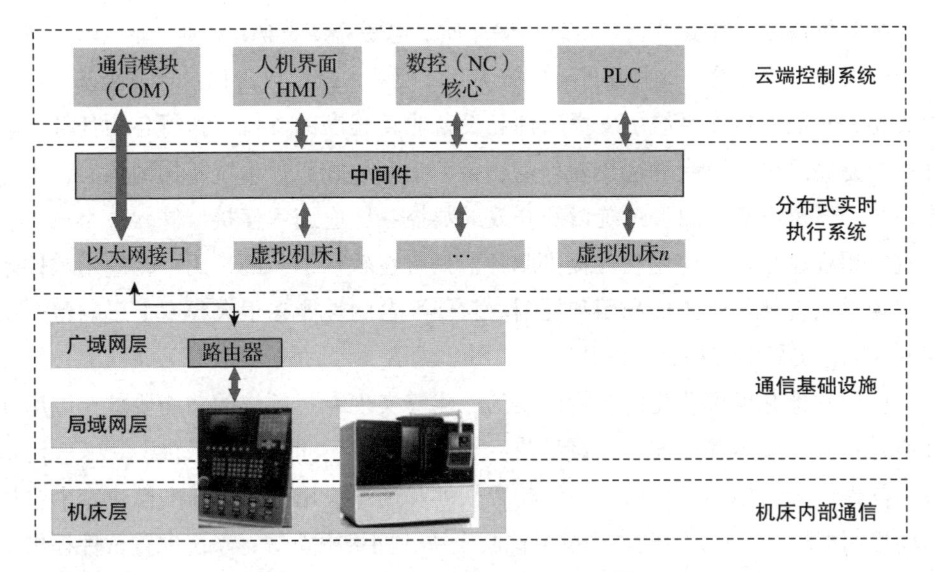

图 4-4 云端数控系统概念图[4]

2）通常情况下，生产系统的部署花费的时间会影响产品的上市时间，如果应用数字孪生体，可以实现所谓虚拟委托（Virtual Commissioning），这样的做法可以减少装备系统的部署时间。

3）在对设备进行保养、修理等过程中，数字孪生体可以用来提升机床设备健康管理能力，利用大数据对虚拟设备（数字孪生体）进行训练，从而提升物理孪生体的应用效果。

4）通过把数字孪生体集成到控制系统中去，从而更为方便优化机床的性能。

3. 智能数控机床的构成

（1）智能数控系统

智能数控系统是机床的关键部位，它直接影响着数控机床的智能化水平，集成了开放式数控系统架构、大数据采集与分析等关键技术。

开放式数控系统主要是指数控系统依照公开性原则进行开发，应用于机床之中，使硬件具备互换性、扩展性以及操作性。开放式数控系统的结构组成可以分为两部分，分别是系统平台和应用软件。

系统平台是对机床运动部件实施数字量控制的基础部件，包括硬件平台和软件平台，主要用于运行数控系统的应用软件。硬件平台是实现系统功能的物理实体，主要包括微处理器系统、信息存储介质、电源系统、I/O驱动、显示器、各类功能面板和其他外设。这些硬件可以分为NC硬件、PLC硬件以及计算机基本硬件等类型，它们在操作系统、支撑软件和设备驱动程序的支持下执行各项任务。软件平台是联系硬件平台和应用软件的纽带，是开放式数控系统架构的核心，由操作系统、通信系统、图形系统以及开放式数控系统应用程序接口等软件组成。它通过应用程序接口向应用软件提供服务，只有在软件平台的作用下，应用软件才能实现对系统硬件资源的利用和控制。软件平台的性能在很大程度上影响整个系统的性能，也影响应用软件的开发效率[21]。

应用软件是以模块化的结构开发的，能够实现专门领域的功能要求。应用软件通过不同的应用程序编程接口封装后可以运行在不同的系统平台上。一般而言应用软件可分为标准模块库、系统配置软件和用户应用软件。标准模块库中包括运动控制模块、I/O控制模块、逻辑控制模块、网络模块等；系统配置软件提供集成、配置功能模块的工具和方法以便将所需的模块配置成一致的、完整的应用软件系统；用户应用软件可以根据应用协议自行开发，也可以由系统制造商开发[22]。

（2）智能元器件

数控加工过程是一种动态、非线性、时变和非确定性的过程，其中伴随着大量复杂的物理现象，它要求数控机床具有状态监测、误差补偿与故障诊断等智能化功能；而具备工况感知与识别功能的基础元器件是实现上述功能的先决条件。

传感器是现代数控机床中非常重要的元器件，它们能够实时采集加工过程中的位移、加速度、振动、温度、噪声、切削力、转矩等制造数据，并将这些数据传送至控制系统以参与计算与控制。

位置传感器是数控机床中应用最多的一类，这类传感器能够精准地获知机床运动部件的位置信息，进而使机床的加工精度与加工效率获得极大提升。力传感器也是数控机床中普遍采用的一类，在加工过程中，机床通过这些传感器感知工件的夹紧力、切削力等关键数据。同时在润滑、液压、气动等辅助系统中也安装有压力传感器，用于对这些系统进行监控并保证机床的正常运转。温度传感器在数控机床中具有广泛的应用，这是由于数控机床中采用的部分元器件在工作过程中将产生大量热，温度过高不仅会对零件的加工质量产生影响，同时也会对机床元器件的寿命造成不利影响。例如，机床的主轴箱、轴承等部位易产生过热现象，如不及时诊断并加以排除，则可能引起零件的烧损。

除了单纯嵌入上述的传统传感器之外，智能机床中还采用了多传感器融合、智能传感器等先进技术。国外机床厂商研制的智能主轴中嵌入的智能传感器能够同时检测温度、振动、位移、距离等信号，实现对工作状态的监控、预警以及补偿，不但具有温度、振动、夹具寿命监控和防护等功能而且能够对加工参数进行实时优化；又如国外某厂商将集成了力传感器、扭矩传感器、温度传感器、处理器、无线收发器等装置的芯片嵌入刀具、夹具内，能够实现刀具振动频率的预估并能够自动计算出合适的主轴转速与进给速率等加工参数。

（3）智能化应用技术

在数控机床中搭载具有开放性架构、支持大数据采集与分析等功能的智能数控系统，并嵌入必要的智能基础元器件，数控机床便具备了智能化的必要条件。在此基础上可以根据实际需求开发出智能化应用程序并嵌入数控系统中，使设备能够充分发挥其最佳效能，提升产品制造质量，并实现设备的健康监控与故障诊断等。在数控机床的智能化应用技术研究中，国内外主要集中于机床智能化运行、机床智能化维护以及机床智能化管理等方向，其中以智能化运行与智能化维护的研究最具代表性。机床智能化运行方面的主要研究涉及机床热误差和几何误差等的补偿、机床振动检测与抑制、机床防碰撞[23]。在机床的智能化维护方面，主要对机床故障诊断与维护、刀具磨损与破损的自动检测方法等方面进行研究。

4.2.3 应用展望

新一代智能机床在大数据、云计算的基础上运用人工智能技术，能够实现自主感知、自主学习，能够形成知识，进而能应用知识进行自主决策、自主执行，进行优质、高效、可靠、低耗的加工，其最本质的特征是具备了认知和学习的能力，具备了生成知识和更好地运用知识的能力，实现了跨越。智能机床的三个基础共性问题是信息、状态感知与数据处理，“机床－信息系统－人”通信协议和接口，智能分析和控制算法。只有快速、准确地感知和获取机床状态和加工过程的信号及数据，并通过变换处理、建模分析和数据挖掘，形成支持决策的信息和指令，才能实现对机床及加工过程的监测、预报、优化和控制，实现数控机床的智能化，同时只有具有符合通用标准的通信接口和信息共享机制，才能满足机床高效柔性生产和自适应优化控制的要求，建立智能数控机床加工的数字孪生模型，实现数控机床的数字化和虚拟化加工生产。

4.3 智能机器人

4.3.1 概述

机器人的使用带动了生产效率的大幅提高，通常意义上的机器人是指可以自动执行工作的机器装置，一直以来，机器人主要是在工业领域替代工人，其主要任务是协助或取代人类的工作。

新一代的信息通信技术的发展，催生了移动互联网、大数据、云计算以及工业可编程逻辑控制器等的创新和应用，并且伴随着德国工业 4.0 时代的到来，更加推动了工业智能机器人成为智能制造的主要力量。智能机器人是一种具有智能的、高度灵活的、自动化的机器，具备感知、规划、动作、协同等能力，是多种高新技术的集成体，智能机器人的“智能”特征在于它具有与对象、环境和人等外部世界相适应、相协调的工作机能。从控制方式看，智能机器人不同于工业机器人的“示教再现”，也不同于遥控机器人的“主 – 从操纵”，而是以一种“认知 – 适应”的方式自律地进行操作[24]。

4.3.2 智能机器人基础

1. 工业机器人基本构成

机器人系统通常分为机械部分、传感部分和控制部分三大部分以及机械系统、驱动系统、感知系统、控制系统、人机交互系统、机器人 – 环境交互系统六个子系统[25]。

（1）机械系统

机械系统又称操作机或执行机构系统，由一系列连杆、关节或其他形式的运动部件组成，通常包括机座、立柱、腰关节、臂关节、腕关节和手爪等，构成多自由度机械系统。

工业机器人机械系统由机身、手臂和末端执行器组成，机身可具有行走机构，手臂一般由上臂、下臂和手腕组成，末端执行器直接装在手腕上，可以是两手指或多手指手爪，也可以是喷漆枪、焊枪等作业工具。

（2）驱动系统

驱动系统主要是指驱动机械系统的机械装置，根据驱动源不同可分为电动、液压、气动三种或三者结合一起的综合驱动系统；驱动系统可以直接与机械系统相连，或通过带、链条、齿轮等机械传动机构间接相连。

（3）感知系统

感知系统由内部传感器模块和外部传感器模块组成，获取内部和外部环境状态信息，确定机械部件各部分的运行轨迹、状态、位置和速度等信息，使机械部件各部分按预定程序和工作需要进行动作。智能传感器的使用提高了机器人的机动性、适应性和智能化水平。人类感知系统对于外部信息获取比较灵巧，但对于一些特殊信息，传感器感知更有效。

（4）控制系统

控制系统的任务是根据机器人的作业指令程序以及从传感器反馈回来的信号支配机器人的执行机构完成规定的运动和功能。若不具备信息反馈特征，则为开环控制系统；若具备信息反馈特征，则为闭环控制系统。根据控制原理可分为程序控制系统、适应性控制系统、人工智能控制系统，根据控制运动形式分为点位控制和轨迹控制。

（5）机器人－环境交互系统

机器人－环境交互系统是实现机器人与外部环境中的设备相互联系和协调的系统。机器人可以与外部设备集成为一个功能单元，如加工制造单元、焊接单元、装配单元等；也可以是多台机器人、多台机床、设备、零件存储装置等集成为一个可执行复杂任务的功能单元。人机交互系统是操作人员参与机器人控制并与机器人进行联系的装置，如计算机终端、指令控制台、信息显示板及危险信号报警器等，主要分为指令给定装置和信息显示装置两类。

2. 智能机器人系统架构

智能机器人系统架构是机器人智能的逻辑载体，是指智能机器人系统中智能、行为、信息、控制的时空分布模式、选择合适的系统架构是机器人研究中最基础也是最关键的一个环节，它要求把感知、建模、规划、决策、行动等多种模块有机地结合起来，从而在动态环境中完成目标任务[26]。智能机器人系统架构主要有以下 8 种。

（1）程控架构

程控架构又称为规划式架构，根据给定初始状态和目标状态给出一个行为动作的序列，按部就班地执行。程序序列中可采用“条件判断＋跳转”的方法，根据传感器的反馈情况对控制策略进行调整。

集中式程控架构的优点是系统结构简单明了，所有逻辑决策和计算均在集中式的控制器中完成。这种架构清晰，显然控制器是大脑，其他的部分不需要有处理能力。设计者在机器人工作前预先设计好最优策略，然后让机器人开始工作，工作过程中只需要处理一些可以预料到的异常事件。但是，当设计一个在房间里漫游的移动机器人时，若其房间的大小未知，则无法准确地得到机器人在房间中的相对位置，程控架构就很难适应了。

（2）分层递阶架构

分层递阶架构，又称为慎思式架构。分层递阶架构是随着分布式控制理论和技术的发展而发展起来的。分布式控制通常由一个或多个主控制器和很多个节点组成，主控制器和节点均具有处理能力。主控制器可以比较弱，大部分的非符号化信息在其各自的节点被处理、符号化后，再传递给主控制器来进行决策。

Saridis 在 1979 年提出，智能控制系统必然是分层递阶架构。这种架构基于认知的人工智能（Artificial Inelligence，AI）模型，因此也称之为基于知识的架构。

信息流程从低层传感器开始，经过内外状态的形势评估、归纳，逐层向上，且在高层进行总体决策；高层接受总体任务，根据信息系统提供的环境感知信息构建决策规划模型，确定总体策略，形成宏观命令以完成总体任务执行，再经协调级的规划设计，形成若干子命令和工作序列以完成机器人运动控制，最终将子命令和工作序列分配给各个执行器加以执行，如图 4-5 所示。

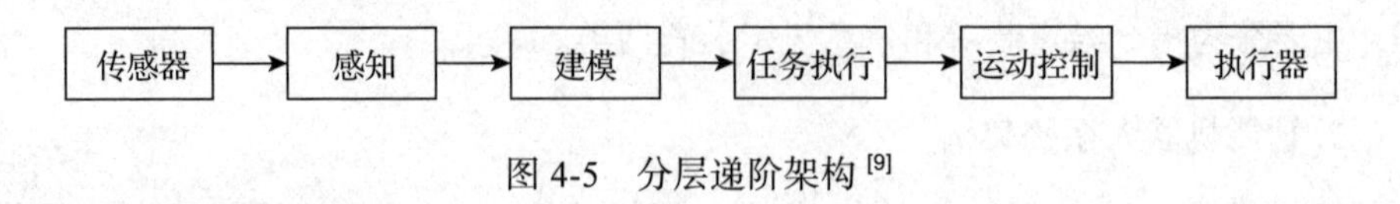

图 4-5　分层递阶架构 [9]

分层递阶架构有以下几个特点：

1）遵循“感知—思维—行动”的基本规律，较好地解决了智能和控制精度的问题。层次向上，智能增加，精度降低；层次向下，智能降低，精度增加。

2）输入环境的信息通过信息流程的所有模块，往往是将简单问题复杂化，影响了机器人对环境变化的响应速度。

3）各模块串行连接，其中任何一个模块的故障直接影响整个系统的功能。

（3）包容式架构

1986年，R. Brooks以移动机器人为背景提出了一种依据行为来划分层次和构造模块的思想。包容式架构是种完全的反应式架构，是基于感知与行为之间映射关系的并行架构。包容式架构中每个控制层直接基于传感器的输入进行决策，在其内部不维护外界环境模型，可以在完全陌生的环境中进行操作，如图4-6所示。

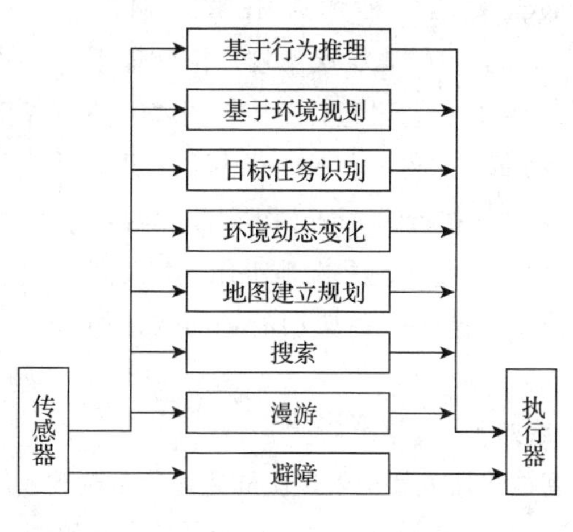

图4-6 包容式架构[9]

包容式架构主要有以下几个特点：

1）包容式架构中没有环境模型，模块之间信息流的表示也很简单，反应性非常好，其灵活的反应行为体现了一定的智能特征。包容式架构不存在中心控制，各层间的通信量极小，可扩充性好。多传感信息各层独自处理，增加了系统的鲁棒性。

2）包容式架构过分强调单元的独立、平行工作，缺少全局的指导和协调，虽然在局部行动上可显示出很灵活的反应能力和鲁棒性，但是对于长远的、全局性的目标跟踪显得缺少主动性，目的性较差，而且人的经验、启发性知识难以加入，限制了人的知识和知识的应用。

（4）混合式架构

包容式架构机器人提供了一个高鲁棒性、高适应能力和对外界信息依赖更少的控制方法。但是它的致命问题是效率。因此对于一些复杂的情况，需要融合应用程控架构、分层递阶架构和包容式架构。

Gat 提出了一种混合式的三层架构，分别是反应式的反馈控制层（Controller）、反应式的规划执行层（Sequencer）和规划层（Deliberator）。混合式架构在较高级的决策层面采用程控架构，以获得较好的目的性和效率；在较低级的反应层面采用包容式架构，以获得较好的环境适应能力、鲁棒性和实时性。

（5）分布式架构

1998 年，M. Piaggio 提出一种称为 HEIR（Hybrid Experts in Intelligent Robots）的非层次架构，由处理不同类型知识的 3 个部分组成：符号组件（S）、图解组件（D）和反应组件（R）。每个组件又都是一个由多个具有特定认知功能的、可以并发执行的 Agent 构成的专家组，各组件没有层次高低之分，自主地并发地工作，相互间通过信息交换进行协调，这是一种典型的分布式，如图 4-7 所示。

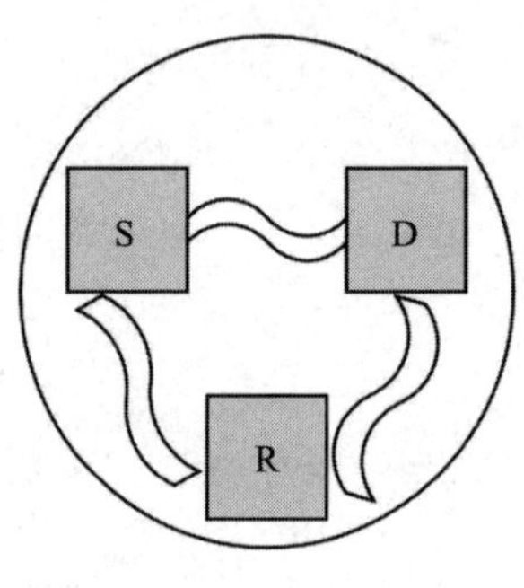

图 4-7　分布式架构 [10]

分布式架构的特点如下：

1）突破了以往智能机器人架构中层次框架的分布模式，各个 Agent 具有极大的自主性和良好的交互性，这使得智能、行为、信息和控制的分布表现出极大的灵活性和并行性。

2）对于系统任务，每个 Agent 拥有不全面的信息或能力，应保证 Agent 成员之间以及与系统的目标、意愿和行为的一致性，建立必要的集中机制，解决分散资源的有效共享、冲突的检测和协调等问题。

3）更多地适用于多机器人群体。

（6）进化控制架构

将进化计算理论与反馈控制理论相结合，形成了一个新的智能控制方法——进化控制，它能很好地解决移动机器人的学习与适应能力方面的问题。进化控制架构的独特之处在于它智能分布在进化规划过程中，进化计算在求解复杂问题优化解时具有独到的优越性，展现适应复杂环境的自主性，如图 4-8 所示。

（7）社会机器人架构

1999 年，Rooney 等根据社会智能假说提出了一种由物理层、反应层、慎思层和社会层构成的社会机器人架构，如图 4-9 所示。

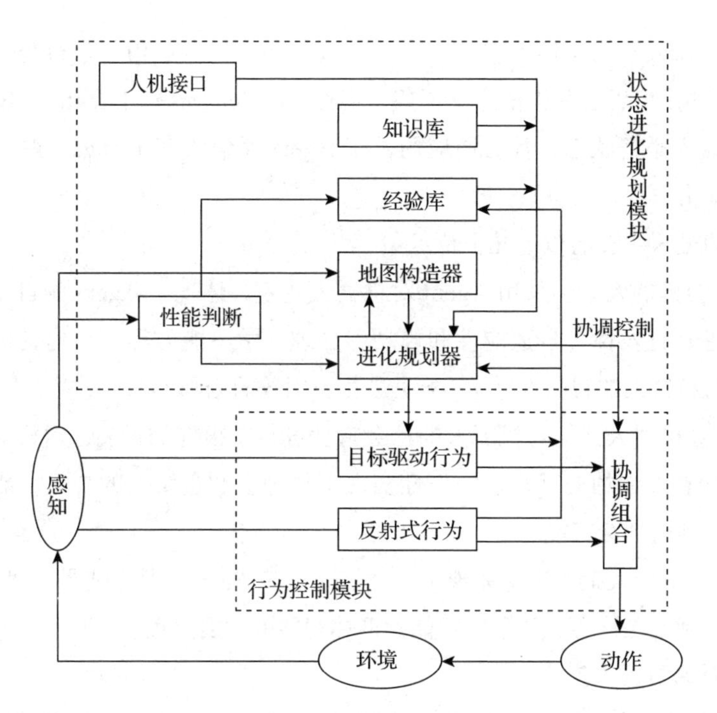

图 4-8 进化控制架构 [10]

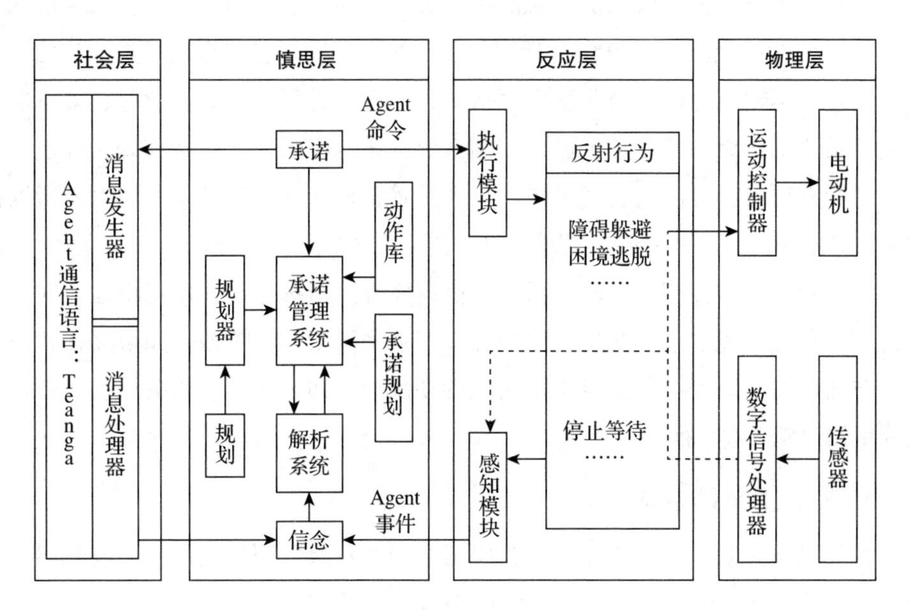

图 4-9 社会机器人架构 [10]

社会机器人架构总体上看是一个混合式架构。反应层为基于行为、基于情景的反应式架构；慎思层基于信念－愿望－意图（Belief-Desire-Intention, BDI）模型，赋予了机器人心智状态；社会层应用基于 Agent 通信语言 Teanga，赋予了机器人社会交互能力。

社会机器人主要有以下几个特点：

1）社会机器人架构采用 Agent 对机器人建模，体现了 Agent 的自主性、反应性、社会性、自发性、自适应性和规划、推理、学习能力等一系列良好的智能特性，能够对机器人的智能本质（心智）进行更细致的刻画。

2）社会机器人架构对机器人的社会特性进行了很好的封装，对机器人内在的感性、理性和外在的交互性、协作性实现了物理上和逻辑上的统一，能够最大限度地模拟人类的社会智能。

3）社会机器人架构理论体现了从 Agent 到多 Agent、从单机器人到多机器人、从人工生命到人工社会、从个体智能到群体智能的发展过程。

（8）认知机器人架构

认知机器人是一种具有类似人类高层认知能力、能适应复杂环境并完成复杂任务的新一代机器人。认知机器人的抽象架构分为三层，即计算层、构件层和硬件层，如图 4-10 所示。计算层包括感知、认知、行动。感知是在感觉的基础上产生的，是对感觉信息的整合与解释。认知包括行动选择、规划、学习、多机器人协同、团队工作等。行动是机器人控制系统的最基本单元，包括移动、导航、避障等，所有行为都可由它表现出来。行为是感知输入到行动模式的映射，行动模式用来完成该行为。构件层包括感觉驱动器（感觉库）、行动驱动器（运动库）和通信接口。硬件层有传感器、激励器、通信设施等。当机器人在环境中运行时，通过传感器获取环境信息，根据当前的感知信息来搜索认知模型，如果存在相应的经验与之匹配，则直接根据经验来实现行动决策，如果不具有相关经验，则机器人利用知识库来进行推理。

3. 智能机器人的系统构成

智能机器人系统是由机器人、其应用场景和对象共同构成的，智能机器人主要包含运动系统、感知系统、通信系统和控制系统四大部分[27]。

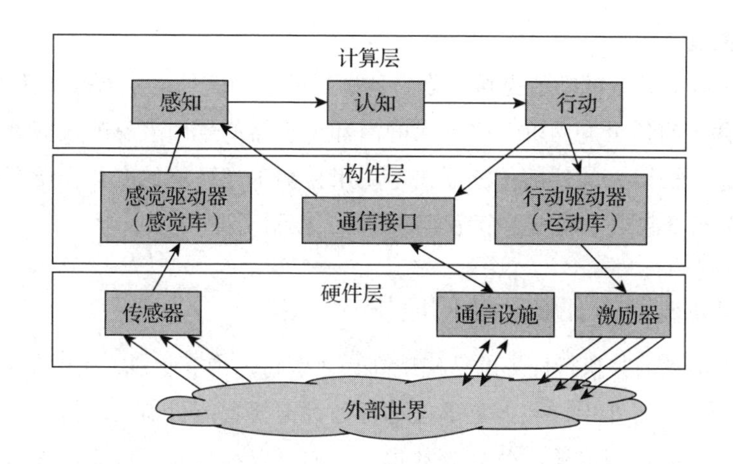

图 4-10 认知机器人架构

（1）运动系统

机器人的移动主要取决于其运动系统，一个高性能的运动系统是实现机器人各种复杂行为的重要保障，机器人动作的稳定性、灵活性、准确性以及可操作性，都将直接影响机器人的整体性能。通常，运动系统由移动机构和驱动系统组成，它们在控制系统的控制下，完成各种运动。

（2）感知系统

智能机器人的感知系统相当于人的五官和神经系统，是机器人获取外部环境信息及进行内部反馈控制的工具。感知系统是机器人的核心之一，将机器人各种内部状态信息和环境信息从信号转变为机器人自身或者机器人之间能够理解和应用的数据、信息甚至知识。环境感知是智能机器人最基本的一种能力，感知能力的高低决定了一个机器人的智能性。

（3）通信系统

通信系统是智能机器人个体以及群体机器人协调工作中的一个重要组成部分。机器人的通信可以从通信对象角度分为内部通信和外部通信。内部通信是为了协调模块间的功能行为，它主要通过各部件的软硬件接口来实现。外部通信是指机器人与控制者或者机器人之间的信息交互，它一般通过独立的通信专用模块与机器人连接整合来实现。多机器人间能有效地通信，可有效共享信息，从而更好地完成任务。

（4）控制系统

机器人控制系统的功能是接收来自传感器的检测信号，根据操作任务的要求，驱动机械臂中的各个电动机。机器人的内部传感器信号用来反映机械臂关节的实际运动状态，机器人的外部传感器信号用来检测工作环境的变化，所以机器人的神经与大脑组合起来才能成一个完整的机器人控制系统。

4.3.3 智能机器人在制造业的应用

智能机器人因其执行任务的精确度高、效率高，在工业领域应用尤为广泛。

在汽车生产行业中，装配零部件等任务都需要智能机器人的协助，由于智能机器人的中央处理器能够高效处理数据，它们可以在短时间内完成大量机械的装配工作；传感器等感受部分对于环境的敏锐感知，也使得智能机器人有了根据不同环境完善任务内容的能力[28]。

在芯片制造方面，智能机器人的优势更为明显，芯片制造需要极高的精确性，人类无法完成这类高精度的工作。而对于智能机器人来说，完成这类工作可能只需要一个指令。此外，生产车间的温度等环境因素也会影响完成后芯片的质量，智能机器人不仅可以快速汇报环境的变化，也能通过信息处理对作业内容进行调整，保证成品的质量。

在零件加工中，由于加工工艺条件的限制及要求，要求更加精细化的生成作业。应用智能机器人数控技术，能够完成特殊复杂条件下的生产作业要求，更好地提高零件加工的生产效率。例如，在对金属圆盘的加工中，传统半自动加工生产的效率低，并且在制造工艺技术等方面，与智能机器人数控技术相比，工艺技术比较粗糙。因此，通过应用智能机器人数控技术，能够更好地满足零件加工需求[29]。

物联网、云计算、大数据以及人工智能等新一代信息技术与自动化技术融合创新加速，进一步扩展了“智能机器人”的内涵：从代替体力劳动到辅助脑力劳动，再到人、机及整个系统的协调、控制和优化。机器人也从初始的自动化功能逐渐向智能化功能进化，自动化只是单纯的控制，而智能化则是在控制的基础上，借助物联网和智能传感器等新一代信息技术采集海量生产数据，通过联网汇集到云计算数据中心，然后通过信息管理系统对大数据进行分析、挖掘，从而制定出正确的“决策”，正是这些“决策”给机器人附加了“智能”。

智能工业机器人作为新一轮工业革命的重要标志，随着劳动力成本的不断提升和技术的不断进步，智能机器人对于提高生产效率、提高合格品率以及保证产品质量等方面有重要意义，是制造业向智能制造转型的主力军。

4.4 智能物流装备

4.4.1 概述

物流对制造企业的重要性毋庸置疑。制造业在转型过程中，物流能力的提升，不仅可以改善企业快速反应能力，增强产品的交付能力，而且可以有效降低物流成本，为制造企业带来效益的提升。随着智能技术的发展，物流也朝向智能化方向发展。智能物流是以物联网广泛应用为基础，利用先进的信息采集、信息传递、信息处理、信息管理技术、智能处理技术，通过信息集成、技术集成和物流业务管理系统的集成，实现贯穿供应链过程中生产、配送、运输、销售以及追溯的物流全过程优化和资源优化，并使各项物流活动优化、高效运行，为供方提供最大化利润，为需方提供最佳服务，同时消耗最少的自然资源和社会资源，最大限度地保护好生态环境的整体物流管理系统[30]。

在智能制造大环境下，智能物流正成为制造业物流的必然方向，它通过互联网和物联网整合物流资源，从而实现生产者和消费者的直接连接。智能制造的发展也对智能物流提出了新需求：

1）高度智能化。面对大规模的定制化以及降低成本、提高效率的需求，智能物流不仅仅实现了分拣、运输、存储等单一作业环节的自动化，而且通过大量使用物流机器人、激光扫描器、无线射频设备等智能化设备，结合物联网、人工智能等技术，使得全程物流都实现了自动化与智能化，从而使智能制造与物流能够有效融合。

2）全流程数字化。智能物流要将制造企业内外部的全部物流流程智能地连接在一起，实现物流全程的透明化与实时监控，并且通过数据共享可以进行自主决策。

3）信息互联互通。智能物流的信息系统要与更多的设备和系统互联互通、相互融合，依托互联网、信息物理系统、人工智能、大数据等技术，保证数据的及时性、安全性和准确性，使整个智慧物流系统正常运转，实现与智能制造的有效对接。

4）网络化。在智能物流系统中，通过物联网和互联网技术把各种物流设备有效地连接起来，能够实现各种资源的无缝连接，能够快速地传递信息和进行自主决策，整个物流系统的透明度和效率较高。

5）高度柔性化。为了应对市场上消费者不断变化的个性化需求，制造企业需要能够灵活调节生产，越来越呈现柔性化的特征。为了适应这种生产模式的变化，要求智能制造系统中对应的物流系统具备更高的柔性，既包括硬件方面的柔性化，也包括流程方面的柔性化，以保证制造企业生产的高度柔性化和扩展化的需要。

4.4.2 智能物流基础

1. 智能物流设备分类

（1）存储类智能物流设备

存储类智能物流设备具有自动化立体库和智能货架。自动化立体库是指采用高层货架以货箱或托盘储存货品，用巷道堆垛起重机及其他机械进行作业，由电子计算机进行管理和控制，不需人工搬运作业，而实现收发作业的仓库。而智能化货架是包括轻型货架、配套穿梭机的多层构架，注重货架整体的承重性和便捷性，融入了人工智能元素，提高了仓储的准确率。在电子行业的发展过程中，智能货架的设备需求量不断增加[31]。

（2）码垛搬运类智能物流设备

码垛搬运类智能物流设备主要有智能堆垛机、AGV等，其中智能堆垛机可以实现货物的及时存储，通过建立起堆垛起重机在高架仓库的货架上进行运输，通过起重机的货叉可以借助小型机器人对货物进行及时的运输和储存。而AGV则是综合了智能制造的特征，以电池为原动力，通过磁条和轨道激光的自动导引功能、装置的安全保护功能以及无人驾驶功能，灵活地进行货品的搬运和堆积。虽然成本高，但是灵活性高，自动化程度高，便于物流公司在搬运后实现无人化的操作。

（3）输送分解类智能化管理

随着制造技术的不断发展，生产设备日益呈现智能化和机械化，很多企业的输送机都是借助了先进的智能设备来进行很多货物的运输和传输，借助快速扫描和快速检测软件，在输送物品时能够定位相应的入库位置。在输送过程中通过控制输送路径、控制自动识别、控制数据等技术，使用带式输送斗式提升机和悬挂输送机等简单设备可以实现对货物的自动分解和运输。

（4）拣选类智能物流设备

按照设备的发展历程来看，具体的货物拣选包括人工拣选、语音拣选、穿梭车和智能眼镜拣选。目前国外人工拣选大多通过语音拣选和具体的系统设备发出相应的指令来进行货物的拣选，对相应的货品进行具有针对性和目的性的运输，解放物流工作人员的双手，使物流工作人员的工作更加便捷，减轻物流工作人员运输时的负担。其次利用穿梭车和 AGV 实现货到人拣选的运输方式，该系统和输送系统直接相连，被挑选的物品可以自动送到监护人面前，业主智能设备的运入大大减少了运输的时间，增加了运输的效率，减轻了人员行走时间和物品选择的时间。最高端的拣选方式就是借助智能眼镜，配合着导航和条码以及语音识别系统对物流作业的信息进行实时投影以提高拣选的效率，增加技术运用的效果。

2. 智能物流的关键技术

智能物流系统关键技术基础主要包括传感器网技术、GPS/GIS 技术、自动识别技术和人工智能技术等。

（1）传感器网技术

传感器是能够感知物体环境的物理和化学信息，并将信息以电子信号的方式传送给接收终端的电子设备。它本身具有的应用相关、以数据为中心、自组织结构、资源受限、动态性强等特征使其得到了广泛的应用。传感器对附近的环境信息如温度、湿度、光照、压力等信息进行感知和数据表现。传感器网是包含互联的传感器节点的网络，利用有线或无线通信技术使节点间能够相互交换信息。传感器各个节点的组成主要包括传感器本身以及可进行联网和数据处理的组件设备。无线传感器作为新一代的传感通信方式，主要由分布在能够进行无线通信且功耗低、体积小的传感节点上，这些节点能够对环境信息进行采集和处理，同时还具有自组织和无线通信的能力，众多的传感器节点相互协作能够帮助企业或组织实现对大规模环境信息进行监测的任务。在整个无线传感器网络中，少数节点负责数据的汇集和处理，保持与网络系统进行通信。这些节点负责将感知的信号传递给汇聚节点[32]。但由于传感器不能对物体进行唯一的标识，因此要想将其信息在物流信息系统中共享和应用，就需要与 RFID 等识别技术相结合，以此来发挥更加重要的作用。

将无线传感器节点布置在智能物流信息系统的各个环节的物理环境中，这些节点可以通过自组织的方式进行组网，从而感知、采集和处理附近区域中的环境信息，实现对所在环境状态的实时监测和管理。无线传感器的自组织形式是以多跳中继方式组成网络并将数据发送到接收和发送节点，由发送和接收节点与计算机网络系统相连，供智能物流信息系统的上层应用。这些分布在不同区域的传感器节点群、数据接收和发送节点、Internet 构成了传感器网络。

物流信息系统中的传感网分布在商品加工、运输、仓储和配送的各个环节与 RFID 技术相结合检测和感知商品状态，提高物流系统的效率，降低商品运输中的损坏率，为智能物流提供数据基础，让关心商品的客户或企业可以时刻与商品进行“交流和沟通”。感知网络的应用是实现智能化和可视化物流最为重要的基础信息来源之一。

（2）GPS/GIS 技术

GPS（全球定位系统）和 GIS（地理信息系统）在物流配送和货物运输中的应用极大地推动了电子商务物流的发展，从根本上改变了传统物流配送的运作模式，实现了物流配送的全程可视化、路径最优规划和物流配送成本效益的均衡。GPS/GIS 通过对物流配送中心、配送节点、车辆运输能力以及交通路线等地理位置信息的采集、整理、加工和处理，充分发挥其强大的空间地理信息数据综合处理能力和快捷实时的网络分析传输能力，实现了对配送货物的自动化选择、运输路线的实时动态优化，以物流信息获取、指令送达和信息共享为手段塑造了物流配送的全程实时和智能化[33]。

GPS/GIS 在物流业中的应用，不仅极大地提高了物流的效率，同时也使得物流行业更加规范，并且对物流实现智能化有极大的提升。

（3）自动识别技术

在物流的运转流程中，自动识别技术具有自动获取信息和自动录入信息的功能。在应用实践中，自动识别技术能够将获取的信息传输到计算机中心。自动识别技术包括条码技术、射频识别技术、声音识别技术、图像识别技术、生物识别技术和磁识别技术等，在物流行业中，被广泛采用的识别技术是条码技术和射频识别技术。

① 条码技术

条码是由一组规则排列的条、空及其对应字符组成的标记，用于表示一定的信息。在物流中，条码通常用来对物品进行标识。条码技术是电子与信息科学领域的高新技术，所涉及的技术领域较广，是多项技术相结合的产物。经过多年的长期研究和实践应用，条码技术现已发展成为较成熟的实用技术[34]。

在信息输入技术中，采用的自动识别技术种类很多。条码作为一种图形识别技术与其他识别技术相比具有如下特点：

1）简单。条码符号制作容易，扫描操作简单易行。

2）信息采集速度快。普通计算机的键盘录入速度是200字符/分钟，而利用条码扫描录入信息的速度是键盘录入的20倍。

3）采集信息量大。利用条码扫描，一次可以采集几十个字符的信息，而且可以通过选择不同码制的条码增加字符密度，使录入的信息量成倍增加。

4）可靠性高。键盘录入数据，误码率为三百分之一，利用光学字符识别（OCR）技术，误码率约为万分之一。而采用条码扫描录入方式，误码率仅为百万分之一，首读率可达98%以上。

5）灵活、实用。条码符号作为一种识别手段可以单独使用，也可以和有关设备组成识别系统实现自动化识别，还可和其他控制设备联系起来实现整个系统的自动化管理。同时，在没有自动识别设备时，也可实现手工键盘输入。

6）自由度大。识别装置与条码标签相对位置的自由度要比OCR大得多。条码通常只在一维方向上表示信息，同一条码符号上所表示的信息是连续的。这样即使标签上的条码符号在条的方向上有部分残缺，仍可以从正常部分识读正确的信息。

7）设备结构简单、成本低。条码符号识别设备的结构简单，操作容易，不需专门训练，与其他自动化识别技术相比较，推广应用条码技术所需费用较低。

② RFID技术

RFID是Radio Frequency Identification（射频识别）的缩写。RFID技术是20世纪90年代开始兴起的一种自动识别技术，利用无线射频方式在阅读器和射频卡之间进行非接触双向数据传输，以达到目标识别和数据交换的目的[35]。

RFID的存储容量是2^{96}字节以上，因此，理论上它可以把世界上每一件商品用唯一的代码表示。由于长度的限制，以往使用条码，人们只能给每一类产品定义一个类码，从而无法通过代码获得每一件具体产品的信息。智能标签彻底打破了这种限制，使每一件商品都可以拥有一个独一无二的 ID。

RFID 技术具有很多突出的优点：

1）读取方便快捷。读取数据时不需光源，甚至可以穿透外包装进行。有效识别距离更大，采用自带电池的主动标签时，有效识别距离可达到 30 m 以上。

2）识别速度快。只要一进入磁场，解读器就可以即时读取标签中的信息，而且能够同时处理多个标签，实现批量识别。

3）数据容量大。数据容量最大的二维条码（PDF417），最多也只能存储 2725 个数字，若包含字母，条码的存储量则会更少；RFID 标签可以根据用户的需要扩充到数万个。

4）使用寿命长，应用范围广。RFID 标签采用无线电通信方式，使其可以应用于粉尘、油污等高污染环境和放射性环境，而且其封闭式包装使得其寿命大大超过印刷的条码。

5）标签数据可动态更改。利用编程器可以向其写入数据，从而赋予 RFID 标签交互式便携数据文件的功能，而且写入时比打印条码更便捷。

6）更好的安全性。RFID 标签不仅可以嵌入或附着在不同形状、类型的产品上，而且可以为标签数据的读写设置密码保护，从而具有更高的安全性。

7）动态实时通信。RFID 标签以与每秒 50～100 次的频率与解读器进行通信，所以只要 RFID 标签所附着的物体出现在解读器的有效识别范围内，就可以对其位置进行动态的追踪和监控。

（4）人工智能技术

首先，针对企业仓库选址的优化问题，人工智能技术可以根据现实环境的种种约束条件（如顾客、供应商和生产商的地理位置，运输经济性，劳动力可获得性，建筑成本，税收制度等）进行充分的优化，给出接近最优解决方案的选址模式。因为人工智能能够减少人为因素的干预，使选址更为精准，所以物流企业的成本能够大幅降低，企业的利润大幅上涨[36]。

其次，人工智能技术还可用在运输路径规划中，通过对智能机器人的投递分拣、AGV 的仓储运输等的路径优化来进行实时跟踪，借助人工智能算法对运输路径进行规划和优化，可以大大提高物流系统的效率，大大降低行业对人力的依赖，同时可以将物流配送的时间精度逐步提高。

4.4.3 智能制造系统与智能物流系统深度融合

在智能制造时代，大规模定制的需求对智能物流系统提出了很多全新的要求。例如，在汽车行业，过去消费者可选购的车型很少，而现在不仅各大品牌车型多样化，更实质性的进步是消费者可对零部件种类做出更多选择，尤其是当零部件数量呈爆炸式增长后，各种配置总和可达到 10^{32}。这意味着在一个月甚至更长时间内，一条生产线不会下线两辆相同的车型。为了支持这种生产模式，要求智能制造体系中的智能物流系统必须满足全流程数字化、网络化、高柔性的自动化和智能化的要求。

1. 全流程数字化

在未来智能制造的框架内，智能物流系统能够智能地连接与集成企业内外部的全部物料流动，实现物流网络的全透明与离散式的实时控制，而实现这一目标的核心在于数字化，只有做到全流程数字化，才能使物流系统具有智能化的功能。

2. 网络化

智能物流系统中的各种设备不再是单独孤立地运行，它们通过物联网和互联网技术智能地连接在一起，构成一个全方位的网状结构，可以快速地进行信息交换和自主决策。这样的网状结构不仅保证了整个系统的高效率和透明性，同时也最大限度地发挥了每台设备的作用。

3. 高柔性的自动化

在大规模定制时代，生产本身是一种柔性化的生产。在自动化的基础上要求对应的物流系统具备更高的柔性。柔性化的物流系统既包括流程方面的要求，也包括硬件上、布局上的柔性化要求。例如，在物流流程的设计中，尽量用多对多的方式来代替一对一的设计；在硬件和布局上，尽量考虑到未来根据生产需求进行布局调整以及系统调整的可能性。

4. 智能化

智能化是智能物流系统提出的最核心的要求，是智能物流不同于以往的最大特点。面对大规模的定制需求，以及降低成本、优化效率的需求，需要提高生产中每个环节的智能化程度，将它们智慧相连，使它们具有去中心化的自主决策的能力，每个环节不仅执行任务，也能够发起任务。

参考文献

[1] 刘君华 . 智能传感器系统 [M]. 2 版 . 西安：西安电子科技大学出版社，2010.

[2] 刘林辉，朱永国，查青杉，等 . 基于双种群混沌搜索粒子群算法的机器人喷涂轨迹协同优化 [J]. 计算机集成制造系统，2021, 27(11): 3148-3158.

[3] CAO X F. A divide-and-conquer approach to geometric sampling for active learning[J]. Expert systems with applications, 2020, 140: 200-212.

[4] 骆伟超 . 基于 Digital Twin 的数控机床预测性维护关键技术研究 [D]. 济南：山东大学，2020.

[5] 王跃辉，王民 . 金属切削过程颤振控制技术的研究进展 [J]. 机械工程学报，2010, 46(7): 166-174.

[6] 王喜文 . 工业机器人 2.0：智能制造时代的主力军 [M]. 北京：机械工业出版社，2016.

[7] 陈雯柏，吴细宝 . 智能机器人原理与实践 [M]. 北京：清华大学出版社，2016.

[8] 韩建海 . 工业机器人 [M]. 武汉：华中科技大学出版社，2019.

[9] 中国人工智能学会 . 中国人工智能系列白皮书：智能驾驶 2017 [R/OL]. (2017-10-12)[2022-08-23]. http://www.caai.cn/index.php?s=/Home/Article/detail/id/395.html.

[10] 张颖 . 改进的免疫遗传算法在基于神经网络的多机器人协作搬运中的应用 [D]. 长沙：中南大学 , 2008.

[11] 吕文渊 . 智能传感器在电气设备监测中的应用 [J]. 电子技术 , 2022, 51(4): 109-111.

[12] 张丽 . 智能传感器节点在电梯故障预测中的运用 [J]. 智能城市 , 2021, 7(13): 7-8. DOI: 10.19301/j.cnki.zncs.2021.13.004.

[13] 陈曦 . "智慧之眼" 紧盯生产线助汽车制造智能升级 [N]. 科技日报 , 2022-04-20(5). DOI: 10.28502/n.cnki.nkjrb.2022.002122.

[14] 陆剑峰，徐煜昊，夏路遥，等 . 数字孪生支持下的设备故障预测与健康管理方法综述 [J]. 自动化仪表，2022, 43(6): 1-7; 12.DOI: 10.16086/j.cnki.issn1000-0380.2022040089.

[15] 孟峰，张磊，赵子未，等 . 基于物联网的智能传感器技术及其应用 [J]. 工矿

自动化, 2021, 47(S1): 48-50.

[16] 樊留群，黄云鹰，朱志浩 . 面向智能制造的数控系统 [J/OL]. (2017-07-05) [2022-08-23]. https: //mw.vogel.com.cn/c/2017-07-05/947890.shtml.

[17] 刘强 . 数控机床发展历程及未来趋势 [J]. 中国机械工程, 2021, 32(7): 757-770.

[18] 张腰，杨庆东 . 数控机床热误差预测的 PSO-SVM 模型 [J]. 北京信息科技大学学报 (自然科学版), 2020, 35(2): 97-100. DOI: 10.16508/j.cnki.11-5866/n.2020.02.018.

[19] 马荣杰 . 基于大数据的数控机床故障预警系统设计与实现 [D]. 沈阳：中国科学院大学 (中国科学院沈阳计算技术研究所), 2021. DOI: 10.27587/d.cnki.gksjs.2021.000020.

[20] 杨一帆，邹军，石明明，等 . 数字孪生技术的研究现状分析 [J]. 应用技术学报, 2022, 22(2): 176-184; 188.

[21] 陆军 . 基于实时以太网的开放式数控系统软件平台 [J]. 机械制造, 2016, 54(7): 33-35; 38.

[22] 赵吉明，叶伟 . 深孔机床专用数控系统和新型应用软件介绍 [J]. 现代制造技术与装备, 2011(4): 69-71. DOI: 10.16107/j.cnki.mmte.2011.04.006.

[23] 许光达 . 基于指令域数据分析的机床智能化关键技术研究 [D]. 武汉：华中科技大学, 2018.

[24] 陶永，王田苗，刘辉，等 . 智能机器人研究现状及发展趋势的思考与建议 [J]. 高技术通讯, 2019, 29(2): 149-163.

[25] 韩峰涛 . 工业机器人技术研究与发展综述 [J]. 机器人技术与应用, 2021(5): 23-26.

[26] 刘海波，顾国昌，张国印 . 智能机器人体系结构分类研究 [J]. 哈尔滨工程大学学报, 2003(6): 664-668.

[27] 陈玥琳 . 浅析智能机器人的自动化控制可靠性探究 [J]. 中国设备工程, 2022(5): 32-33.

[28] 杨谋，罗富娟，蔡丽娟 . 智能制造在汽车生产中的应用与展望 [J]. 集成电路应用, 2022, 39(6): 190-191. DOI: 10.19339/j.issn.1674-2583.2022.06.082.

[29] 张晓明 . 智能机器人数控技术在机械制造中的应用研究 [J]. 科技创新与应用, 2019(31): 169-170; 172.

[30] 房殿军，黄一丁，蒋红琰，等 . 智能物流数据治理与技术研究 [J]. 信息技术与网络安全 , 2022, 41(5): 9-16. DOI: 10.19358/j.issn.2096-5133.2022.05.002.

[31] 余晓鑫 . 智能物流设备发展现状和趋势研究 [J]. 全国流通经济 , 2020(33): 27-29. DOI: 10.16834/j.cnki.issn1009-5292.2020.33.009.

[32] 于硕 . 无线传感器网络技术发展综述 [J]. 科技资讯 , 2019, 17(5): 47-48. DOI: 10.16661/j.cnki.1672-3791.2019.05.047.

[33] 赵奥全，郑慧言，王卉 . GPS 和 GIS 技术在物流系统中的应用 [J]. 中阿科技论坛（中英文）, 2021(5): 26-28.

[34] 易爱华，赵晓宏，康卫勇，等 . 条码技术发展现状及其在环保领域的应用探索 [J]. 环境与可持续发展 , 2014, 39(6): 107-111. DOI: 10.19758/j.cnki.issn1673-288x.2014.06.028.

[35] 贺彩玲，张翠花 . RFID 国内外发展现状与趋势探究 [J]. 电子测试 , 2013(8): 217-218.

[36] 罗磊，赵宁 . 人工智能在物流行业的应用综述与发展趋势 [J]. 物流技术与应用 , 2021, 26(7): 116-121.

Chapter5 第 5 章

智能制造系统组织

智能制造的概念提出于 20 世纪 80 年代[1]。近年来，随着数字化、信息化、网络化、自动化和人工智能技术等的发展，特别是德国工业 4.0、中国制造 2025 的推出，智能制造获得了快速发展的新契机，已成为现代先进制造业新的发展方向。

未来，智能制造将以信息物理系统为支撑，以人、机（智能制造装备）和资源的深度融合为核心，成为一种高度自动化和柔性化的新型制造模式[1]。

智能制造系统是指应用智能技术的制造系统，按照其技术成熟度与智能化发展水平的不同可分为若干个层级。任意层级的智能制造系统均表现出强烈的系统工程属性和良好的可拓展特性。

首先，智能制造系统中的所有要素均处于同一信息物理空间，完备的信息空间与全自动化的物理系统深度交融[2-3]；同时，人作为智能制造系统的重要因素，与系统中其他因素间的交互方法与交互信息量也获得了极大的丰富。这些大量、深度而有序的信息交互使得制造系统中的各因素相互依托，共同构成具有自循环、自优化特性的制造环节。其次，基于开放平台架构的智能制造系统提供了良好的系统集成与拓展功能。若干低层级的智能制造系统、辅助制造装备以及附着于其上的应用系统共同构成高层级的智能制造系统，并最终构成统一的智能制造生态环境。

智能制造系统根据制造技术的一般发展规律进行层级划分，在智能制造系统的发展过程中，通常是在智能装备层面上的单个技术点首先实现智能化突破，然后出现面向智能装备的组线技术，并逐渐形成高度自动化与柔性化的智能生产线。在此基础上，当面向多条生产线的车间中央管控、智能调度等技术成熟之后，才可形成智能车间。由此可见，智能制造系统的发展是由低层级向高层级逐步演进的，而在不同的发展阶段，制造系统的平均智能化发展水平表现出其独有的特征。

本章从智能单元、智能车间、智能工厂三个角度出发，对智能制造系统组织进行说明。

5.1 智能单元

智能单元是实现数字化工厂的基本工作单元[4]。针对装备制造业的离散加工现场，把一组能力相近的加工设备和辅助设备进行模块化、集成化、一体化，实现数字化工厂各项能力的相互接口，具备多品种少批量（单件）产品生产能力输出的组织模块。它从资源轴、管理轴和执行轴这三个角度，来实现基本工作单元的模块化、自动化、信息化，从而实现工厂的数字化、高效率运转。

5.1.1 智能单元定义

智能单元[5]可以由“一个现场，三个轴向”来说明。三个轴向包括：资源轴向、内向管理轴向和工作执行轴向。

资源轴上，主要是对人员、流程、产品、设备的管理。资源可以是任何活动的对象，也可以是执行这些活动的前瞻主题。特别值得注意的是，员工是宝贵的资产。工厂工人在物理世界生产产品，不管职务是不是管理者，都会做决定并给其他人下达指示。

而管理轴则是质量、成本、交期、安全，是生产过程中核心输出的要素管控与运维；而在执行轴上的PDCA，则是标准的戴明环，也就是计划（Plan）、执行（Do）、检查（Check）、行动（Action）。

这三个视图，综合地表达了智能制造的价值创造，其实是人类和各种设备活动的过程与结果的综合表达。

这种方式与日本旨在解决智能制造的工业价值链促进会（IVI）的理念完全一

致。日本 IVI 在 2016 年 12 月提出了“工业价值链参考架构”（IVRA），旨在推动“智能工厂”的实现，如图 5-1 所示。

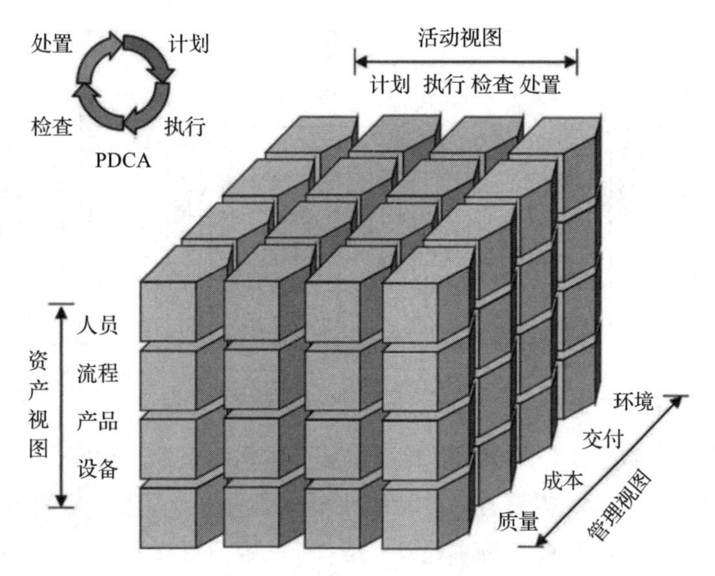

图 5-1　IVRA 的三维图 [6]

这正好把智能单元的三个轴向定义诠释得很清楚，任何一个点均可以说明一个事件。只不过 IVRA 强调环境的管理，而智能单元关注了安全的方向。

5.1.2　智能单元模块构成

智能单元的模块构成如图 5-2 所示，包括现场自动化、信息化和智能化三个部分。整体架构包括模块化、单元化、集成化和一体化四部分：模块化和单元化可以令产品快速得到推广，集成化服务于一条产线，一体化解决了一个系统范畴的智能制造生态环境。从软件体系看，它以制造执行系统（Manufacturing Execution System，MES）为核心，可以独立运行，而智能单元的系统则可自由兼容工厂原有的软件。向下跟加工数据收集与设备状态管理（Manufacturing Data Collection & Status Management，MDC）/ 分布式数控（Distributed Numerical Control，DNC）连接，或者通过物联网直接与设备相连；向上连接至 PLM、计算机辅助工艺过程设计（Computer Aided Process Planning，CAPP）、ERP ；横向与仓储管理系统（Warehouse Management System，WMS）对接，在生产任务执行上，则可以连接高级优化排产系统（Advanced Planning and Scheduling, APS），实现自动优化排产，实现高效生产。

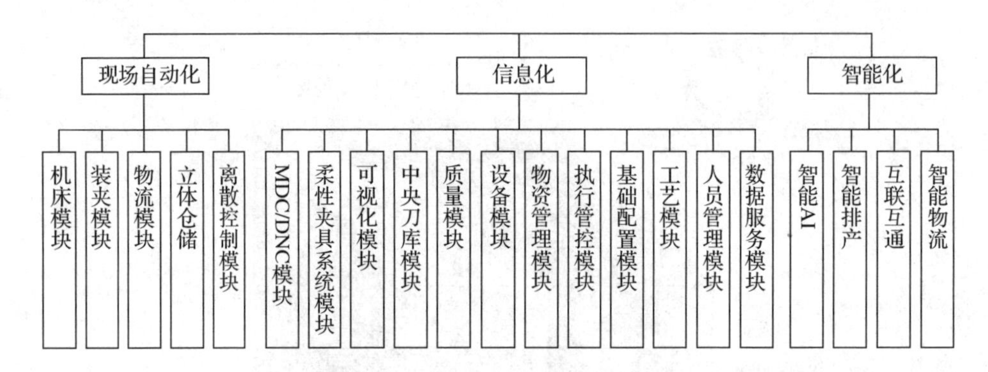

图 5-2 智能单元的模块构成[6]

智能单元与数字工厂的落成，绝不是智能体系的完成，而只是一个开始。因为在戴明环 PDCA 中，需要有一种持续改善的推动力，而人是最为重要的环节。物理实体和数字虚体的 CPS 场景建设，是系统集成商可以完成的；但人的经验和判断，必须有客户在现场生产线上的参与才可以执行。所以说，一个智能制造的现场循环往复升级一定是现场自动化、信息化和智能化三者相加才可以运行，单纯任何一方建造一个智能工厂都不是客观的表达。PDCA 中最为核心的就是推动改善的动力源和方向，只有把人的因素考虑进来，那么这个戴明环才有了运转方向。这种基于人的优化，将人放在闭环之中，不断循环，才能逐渐形成智能部分，这就是智能制造的核心。智能单元最为重要的地方，就是将“人机网”一体化。“人机物”与“信息流、物流”紧密地融合在一起。与传统的“智能制造”过于强调“智能”的自决策性不同，智能单元一开始就将人纳入闭环之中，使其成为人机协作的典范。这就非常有实效地适应了实施智能制造初期的基础环境。

5.1.3 智能单元一体化集成

智能单元的基本价值观是，工厂现有的投资需要得到最大的保护与传承。这就意味着，继往投入的设备等各种资产在将来可以被重复使用。一方面生产自动化的柔性大幅度提高，同时，智能单元的思想，可以把车间人工作业单元作为一个能力中心，一体化到车间或公司的智能生态系统中。由于重用性的提高，人工单元能力中心的一体化进入，对既有的设备投资，具有非常强的保护，同时，又在整体的智能生态下最大化地实现现场设备的效率和效能。这种四代同堂设备的运维方式，正是通过智能单元得以实现的，体现了自动化、模块化和数字化的叠加效果。有了以上的硬件、软件和模块化组合，智能单元就可以完成自由的组合，实现分扇区、分阶段、分设备，对同一个工厂的不同设备，甚至同一条线的不同设备，进行“设备解列”与“设备入列”的在线切换模式。在现有的工厂中，往往存在各种不同型号、不同代级的设备，完全可以称为“设备世家四代同堂”。现场有许多原来的老设备，维护得也很好；也有新设备，包括机器人、自动机械手臂等。如何将跨年代、跨型号的设备有效连接和升级改造，而不是简单地一刀切地淘汰，是一个令人头疼的现场问题。实际上，在这些装备中，有些是可以直接进产线的，有些是可以改造后进入产线的。那么，如何让老设备和新设备并肩作战并发挥作用？智能单元考虑到四代同堂设备的现状，分析不同设备的信息采集机制，采用灵活的信息收集方式（有些设备不需要联网通信，只需采集信号；而有的设备，则可以采用多接口集成器），区别不同的数采方式，将各种设备集成进来。由于智能单元具有丰富的模块化接口，在现场可以采用“空间换时间”的措施，实现多设备共线运行。例如在生产现场，可能存在特别大型的设备，不便于搬运，那么就采用“空间换时间”的智能制造组线模式，通过智能物流采用AGV把各单元线无缝连起来。而对于单向链很长的产品，或者多个产品，则可以采用多个智能单元的阵列形式，其物资存取，可以是一个库，也可以是多个库。这就意味着“以人为本、智造先行”的理念，将数字化工厂从大到小、自上而下开始拆分，形成从工厂到车间、到产线、到生产岛、到单机设备的规划布局；使用自下而上的方式来实施，单机设备、单元岛、智能单元、智造产线、数字化工厂，逐渐嵌套式、单元化处理，体现了智能制造的柔性，充分发挥数字化、网络化的特点。

要实现智能制造，要兼顾投资和未来发展的需要，更为重要的是，一定要兼容企业现有的软件体系，传递和延续客户沉淀的管理智慧以及原软件体系的价值。在这种情况下，往往需要同线齐进（产线不断，实现设备解列升级）、多阶段混合（半自动化、半数字化相混合）、设备四代同堂（各种不同年代的设备同时推进），意味着智能制造的落地，必然是由各种智能单元所组成，智能单元正是通向智能制造的必经之路。

5.2 智能车间

5.2.1 智能车间简介

智能车间[7]包含各种不同种类的智能设备以及各种不同形态的生产线（如图 5-3 所示），为了使这些智能装备、智能化生产线发挥最佳的效能，智能车间中有两个方面尤为重要，一是车间现场的软硬件基础设施；二是车间的智能管控系统。车间现场的软硬件基础设施是这些智能设备、生产线之间畅通的信息流传递、实物流传输的基础条件，包括硬件设施以及软件环境两大类。在硬件设施方面，首先需要根据车间中产品、工艺流程的特点，综合物流传输、工件存放等因素，做出合理的车间布局；其次，各种设备、工控机、物料库等应遵循统一的机械、电气接口标准。

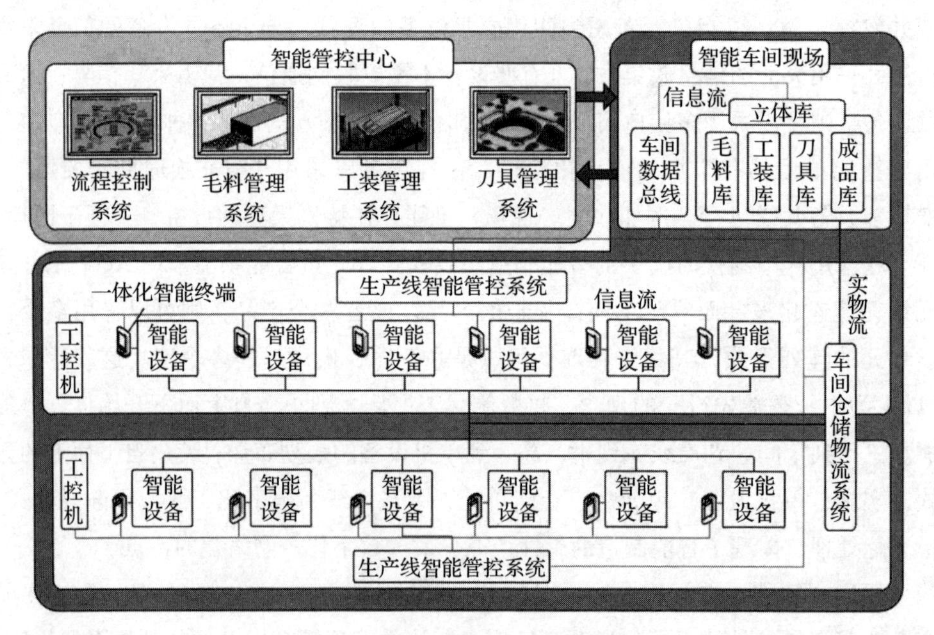

图 5-3 智能制造车间基本构成[8]

在软件方面，需要搭建数据传输总线，对于不同形式、不同来源的数据，需要建立统一、高效的数据交换协议与数据接口，进而明确各种数据的封装、传输与解析方法，实现车间中各智能设备和终端之间的信息传递。通过软硬件环境的建设，车间中的各智能体实现互联互通，并使新的智能加工单元可实现插拔式接入。车间智能管控中心是智能车间最核心的组成部分。

智能管控中心全面负责车间中的制造流程、仓储物流、毛料与工装等的管理，其中制造过程的智能调度以及制造指令的智能生成与按需配送是车间中央管控系统的重要职能。智能管控中心面向生产任务，通过对生产线加工能力与产品工艺特性的综合分析，实现生产任务的均衡配置。同时，通过对生产线运行状态、设备加工能力等的分析，自动生成制造指令，并基于此对工件、物料等制造资源进行实时按需调配，从而使设备的综合利用率获得大幅提升。在传统的加工过程中，工件与加工设备的匹配是在工艺设计过程中决定的，即在工艺设计过程中就为工件指定了唯一的加工设备。

然而，在实际加工过程中，常出现已指定的机床处于占用状态的情况，此时无论其他机床是否具备加工能力，是否处于空闲状态，当前零件必须等待指定设备加工完毕才能开始加工。此外，由于加工设备是由人工凭经验指定的，为了避免对机床造成破坏，工艺设计人员倾向于选择较为保守的加工参数，高性能机床长期处于低效运转的状态，其加工能力无法完全发挥，这也从另一方面导致了加工效率的降低。在智能加工车间中，零件所需的加工设备是由智能管控中心根据设备的忙闲状态、零件的工艺特征以及设备的加工能力经综合分析来决定的。在选定加工设备后，智能管控中心将进一步分析设备性能，确定最佳的工艺参数，并自动将加工指令传送至设备。同时，智能管控中心将根据实际需求向物流、工装、刀具等系统发送对应的指令，将相关制造资源配送至指定设备，进而完成零件的加工。

5.2.2 智能车间类型

在新型感知技术、新一代信息技术、互联网技术和自动化技术的联合推动下，传统制造业模式发生了巨大变化，智能制造将物联网作为人机物互联互通的关键技术，收集并处理海量的传感器数据，为制造业车间生产智能调度与车间生产智能大数据可视化带来了技术性革新。

生产车间[9]作为制造企业的核心部分，是生产过程信息流和物流的交汇处，其信息包括加工数据、生产管理、物流信息、生产调度、人力资源等多种异构信息。依托各种智能传感器实时感知制造生产车间的工件、机器状态数据，应用复杂事件处理、人工智能等方法处理传感器数据，对生产调度相关信息进行预测，依据数据处理结果对生产加工过程进行调度决策成为智能车间生产调度的新模式。

1. 纺织智能车间

以智能染整车间为例，对纺织智能车间展开介绍。智能染整车间[10]主要是由制造执行系统（MES）和染整设备组成，染整设备主要包括：退煮漂机、丝光机、染色机、印花机和定形机。每种机器又由一些相关的监控单元组成，如退煮漂机包括车速监控单元、水洗槽监控单元、汽蒸箱监控单元等。智能染整车间系统图如图 5-4 所示。

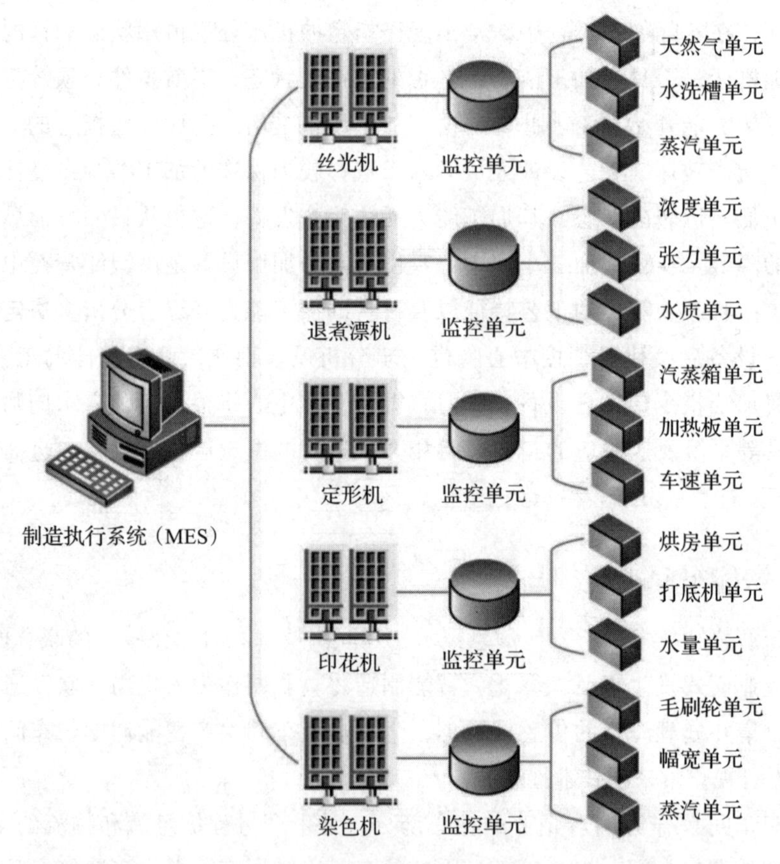

图 5-4 智能染整车间系统图[10]

纺织智能染整车间基本框架如图 5-5 所示，分为制造执行系统（MES）层和设备层。制造执行系统在框架的顶端，在智能车间中负责对下层设备进行统一管理，提供计算服务。MES 的主要功能包括：设备数据收集和设备的运行状态显示，向设备发送控制命令，控制各设备工作，承担设备状态管理，生产管理及运行数据采集和分析等网络管理核心功能，并提供 GUI 管理界面，用于整个网络的配置、管理、运行操作。

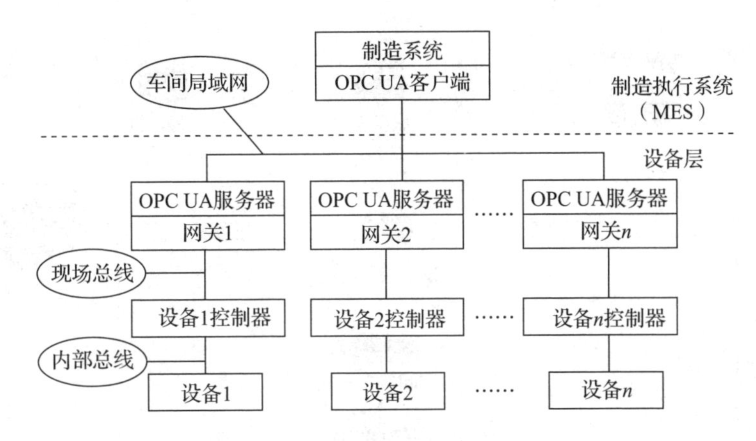

图 5-5　智能染整车间基本框架 [10]

客户端应用程序使用 API 调用设备提供的符合 OPC UA 协议的服务，通信栈将客户端的 API 调用转换成消息，并通过底层发送给设备服务层。MES 与设备的交互有 2 种方式：一种是客户端的服务请求，服务请求经底层通信实体发送给 OPC UA 通信栈，通过 OPC UA 服务器接口调用请求或响应服务，请求的任务将在服务器的地址空间中执行，执行完成后返回一个响应消息。另外一种为发送发布请求，请求服务器发布数据或通知消息，发布请求经过底层通信实体发送给 OPC UA 通信栈，通过 OPC UA 服务器接口发送给预定端，当预定指定的监测项探测到数据变化或者事件、报警发生时，监视项生成一个通知发送给预定并由预定发送给客户。

设备端代表智能染整设备，由网关、设备控制器和设备 3 部分组成。在本方案中，设备指 5 类典型染整设备：丝光机、退煮漂机、印花机、染色机和定形机。基于 OPC UA 协议，以丝光机、退煮漂机、印花机、染色机和定形机 5 种典型设备为例，建立了设备的 OPC UA 信息模型，确定了设备的统一数据服务接口，并在此基础上建立了纺织智能染整车间系统。

2. 离散加工智能车间

以锻造车间为例，对离散加工智能车间展开论述。首先介绍锻造智能车间的数据采集[11]与分析系统为解决设备间“多源异构”和“信息孤岛”难题，针对车间设备多种类、多接口、多协议的现状，对各种生产设备的控制参数、工艺数据及能源信息进行采集、存储与分析，其架构图如图 5-6 所示。

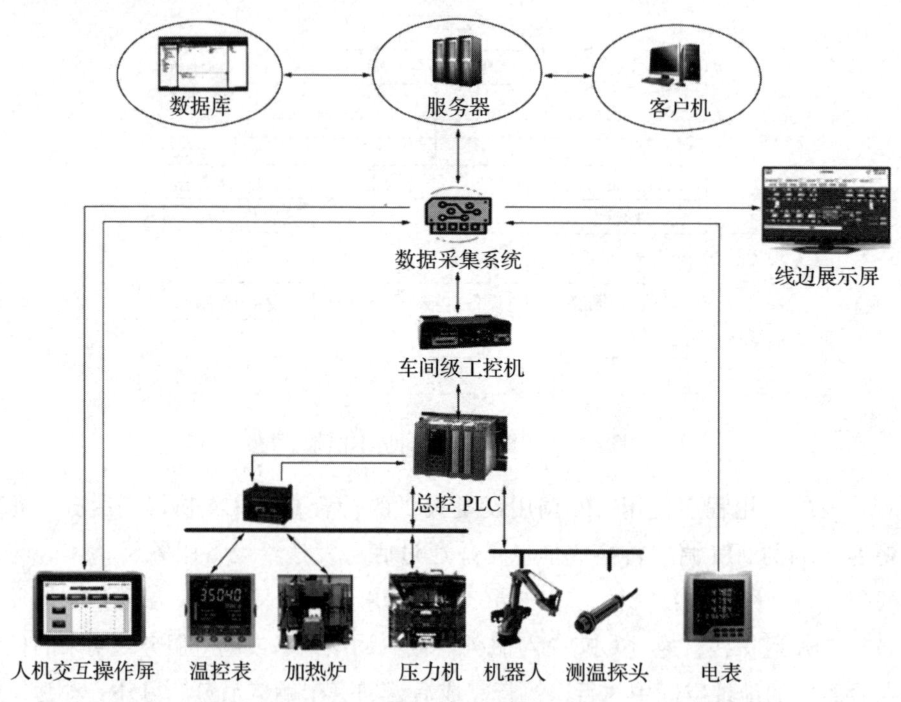

图 5-6 锻造智能车间架构图[11]

锻造车间有以下六类数据：

1）设备状态数据，主要分为运行和停止两种，目的是监控各个设备的工作状态和工作时间、计算设备的使用效率并提供设备报警。

2）生产进程数据，主要是关系到生产进程的数据，目的是记录产品在各个工序的上下线时间、工序产量以及甩料数量，从而可以稳定把控生产进程。

3）工艺过程数据，主要是加工工艺过程的温度、压力、能量等参数，最终可以追溯产品在各个工序的工艺参数，从而进行追踪和参数优化。

4）质量结果数据，主要是工序成品的外形、尺寸、重量等结果数据。

5）能源数据，主要是各个设备的电能和燃气数据，从而计算单条产线能耗，甚至工厂总能耗，也方便记录班次能耗和单件能耗。

6）故障数据，主要是设备本身的故障数据报警和人工录入故障原因的上传数据，接收并记录故障数据，及时处理设备故障，减少停产时间。

设计三类通信协议进行采集，实现对锻造车间数据的智能化管理与存储，通信协议如下：

1）PLC通信采集，对于利用PLC进行控制的锻造设备，通过编写协议转换脚本从而将采集接口与PLC连通，将不同类型PLC的数据分别进行转换，以获取设备的工作参数和过程数据，通过触发条件将其传入数据库。

2）电表通信采集，对于同一工序中不同设备的电表，在进行电表串行通信后，将RS-485接口数据进行单向转换，从而记录对应电表的重要参数。

3）人机交互操作屏通信采集，对于一些故障数据的录入和选择，设备有时并不能准确反映，这时需要人工参与，通过操作屏的界面，采集人工输入的原因，从而统计设备的停机原因和停机频率，更好地找到生产瓶颈。

5.2.3 智能车间管理

智能车间管理是制造企业提高响应速度、降低成本和提高服务的重要环节。当今，制造车间已经是一个复杂的系统，特别是随着个性化定制、小批量生产模式的发展，传统的调度方式已不能适应个性化定制这种新的生产方式，需要根据客户需求、产品订单、原料库存、设备运行状态、产品库存等实时信息，在线调整生产计划，尤其是在生产车间层面，根据实时或预测的异常事件，主动实现车间设备的调度与控制，对于提高制造企业的生产效率与竞争力具有重要的现实意义。

从海量生产数据出发[11-12]，以车间生产状态智能感知为基础，以车间生产数据分析挖掘技术和车间生产调度智能决策技术为核心，形成大数据驱动的车间生产智能调度方法架构，如图5-7所示。总体可分为物理系统和信息系统两个层面。首先对车间生产过程大数据进行实时采集、融合存储和预处理；然后对海量车间状态参数、产品特性参数与预测对象的关联关系进行分析，获取影响预测对象的关键参数；在此基础上，基于深度学习、强化学习等人工智能技术，构建预测模型，通过海量数据学习发现预测量的波动规律；最后针对调控参数与预测量的关联关系，构建调控参数与调控量之间的量化描述模型，基于数据实现调控策略的自学习、自更新，从而实现大数据驱动的车间生产智能调控。

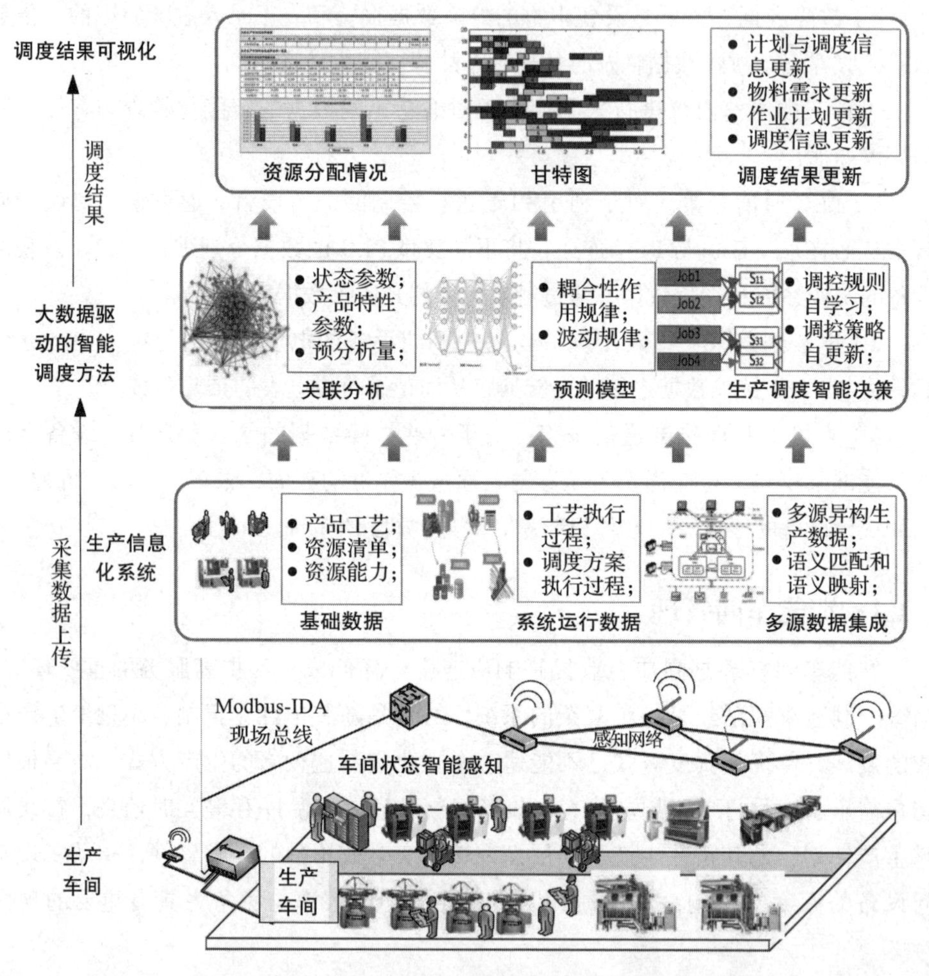

图 5-7 大数据驱动的车间生产智能调度方法架构 [8]

在复杂制造系统中存在很多参数（如设备的等待队列长度、利用率等），这些生产参数的波动最终导致了车间性能的不确定性与不稳定性。如果对每一个生产要素都加以控制，一方面随着制造系统的复杂程度提升，控制的维数急剧增加，控制难度较大，另一方面，并非所有因素都会对车间调度性能产生重大影响，盲目的动态调度会造成人力、物力、财力的浪费，因此，在大数据驱动的车间调度方法体系中，如何对车间生产性能进行预测是精准调度的关键。

可视化技术作为车间生产监控中的重要一环，可使管理者生动直观地了解当前车间的生产状态和加工信息。传统的车间生产监控可视化技术的表现形式主要有文字、图、表、进度条、变色按钮、动态标签、动画等，主要通过常用的前端界面设计控件实现，如窗体、文本框、列表框、复选框、组合框、列表、图像框、进度条、按钮、标签、定时器、触发事件等。随着虚拟现实、增强现实技术的发展，多媒体融合的可视化技术已逐渐应用于生产车间监控。其借助于计算机技术，通过以三维视觉显示器、交互设备、三维建模仪器、声音设备四类设备为依托，呈现出多源信息融合的交互式的三维动态视景和实体行为的系统仿真，构建出虚拟现实的场景，使用户沉浸于该环境中。车间生产数据智能可视化技术，可以参考设备投入的状况和搭载系统平台的不同类型，分为四类不同视觉形式：桌面式、增强现实式、沉浸式、分布式。在表5-1中详细列出了每种形式对应的特征。

表5-1 多媒体融合的生产车间可视化技术分类

类别	沉浸感	人机交互性	特征	技术要求
桌面式	一般	一般	制造车间场景的扁平化虚拟呈现	一般
增强现实式	一般	强	制造车间场景的立体虚拟呈现，突出真实性	较高
沉浸式	强	强	借助可穿戴设备提高操作人员的人机交互性	高
分布式	强	强	虚拟场景中多用户在同一网络环境下的协同交互性	高

将计算机屏幕作为硬件载体，显示扁平化的虚拟制造车间场景，用户可以仅通过鼠标、键盘等较为简单的设备完成虚拟与现实生产的交互。与其他可视化技术相比桌面式可视化技术的沉浸感虽然不足，但交互简单，而且其较低的开发成本和极简的操作方式可以给用户提供极大的便利。目前桌面式可视化技术使用范围最广，用户群体最大，非常适用于车间生产监控，而利用桌面式可视化技术主要是通过Unity3D的三维仿真方法来实现，这里对该技术的实现过程进行介绍。

食品包装车间的生产在线监控系统实例

随着我国包装工业的发展，提高食品包装流水线自动化程度和生产效率成为必然趋势，食品包装自动化生产线连续、高速、平稳的控制系统可提高包装流水线的自动化水平和生产效率。许多大型食品包装设备公司都拥有自己的集成包装控制系统，例如，利乐的生产线控制器可以通过通信网络与灌装机、输送机的分布控制系统以及视觉设备互联，并进行包装线的配置、通信以及控制。

生产制造过程信息化是增强企业竞争力的核心内容，它通过对计划、追踪、监视、物流、设备控制等生产信息的一体化管理，实现生产过程实时跟踪与信息追溯等功能，最终达到生产过程自动化目标。在国外，国际自动化学会组织惠普、IBM、西门子、霍尼韦尔、思爱普、通用电气、微软、爱默生等多家知名企业，制定了具有代表性与权威性的企业－控制系统集成标准 ISA-95。此外，法国公司 ALSTOM 的 Promis、美国公司 CAMSTAR 的 Insite、英国公司 Invensys 的 Intrack 等产品也已经在制造业广泛应用，帮助企业取得显著的经济效益。在学术层面，Valckenaersl 等基于蚁群觅食行为研究对自动化产线生产信息自律分散的管理，预测未来异常并积极采取措施阻止质量问题发生。Rolon 等研究了生产过程的代理学习方法，通过学习成本、质量等信息，构建基于成本和可靠性的资源代理，以实现生产线信息管理与加工路线持续优化。Gaxiola 等采用 Web 技术与 Web 协议，提出了一种新的基于制造执行系统的生产线信息管理方法，开发了信息管理系统并在墨西哥某中小型企业中投入使用，取得了一定经济效益。在我国，对生产线信息管理的研究及应用比较广泛，也开发了许多生产信息管理软件。

在食品无菌纸盒包装生产全过程中，通过在线监控系统对影响食品包装质量的各项参数进行全时域采集与远程传输，并采用智能算法实现对食品包装质量的在线管理与控制。食品包装质量在线监控系统的实现技术路线如图 5-8 所示，整个系统分为 4 个模块：

1）分布式多类型传感器网络。完成食品无菌纸盒包装生产全过程中各项质量参数的实时采集，包括：质量环境参数、质量工艺参数、包装质量参数等。

2）多冗余数据采集器。根据各类型传感器输出信号的类别进行归类，针对标准模拟信号、各种接口的数字信号设计实时在线监控系统的兼容性接口和底层数据处理。

3）数据标准化处理器。根据每种传感器在监测过程采集信号的特点、容量和频率等要求，对所采集的数据进行标准化编码、压缩并传输到远程监控服务中心服务器端。

4）数据管理与挖掘服务器。建立基于数据库系统的食品包装质量管控模型，实现对食品包装产品的质量水平评估和预测。

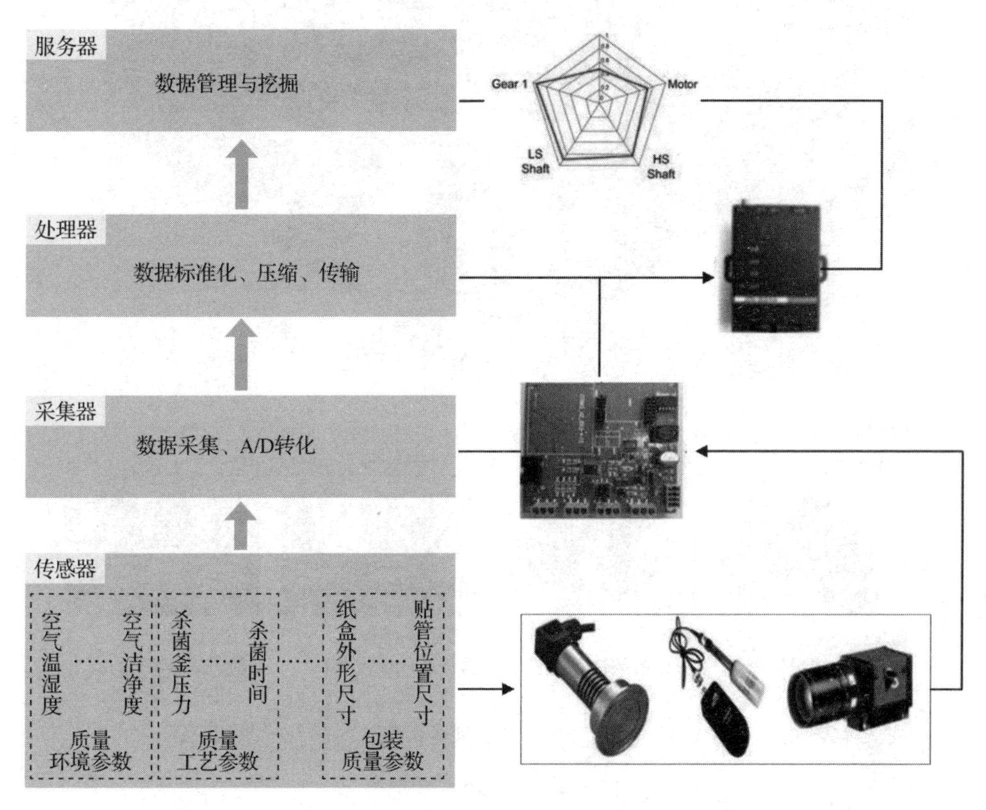

图 5-8 食品无菌纸盒包装质量在线监控系统技术路线[8]

生产状态可视化子模块主要完成实时的生产状态监控。主要实现产线和设备两个维度的监控。

在产线状态界面（如图 5-9 所示），生产线上各设备的状态显示在示意图左下角，各个设备的位置在产线状态图中进行标注和展示。在界面下方可轻松切换至设备状态界面。

产线状态

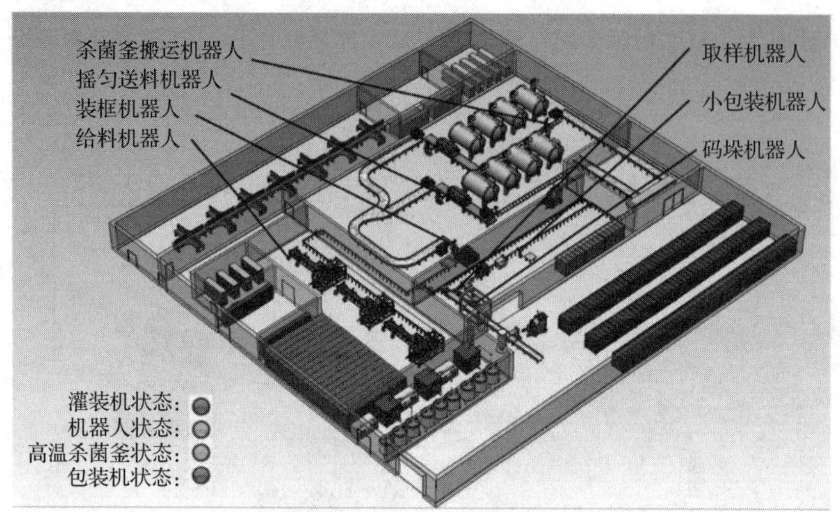

设备监控

实时生产车间状态监控：1. 灌装设备监控；2. 机器人监控；3. 高温杀菌釜监控；4. 包装机监控

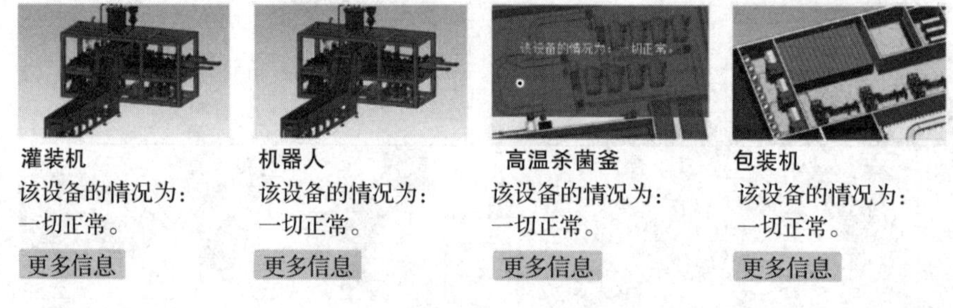

灌装机	机器人	高温杀菌釜	包装机
该设备的情况为：一切正常。	该设备的情况为：一切正常。	该设备的情况为：一切正常。	该设备的情况为：一切正常。
更多信息	更多信息	更多信息	更多信息

图 5-9 产线状态界面 [8]

5.3 智能工厂

5.3.1 智能工厂特点

智能工厂 [13-14] 代表了高度互联和智能化的数字时代，工厂的智能化通过互联互通、数字化、大数据、智能供应链与智能装备五大关键领域得以体现，每个领域的特征如下。

1. 互联互通

互联互通是通过 CPS 将人、物、机器与系统进行连接，以物联网作为基础，通过传感器、RFID、二维码和无线局域网等实现信息的采集，通过PLC和本地及远程服务器实现人机界面的交互，在本地服务器和云存储服务器实现数据读写，在ERP、PLM、MES和SCADA等平台实现无缝对接，从而达到信息的畅通和人机的智能。一方面，通过这些技术实现智能工厂内部订单、采购、生产与设计等的信息实时处理与通畅；另一方面相关设计供应商、采购供应商、服务商和客户等与智能工厂实现互联互通，确保生产信息、服务信息等的同步，采购供应商随时可以提取生产订单信息，客户随时可以提交自己的个性化订单且可以查询自己订单的生产进展，服务商随时保持与客户等的沟通并进行相关事物的处理。

2. 数字化

数字化包含两方面内容，一方面是指智能工厂在工厂规划设计、工艺装备开发及物流等方面全部应用三维设计与仿真；通过仿真分析，消除设计中的问题，提前识别问题，减少后期改进、改善的投入，从而达到优化设计成本与质量实现数字化制造、质量－成本－交付（Quality-Cost-Delivery，QCD）与灵活生产的目标，通过仿真真正实现运营成本降低10%，劳动生产率提高15%。另一方面，在传感器、定位识别、数据库分析等物联网基础数字化技术的帮助下，数字化贯穿产品创造价值链和智能工厂制造价值网络，从研发BOM到采购BOM和制造BOM，甚至到营销服务的BOM准确性和及时性直接影响是否能实现智能化，从研发到运营，乃至商业模式也需要数字化的贯通，从某种程度而言，数字化的实现程度也成为智能制造战略成功的关键。

3. 大数据

大数据，是一种规模大到在获取、存储、管理、分析方面大大超出传统数据库软件工具处理能力范围的数据集合，从大数据、物联网的硬件基础、连接技术到中间数据存储平台、数据分析平台形成了整个大数据的架构，实现了从底层硬件数据采集到顶层数据分析的纵向整合，大数据的战略意义不在于掌握庞大的数据信息，重要的是对数据进行专业化处理，将来自各专业的各类型数据进行提取、分割、建模并进行分析，深度挖掘数据背后的潜在问题和贡献价值。数据采集方面毫无疑问做得很好，但数据也仅仅停留在形成报表的层面，无法直接用于分析，识别出问题并进行整改，直接反映的是数据分析和数据应用人员的缺失，尤其是，要与专业相结合，就需要既了解专业，又了解建模和算法的数据分析人才，这也是大数据面临的重要挑战，急需企业和学校联合培养，且从取消手工数据处理着手来逐步积累经验。

4. 智能供应链

智能供应链包含供应物流、生产物流、整车物流，各相应环节实施物流信息实时采集、同步传输、数据共享，并驱动物流设备运行，实现智能物流体系，达到准时化、可视化的目的，确保资源的有效共享，也确保订单的准时交付，在订单准确的同时减小存储，最大限度地避免仓储及二次转运的费用，降低生产成本，主机厂和供应商紧密合作以优化质量和价格，达到双赢的效果。

5. 智能装备

智能装备通过智能产品、人机界面、RFID 射频技术、插入技术、智能网络及 App 等具备可感知、可连接，形成集群环境，最终形成“可感知－自记忆－自认知－自决策－自重构”的核心能力，如谷歌旗下公司开发的 AlphaGo 具备深度学习的智能，根据实际形势的输入可以自动分析判断、逻辑唯理，思考下一步的落子，在人工智能领域形成了对人类围棋的绝对压倒性优势，AlphaGo 的出现象征着计算机技术已进入人工智能的新信息技术时代（新 IT 时代），未来将与医疗等行业进行深度合作，作为人工智能的代表也预示智能装备的时代来临，充分证明智能装备是智能工厂物联网和数字化制造的基础，也是物联网实现的关键要素。

5.3.2 智能工厂构成

智能工厂，是由智能单元、智能车间、智能装备、智能仓储与智能物流组成的（如图 5-10 所示），通过多模块之间的协同合作，实现设备网络化、生产过程透明化、生产数据可视化、生产现场无人化，从而减少工作失误、提高企业的生产效率。

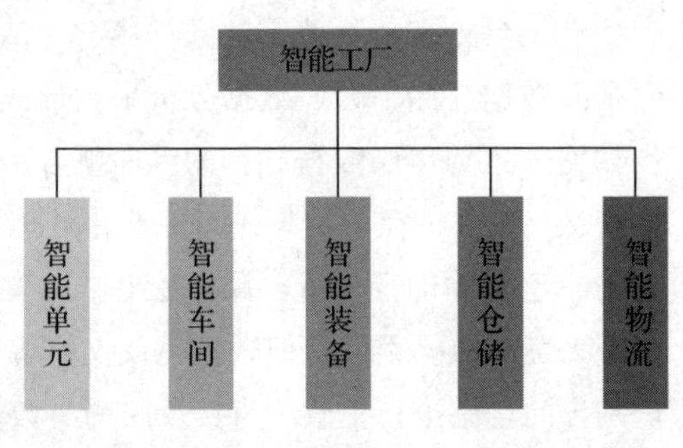

图 5-10 智能工厂的模块构成

以智能仓储及智能物流为例，随着“工业 4.0”和“中国制造 2025”的提出，智能制造、人工智能等产业受到重点关注，并不断向智能制造系统或单元发展，智能仓储是智能制造系统的主要组成部分。仓储的发展经历了人工和机械化仓储、自动化仓储和智能化仓储三个发展阶段。信息技术已成为仓储技术的重要支柱，自动化仓储与信息采集决策系统的结合以及无线射频技术的运用使仓储朝着智能化的方向发展。

1. 智能仓储

智能仓储是在不直接进行人工参与的情况下，能够全自动存储和提取物料。智能仓储系统一般采用自动化立体仓库，它利用高层货架以及专门仓储设备进行货物出入库，并配备 AGV 进行货物搬运，整个系统实现了物流机械、计算机技术以及软件的完美结合，使得仓储作业真正意义上实现了自动化。

智能物流仓储系统不仅要能够进行入库管理、出库管理、库内移动、盘点管理、调拨管理、退换货管理和报表分析，还要能够监测货物的位置偏移和周围环境的温度、湿度，对库房进行视频监控和火灾报警等。智能物流仓储系统包括硬件和软件两部分：软件部分主要为仓储管理系统，它按照物流仓储的业务要求，对信息、资源、行为、物品和人员等进行管理和调配，使它们高效合理地运转，并使整个系统与互联网相对接；硬件部分主要是支撑仓储管理系统的各种硬件设备和各种工具等。

智能物流仓储系统将货物的信息发布到物联网中。在整个物联网范围内，不管是货物信息查询、货物订购，还是货物流通，都可以方便地进行远程操作和监控。智能仓储系统中货物的处理步骤如下。

1）入库流程。首先利用 RFID 技术对入库货物的电子标签身份进行验证，并将货物的信息传送到数据中心进行货物登记，计算出上架仓位和分配路线，然后向叉车发送上架指令，对货物进行跟踪和定位，以确保货物存放到正确的仓位。

2）库存管理。对库存货物进行内部操作处理，主要包括货物指引与到位检查、货位自动识别和数量自动校验、分配库区是否正确的判定、退货处理、调换处理、包装处理和报废处理等功能。

3）出库流程。首先领货人员向仓库信息系统提交出库申请，智能仓储管理系统根据优先级查询货物的信息和仓位，然后向叉车发出调度指令，叉车到达仓位并核对货物信息无误后，开始转运货物。在这之间的每个操作单元，阅读器货物信息都将被及时地发送回数据管理中心，并判断每个环节的操作是否准确无误。

本节对典型智能仓储功能原理进行举例说明：智能仓储实现了载货工装托板

输送、定位及分拣等功能，它主要由全自动 AGV 物流输送系统、立体仓库货架、智慧托盘、全自动巷道式堆垛机以及 WMS 组成。

（1）全自动 AGV 物流输送系统

智能 AGV 本体专项定制参数如下：额定载荷 30 kg；转弯半径 600 mm，采取差速驱动方式；最大行走速度 30 m/min；爬坡能力 5°；通过磁条进行导航，带有前方障碍物检测传感器保护；通过皮带传送机构实现自动上下料；通过无线局域网进行通信。AGV 调度系统和 MES 进行对接，利用 MES 对工艺路径进行传送规划，同时也可以利用无线网络在智能终端上进行路径规划。

（2）立体仓库货架

如图 5-11 所示：立体仓库货架尺寸为 350 mm × 350 mm × 350 mm；双排组合货架 6 层 6 列，共 72 个货位，其中有 2 个货位被出入库占用；货架设有毛坯位、成品位及刀具位等；货位每个托盘上均设有 RFID 标准卡；货架立柱孔间距以 50 mm 为模数，可根据此模数任意调整每层高度；安装护腿、护角防护装备，标准冷轧钣金折弯，牛腿式可调组合结构；每一单元承载重量为 35 kg；采用 CO_2 气体保护焊接，立柱采用模具拉伸成型，牛腿采用模具冲压成型。

图 5-11 立体仓库货架 [15]

（3）智慧托盘

智慧托盘尺寸为 350mm × 350mm；托盘上安装定位机构，可容纳不同工件、标准卡及零件周转盒，用于放置不同类别的刀具；托盘数量为40个；工件种类为2种，数量为30个；零件周转盒数量为10个；标准卡卡槽数量为40个。

（4）全自动巷道式堆垛机

全自动巷道式地轨堆垛机结构稳定，传输平稳；采用PLC控制器，X、Y交流伺服电动机驱动；提升额定载荷20 kg，差动式滑叉取放托盘；具备手、自动、单机及联机运行功能；行走运行停准 ±2 mm，起升运行停准 ±2 mm，货叉运行停准 ±2 mm；水平行走速度为0～40 m/min；水平、垂直配套定位系统，货叉采用伸缩机构。

（5）出入库平台

出库平台、入库平台各1套；传输承载35 kg；出入库位置安装RFID读写器，传动部分包含明显警示标志及安全防护钣金。

（6）WMS

WMS具备独特的物料编码和条码管理系统，能够分类管理好中小型企业的库存物料，具备出库、入库等相关功能，并提供相应的库存查询、出入库记录以及打印相关表单等功能。具备管理中小型自动化立体仓库功能，提供了控制单巷道、多巷道堆垛机的控制接口功能以及立体仓库对应的货架定义功能。

用户可以根据需要自行选择不同的立体仓库及货架数量。软件提供通信接口定义，只要按照通信协议，软件可以控制不同类型的堆垛机系统；具备条码扫描、条码打印、RFID读写接口功能，方便用户二次开发；具备库存告警功能，在库存物料低于设定下限或高于设定上限时，系统会对该物料进行报警提示；具备时间告警功能，当库存物料过了有效期或快过有效期时，系统会对该物料进行报警提示；具备数据接口功能，系统开放库存物料的当前信息及数据库格式，提供只读功能，方便其他应用管理软件访问库存信息；具备供应商管理功能，提供物料供应商信息，同一物料可以有多个不同供应商或者同一供应商有不同的物料。

智能立体仓储通过高层货架进行存储，提高了空间利用率，减少了货物处理与信息处理工程差错，提高了生产率，降低了劳动者强度。它是智能制造生产系统中的重要组成部分，本书设计的智能仓储的WMS与智能制造系统中的生产过程执行系统相结合，真正实现了生产过程管理自动化。

2. 智能物流

智能物流技术已在生产和生活中得到了广泛应用，如京东的无人仓库公司，是全球首个全流程的无人仓库公司，全流程无人仓库可以实现货物的入库、分拣、包装、存储以及配送等环节的无人化和智能化。无人仓库的作业环节主要包括入库作业、存储作业、订单拣选作业以及打包作业等，其中涉及的自动化设备主要有物流机器人、机械臂、自动穿梭车等。

（1）自动化入库作业

1）自动化运输系统。自动化输送系统在入库作业中连通自动化立体库，可以实现货物的高效入库。在无人仓库系统中，以感知技术为基础，自动化运输系统与机器人系统需要进行有效的配合，方可实现无人仓库系统的自动化。目前京东的昆山无人仓库中，自动化运输系统可实现自动卸车、自动供包与自动分离的功能。在自动卸车系统中，卸车运输方式为笼箱运输，在该运输方式下，快递包裹运至无人分拣中心；在自动供包系统中，笼箱内的货物通过自动倾倒设备放置在输送线上，然后将货物输送至单件分离区。

2）自动化入库机器人。在入库装箱中，京东还采用了六轴机器人 6-AXIS 进行入库作业，六轴机器人的特点是适用于拾取大件物品，六轴机器人高两米左右，最大的臂展 2.7 米左右，重约 1.7 吨，可搬运货物的重量在 165 公斤以内，搬运效率较高，搬运单次的动作 8 到 12 秒，相比于人工作业，效率方面可以提高 30%。

（2）自动化存储系统

在京东的自动化无人仓库中，其自动化存储系统是多层穿梭车自动化立体库，由 8 组穿梭车立库系统组成，可同时存储商品 6 万箱，穿梭车速度最大为 6m/s，吞吐量高达 1600 箱 / 小时，可大大节省人力成本和空间成本，取货的时候可以实现从“人到货”到“货到人”的转变，同时解决了跨通道作业以及作业节奏不均衡等问题。

（3）自动化订单拣选作业系统

1）自动化搬运机器人。坐落在上海的京东无人仓库中，京东使用了 3 种不同型号的智能搬运机器人执行任务，分别为 SHUTTLE 货架穿梭机器人、智能搬运机器人 AGV、ELTA 型分拣机器人。其中，SHUTTLE 货架穿梭机器人可高速行走在货架间并进行货架间的货物存取，其空载峰值速度为 6m/s，且具有根据货物大小进行自动适配的功能；AGV智能搬运机器人的特点是灵活小巧，具有电量低时自动充电的功能，所以能够为京东的仓储货架释放更多的有效利用空间；另外，防撞传感器和无线通信模块嵌入AGV车身中，因此AGV可在京东仓库复杂的工况环境中轻松自如地工作。DELTA型分拣机器人是京东无人仓库中的重要设备，适用于小件商品的分拣，为了对新商品进行高效的识别，在DELTA机器人中配备了图像识别设备。

2）自动化识别技术。在京东物流昆山无人分拣中心，应用了RFID电子标签技术，可进行发货订单的识别，保障了发货准确性，该技术是一种非接触式自动识别技术。RFID电子标签技术可以存储相关数据的标签，通过RFID读写装置读取标签数据，也可以写入数据。相比于条码信息，RFID电子标签技术读取距离远，而且不受障碍物影响，但其标签成本抑制应用场景。坐落在上海的京东无人仓库，采用了机器视觉识别模式，2D视觉识别、3D视觉识别，以及由视觉技术与红外测距组成的2.5D视觉技术应用于其中，实现了机器与环境的主动交互。

由此可见，机器人的大规模、多场景的应用是京东自动化无人仓库的最大特点，在整个流程中，从入库、供包、分拣，再到集包转运，多种不同功能和特性的机器人相互合作，依据系统指令处理订单，同时实现了自动避让、路径优化等功能。与此同时物联网中的传感器技术、智能识别技术也起到了关键作用。

另外，由自动化技术在京东无人仓库中的应用可以看出，自动化技术的应用提高了京东的物流效率及质量。随着时代的发展，仓储系统的无人化将会是必然的趋势，而在无人仓储中，自动化技术将会逐渐得到广泛应用。未来的仓库不仅是简单的自动运行，其智能化的程度必定会越来越高，自动化识别消费者网络订单中的账号、收货地址、联系方式、使用设备等信息并完成信息处理，随时监测用户购买内容和购物倾向，打印快递单及发票。订单自动处理系统的使用可以有效缩短订单从识别信息到打印订单、连接仓库发货的时间，而且可以减少订单信息处理错误或丢失的情况。虽然该系统基于计算机软件及自动化技术的发展现状仍有待完善的地方，但这个系统的开发及使用是自动化技术在快递企业应用中的另一积极构想，是自动化技术提高快递企业工作效率的另一有效途径。其实现的步骤主要包括自动分拣快递终端的建立和快递运输环节全流程无人仓库的建立。

1）集中快递服务区自动分拣快递终端的建立。传统的快递网络是若干面向客户服务的呼叫中心、收派处理点、负责快件集散的分拣转运中心以及连通这些网点的网络按照一定的原则和方式组织起来的，是在控制系统的作用下，遵循一定的运行规则传递快件的网络系统。快递配送也多以手工分拣和扫描仪进行信息录入。但目前的快递终端模式面对业务量较大且稳定、集中的快递服务区域（如学校、经济开发区等）仍旧以增加相应人员、车辆投入为主要解决手段。这就会存在网点重复的现象，相应地会浪费资源，而且一旦集中网点包裹中存在其他目的地包裹，就需要中心分类整理，耗时耗力。而新型基于自动分拣技术的快递终端由自动分拣中心及集中快递服务区服务站点构成。通过自动分拣技术对快递集中区域的包裹进行分拣，可以有效减少零散包裹的存在，减少重新检查的时间。对快递集中区域的包裹采用专线派送。建立专门区域服务站点，与分拣中心随时保持联系，实现及时卸货及派送。该系统的建立可以有效减少人工的干预，依靠自动化技术节省时间，最大限度地利用快递集中区域带来的经济价值。

2）快递运输环节全流程无人仓库的建立。全球首个全流程无人仓库——京东无人仓库的建立，实现了货物的入库、分拣、包装、存储以及配送等环节的全流程无人化。无人仓库的自动化运输系统以感知技术为基础，可以实现包裹的自动装卸及分离。采用六轴机器人拾取大件物品，可搬运单件物品的重量高达 165 kg，且搬运速度较快，可比人工作业效率提高 30%。小件包裹同样采用自动分拣机器人进行分类。同时京东无人仓库还采用了 RFID 电子标签技术，可以远距离读取标签信息，也可以写入信息。在京东无人仓库中，自动化机器人被大规模、多场景地利用，不同功能的机器人相互配合，在中心系统的调配下高效率、高质量地完成货物的出库程序。京东无人仓库高峰期可每天处理多达 20 万订单。

随着快递市场的快速崛起，进入快递市场的企业越来越多，竞争也越来越激烈。在大家都不断优化企业管理和体制，不断提高服务意识的前提下，自动化技术的竞争成为快递企业竞争的关键因素。从目前的快递企业来看，已经较大力度投入自动化技术的快递企业实现了通过自动化技术降低成本、提高快递工作效率、提供高质量快递服务的目标。但我国快递企业自动化技术的应用程度仍较低，从而制约了快递行业的发展。快递企业应当形成通过自动化技术来节省成本，获取利益，再加大自动化技术投入以获取更多利润的良性循环。通过应用信息化、智能化的自动化技术改善消费者的消费体验，提高快递效率，是未来快递行业发展的必然趋势。而良好的服务质量可以使快递企业树立良好的品牌形象，帮助快递企业在激烈的行业竞争中脱颖而出。

5.3.3 智能工厂类型

1. 流程智能工厂

在石化、钢铁、冶金、建材、纺织、造纸、医药、食品等流程制造领域，企业发展智能制造的内在动力在于产品品质可控，侧重从生产数字化建设起步，基于品控需求从产品末端控制向全流程控制转变。

因此其智能工厂建设模式为：一是推进生产过程数字化，在生产制造、过程管理等单个环节信息化系统建设的基础上，构建覆盖全流程的动态透明可追溯体系，基于统一的可视化平台实现产品生产全过程跨部门协同控制；二是推进生产管理一体化，搭建企业CPS，深化生产制造与运营管理、采购销售等核心业务系统集成，促进企业内部资源和信息的整合和共享；三是推进供应链协同化，基于原材料采购和配送需求，将CPS拓展至供应商和物流企业，横向集成供应商和物料配送协同资源网络，实现外部原材料供应和内部生产配送的系统化、流程化，提高工厂内外供应链运行效率；四是整体打造大数据化智能工厂，推进端到端集成，开展个性化定制业务。

流程化智能工厂方案立足于生产现场，以现场、现物、现实的精益管理改善原则，掌握问题现状。通过建设工业物联网获取制造现场设备、经营管理流程的数据，采用数据化系统对数据进行分析，暴露问题源点。从而通过智能数字化工厂方案实现从源头逐渐消除影响因素，从根源解决生产现场人、机、料、法、环存在的问题。例如，广州数控通过利用工业以太网将单元级的传感器、工业机器人、数控机床以及各类机械设备与车间级的柔性生产线总控制台相连，利用以太网将总控台与企业管理级的各类服务器相连，再通过互联网将企业管理系统与产业链上下游企业相连，打通了产品生产环节的数据通道，实现了全流程的端到端集成，其模式如图5-12所示。

2. 离散制造智能工厂

在机械、汽车、航空、船舶、轻工、家用电器和电子信息等离散制造领域，企业发展智能制造的核心目的是拓展产品价值空间，侧重从单台设备自动化和产品智能化入手，基于生产效率和产品效能的提升实现价值增长。因此其智能工厂建设模式为：一是推进生产设备（生产线）智能化，通过引进各类符合生产所需的智能装备，建立基于 CPS 的车间级智能生产单元，提高精准制造、敏捷制造能力；二是拓展基于产品智能化的增值服务，利用产品的智能装置实现与 CPS 的互联互通，支持产品的远程故障诊断和实时诊断等服务；三是推进车间级与企业级系统集成，实现生产和经营的无缝集成和上下游企业间的信息共享，开展基于横向价值网络的协同创新；四是推进生产与服务的集成，基于智能工厂实现服务化转型，提高产业效率和核心竞争力。

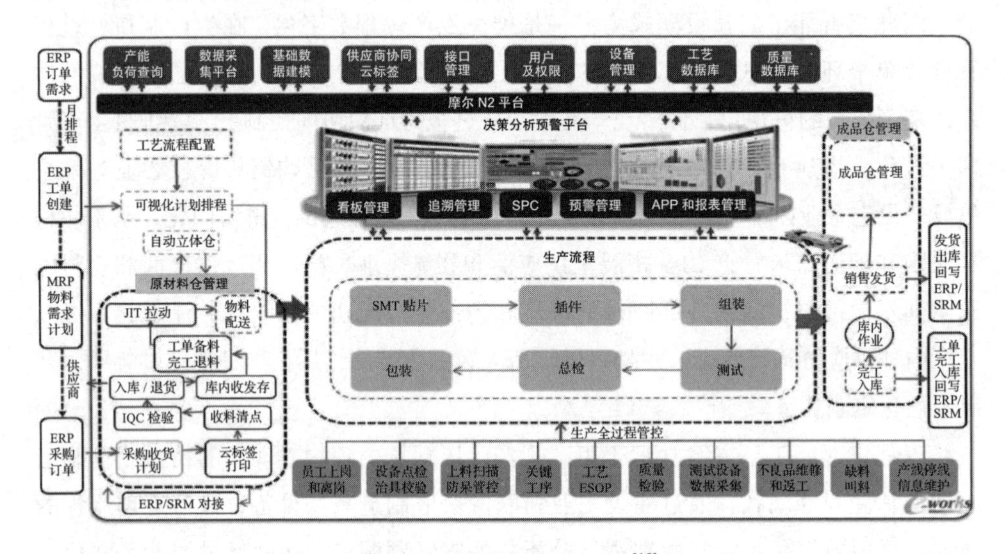

图 5-12　流程化智能工厂[16]

例如三一重工的 18 号厂房是总装车间，有混凝土机械、路面机械、港口机械等多条装配线，通过在生产车间建立“部件工作中心岛”（即单元化生产），将每一类部件从生产到下线的所有工艺集中在一个区域内，犹如在一个独立的“岛屿”内完成全部生产。这种组织方式，打破了传统流程化生产线呈直线布置的弊端，在保证结构件制造工艺不改变、生产人员不增加的情况下，实现了减少占地面积、提高生产效率、降低运行成本的目的。目前，三一重工已建成车间智能监控网络和刀具管理系统、公共制造资源定位与物料跟踪管理系统、计划、物流、质量管控系统、生产控制中心（PCC）中央控制系统等智能系统，还与其他单位共同研发了智能上下料机械手、基于 DNC 系统的车间设备智能监控网络、智能化立体仓库与 AGV 运输软硬件系统、基于 RFID 设备及无线传感网络的物料和资源跟踪定位系统、高级优化排产系统（APS）、制造执行系统（MES）、物流执行系统（Logistic

Execution System，LES）、产品质量过程控制系统（Statistical Process Control，SPC）、生产控制中心管理决策系统等关键核心智能装置，实现了对制造资源跟踪、生产过程管控，计划、物流、质量集成化管控下的均衡化混流生产。三一重工智能工厂如图 5-13 所示。

图 5-13 三一重工智能工厂 [17]

3. 个性化定制智能互联工厂

在家电、服装、家居等距离用户最近的消费品制造领域，企业发展智能制造的重点在于充分满足消费者多元化需求的同时实现规模经济生产，侧重通过互联网平台开展大规模个性定制模式创新。因此其智能工厂建设模式为：一是推进个性化定制生产，引入柔性化生产线，搭建互联网平台，促进企业与用户深度交互，广泛征集需求，基于需求数据模型开展精益生产；二是推进设计虚拟化，依托互联网逆向整合设计环节，打通设计、生产、服务数据链，采用虚拟仿真技术优化生产工艺；三是推进制造网络协同化，变革传统垂直组织模式，以扁平化、虚拟化新型制造平台为纽带集聚产业链上下游资源，发展远程定制、异地设计、当地生产的网络协同制造新模式。

5.3.4 智能工厂趋势

随着未来智能工厂发展浪潮的逼近。未来，将有几个行业或者领域[17]迎来发展高潮。

1. 虚拟仿真设计

随着三维数字化技术的发展，传统的以经验为主的模拟设计模式逐渐转变为基于三维建模和仿真的虚拟设计模式，使未来的智能工厂能够通过三维数字建模、工艺虚拟仿真、三维可视化工艺现场应用，避免传统的“三维设计模型→二维纸质图纸→三维工艺模型”研制过程中信息传递链条的断裂，摒弃二维、三维之间转换，提高产品研发设计效率，保证产品研发设计质量。

随着仿真技术的发展，原有的对工件几何参数及干涉进行校验的几何仿真逐渐转变成产品加工、装配、拆卸、切削和成型过程的物理仿真，使未来的智能工厂实现在复杂虚拟环境下对产品运行生产效果进行仿真分析和验证，以达到产品开发周期和成本的最低化、产品设计质量的最优化和生产效率的最高化，增强企业的竞争能力。

2. 网络化智能设备

生产设备的智能化程度将在网络化条件下得到快速提升，传统制造模式出现颠覆性的变革，具体表现在高度密集的生产设备、生产设备智能化和柔性化制造方式这三个方面，再次是模块化定制生产。多批次、小产量的生产盈利能力在模块化生产方式下逐渐得到提升，产品日益满足消费者个性化需求，具体表现在模块生产和模块组装这两个方面。

在模块生产方面，生产可自由组合的模块助力智能工厂日益集约化。传统的固定生产线将由于无法满足客户定制化需求而逐渐消失，可动态组合的模块化生产方式将成为主流。在模块化生产方式下，产品被分解成无数个具有不同用途或性能的模块。每个模块将通过制造执行系统被生产出来，杜绝未来智能工厂的浪费环节，保证质量、优化成本、缩短周期。在模块组装方面，标准化、通用化模块之间的组合提升智能工厂定制化生产盈利能力。根据产品的性能、结构选择满足需求的模块，通过模块结构的标准化，将选取出的各模块自由组装出满足客户个性化需求的产品，使未来智能工厂产品的品种更加丰富、功能更加齐全、性能更加稳定。

3. 大数据化精益管理

产品的研发、生产和管理方式通过工业大数据挖掘和分析逐渐得到创新，工厂管理日趋精益化。具体表现在客户价值管理、精益生产和精益供应链这三个方面。

在客户价值管理方面，基于大数据的客户价值提升趋势明显。随着移动互联、物联网等新一代信息技术逐渐渗透到产品生产的各个环节，大数据配套软硬件日益完善，安全性和标准化程度逐步提升，通过对客户与工业企业之间的交互和交易行为方面大数据的分析，产品的研发设计呈现出众包化发展趋势，同时产品售后服务得到不断改进和完善。

在精益生产方面，基于大数据的生产制造日益精益化。制造企业通过实时收集生产过程中产生的大数据，对生产设备诊断、用电量、能耗、质量事故等方面进行分析与预测，能够及时发现生产过程中的错误与瓶颈并进行优化。通过运用大数据技术，未来智能工厂实现生产制造的精益化，提升生产过程的透明度、绿色性、安全性和产品的质量。

在精益供应链方面，基于大数据的供应链优化趋势显著。随着大数据基础条件的日益成熟，制造企业能够获得完整的产品供应链方面的大数据，通过对这些大数据的分析，预测零配件价格走势、库存等情况，克服传统供应链中缺乏协调和信息共享等问题，避免牛鞭效应的发生，实现供应链的优化。基于大数据的精益供应链管理消减了智能工厂整个供应链条中成本和浪费情况，提升了仓储和配送效率，实现了无库存或极小库存。

4. 柔性化新型人机交互

人与机器的信息交换方式随着技术融合步伐的加快向更高层次迈进，新型人机交互方式被逐渐应用于生产制造领域。具体表现在智能交互设备柔性化和智能交互设备工业领域应用这两个方面。

在智能交互设备柔性化方面，技术和硬件的不断更新有利于智能交互设备日益柔性化优势的形成。随着移动互联、物联网、云计算、人机交互和识别技术等核心技术的发展，交互设备硬件日趋柔性化，智能交互设备逐渐呈现出设计自由新颖、低功耗、经摔耐用、贴近人体等优势，这就为未来智能工厂新型人机交互的实现提供了基础。

在智能交互设备工业领域应用方面，柔性化智能交互设备助力智能工厂新型人机交互方式的实现。随着技术融合步伐的加快，柔性化智能交互设备从个人消费领域被逐渐引入制造业，作为生产线装配及特殊环节工作人员的技术辅助工具，使工作人员与周边的智能设备进行语音、体感等新型交互。智能交互设备工业领域应用，提升了未来智能工厂的透明度和灵活性。

参考文献

[1] 张洁，汪俊亮，吕佑龙，等. 大数据驱动的智能制造 [J]. 中国机械工程，2019, 30(2): 127-133; 158.

[2] 邱歌. 基于多 AGV 的智能仓储调度系统研发 [D]. 杭州：浙江大学，2017.

[3] 周力. 面向离散制造业的制造执行系统若干关键技术研究 [D]. 武汉：华中科技大学，2016.

[4] 杨海成，祁国宁. 制造业信息化技术的发展趋势 [J]. 中国机械工程，2004(19): 3-6；22.

[5] 周济，李培根，周艳红，等. 走向新一代智能制造 [J]. Engineering, 2018, 4(1): 28-47.

[6] 李奇. 智造单元：智能制造的抓手 [J]. 中国信息化，2017(11).

[7] 潘全科. 智能制造系统多目标车间调度研究 [D]. 南京：南京航空航天大学，2003.

[8] 张洁，吕佑龙，汪俊亮，等. 智能车间的大数据应用 [M]. 北京：清华大学出版社，2020.

[9] 周亚勤，汪俊亮，鲍劲松，等. 纺织智能制造标准体系架构研究与实现 [J]. 纺织学报，2019, 40(4): 145-151.

[10] 李锋，张坤，原丽娜. 基于 OPC UA 的纺织智能染整车间信息模型研究与实现 [J]. 纺织学报，2020, 41(2): 149-154.

[11] 林博宇，张浩，孙勇，等. 锻造车间数据采集与分析系统的设计与应用 [J]. 锻压技术，2020, 45(5): 198-202.

[12] 任磊，杜一，马帅，等. 大数据可视分析综述 [J]. 软件学报，2014, 25(9):

1909-1936.

[13] 郭安 . 智能车间信息物理系统关键技术研究 [D]. 沈阳：中国科学院大学（中国科学院沈阳计算技术研究所），2018.

[14] 焦洪硕，鲁建厦 . 智能工厂及其关键技术研究现状综述 [J]. 机电工程，2018, 35(12): 1249-1258.

[15] 许鹏辉，金忠，耿梦伟 . 智能制造系统中的智能仓储设计 [J]. 现代制造技术与装备，2019(7): 119; 129. DOI: 10.16107/j.cnki.mmte.2019.0699.

[16] 余南平，王德恒 . 中国制造 2025[M]. 上海：上海人民出版社 , 2017: 225.

[17] 杨春立 . 我国智能工厂发展趋势分析 [J]. 中国工业评论 , 2016(1): 56-63.

第 6 章 Chapter6

智能制造系统运行

6.1 设备智能维护

智能制造系统运行是整个制造系统的核心，通过打造设备智能维护、质量智能控制、智能生产计划、智能生产调度等关键运行模式，实现智能制造系统中各项生产活动高效率、高质量运行。本章主要围绕以上智能制造系统关键运行模式，分别展开介绍。

6.1.1 设备维护的重要性

设备在制造业中的地位是显而易见的。保持设备具有高可靠性，保障设备的健康、安全、经济运行是现代制造企业的基本要求。对设备进行合理的智能化的维护保障是实现上述目标的重要手段。当对设备进行智能化管理时，需结合设备的状态信息，尽早地检测出设备的故障，并对设备的故障或损失趋势进行预测，进而制定有效的维护策略，避免设备的突发故障和突然失效。

设备随着服役时间的增长会产生缺陷或故障，若不能及时地检测出或处理缺陷或故障信息，则可能造成灾难性的后果。例如，2011 年在日本福岛发生的核电站机组爆炸事件，其原因为核电站一号机组出现的设备老化引起的微小故障未能及时被发现，导致了核爆炸和核泄漏。

从设备维护自身讲，维护行为本身不会产生附加值，相反，还会产生维护成本。飞机维修是航空公司获得发展和获得利润的关键因素。据报道，飞机维修成本占航空公司运营成本的10%～20%。风电是近年来新兴的新能源产业，随着越来越多的国家和地区增加对风电设施的建设，风电的维护成本也会越来越高。据报告，我国的风电运维市场规模将从2013年的67亿元增长到2024年的251亿元。在发达国家中，风电设备的年维护成本约为初始投资的1%～2%。鉴于我国的风电行业在国际上的地位，我国的风电行业的维护成本也应在2%左右。著名咨询公司德勤曾在2018年的“预测性维护和智能工厂”报告中指出：不合理的维护策略会导致工厂产能下降5%～20%；每年企业由于意外停机造成的损失高达500亿美元。由此可见，从安全性、经济性和设备可用性的角度来看，制定合理的维护策略至关重要。

6.1.2 设备维护的发展史

伴随着工业和人工智能的发展，设备的维护模式也发生了变化。设备的维护模式主要经历了故障后维修、预防性维护、基于状态的维护与预测性维护四种模式。

20世纪50年代以前，以“第一代维修模式”——故障后维修为主。故障后维修是指在故障发生之后对发生故障的零部件或设备进行维修。这种维修方式能够最大化零部件的使用寿命，但不能在故障发生前有效地避免故障，因此是一种被动的维护方式。采用此种维修方式必须考虑到所有可能发生的故障及面对故障时所需要的及时反应，如快速提供维修所需要的备品备件，以降低故障停机的损失。故障后维修也被称为事后维修，事后维护的方式不仅要面对多次非计划停机带来的较高维修费用，而且具有较高的安全隐患，此外，还要求备件供应者和维修相关人员具有较高的反应速度以降低设备故障带来的损失。

20世纪60年代至80年代，以“第二代维修模式”——预防性维护为主。在工程实践应用中，多采用基于时间的预防性维护。基于时间的预防性维护主要是指当设备或零部件的役龄达到一定时间或已经运行一固定周期时间时，对其进行维护。基于时间的预防性维护在一定程度上考虑设备的状态，可以有效避免事故的发生，是一种主动维护。但在维护的过程中会遇到因维护周期制定不合理造成的“过维护”和“欠维护”的问题，从而导致维修成本浪费、降低设备的可用性或设备仍具有较高失效风险等现象。

随着传感技术和智能检测的发展，到20世纪70年代中期，“第三代维修模式”——基于状态的维护逐渐在工业企业中得到应用。基于状态的维护主要是通过分析设备或零部件的当前状态进而制定相应的维护策略。与预防性维护相比，基于状态的维护策略更加关注设备自身的运行状态，制定的维护策略也更为合理。

伴随着基于状态的维护和人工智能技术的发展，预测性维护逐步得到发展。与基于状态的维护相比，预测性维护更具有前瞻性，维护策略的制定不仅与设备当前的状态有关，还与设备未来的状态有关。预测性维护策略是否合理，主要取决于对设备未来状态的趋势预测是否准确。

目前，上述几种维护策略在产业界依然同时存在，但随着时间的推移，预测性维护将逐渐占据主要地位。

6.1.3 预测性维护的实施步骤

预测性维护被誉为工业数字化领域的潜在爆发点。预测性维护对制造业的重要性已经被充分认识和广泛接受。预测性维护是保证设备未来高效、可持续服务的关键。虽然预测性维护有众多的好处，但是在实施预测性维护前要选好应用场景。须知实施预测性维护需要一定的软硬件成本，并不是所有的设备或零部件都适合采取预测性维护策略，设备的维护策略的制定要结合其故障频率和故障影响。图 6-1 总结了考虑不同故障频率和故障影响的维护方式的选择。对于故障率低且故障影响小的部件来说，传统的维护方式就可以满足维护需求；对于故障率高且故障影响大的部件来说，应当考虑改进部件的设计。对于故障频率高且故障影响小的部件，可以适当增加备件的数量。对于故障频率低且故障影响大的部件才适合采用预测性维护。

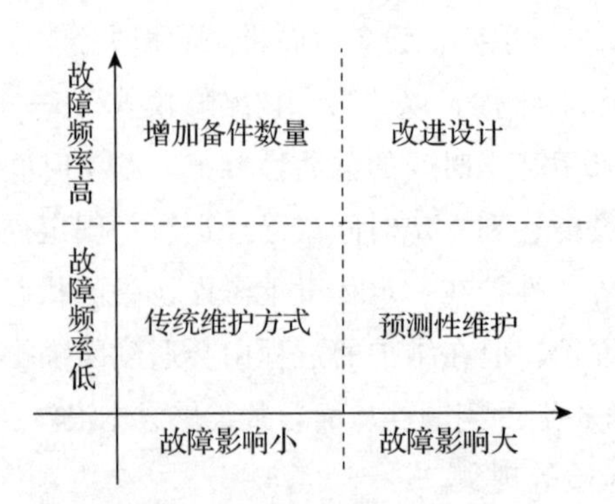

图 6-1 维护方式的选择

当确定完设备是否需要预测性维护之后，需要对场景进行选择，一般来说，一个好的场景应该具备以下三个条件：

1）熟悉设备机理，能够识别出设备故障的影响因素。数据分析工程师通常擅长机器学习技术，但对设备运行机理掌握有限，因此需要生产现场工作人员指出造成设备停机故障的可能影响因素，如电控系统中的电信号信息、机械结构的热变形等，作为机器学习的特征输入。

2）数据质量要好。对于工业现场来说，数据质量的要求可以概括为两个词：准确和连续。准确指的是不能有过多的干扰噪声以及不准确的记录。连续指的是需要掌握故障发生前的一定时间窗口内的影响数据（如电流、电压）。最理想的状态是数据能够以连续量的形式呈现，即完整地展示设备运行的全过程，而不是仅仅能够获取个别超过阈值的报警信息。

3）具有足够的样本数量。模型是需要用样本来训练的，这里的样本主要是指设备在正常运行情况下的样本数据和在故障情况下的数据。目前没有明确的标准规定或人工经验指出合适的数据量，但是能够反映设备故障信息的数据越多越好。

上述三个条件如果能够全部满足则解决了工业大数据应用场景中常说的“3B”挑战，即 Background（below the surface）、Broken 和 Bad quality。上述三个条件的满足为建立预测性维护模型奠定了较好的基础。

能够为设备制定预测性维护的数据大多是通过状态监测得到的。设备状态监测是对运行中的机械设备整体或者其零部件的工作状态进行监测，看运行状态是否正常，有没有异常情况或异常征兆情况，可以对异常情况进行实时跟踪和监测，确定设备故障程度。

在使用传感器对设备进行状态监测时，需考虑传感器的类型、数量、布局、大小、重量、成本、灵敏度，以及传感器是有线传输还是无线传输、数据传输速率和其他特性。机械设备常用的传感器有：机械振动传感器、温度信号传感器、力信号传感器、光信号传感器、图像传感器。

当建立了相应的状态监测网络，收集了状态监测数据时，就可以尝试建立预测性维护模型。预测性维护模型的建模过程如图 6-2 所示。需注意的是，“模型选取”“数据预处理”“特征工程”“参数优化”这四个步骤并不是瀑布式进行的，而是迭代进行的，最初选定的模型可能在后期发生改变。

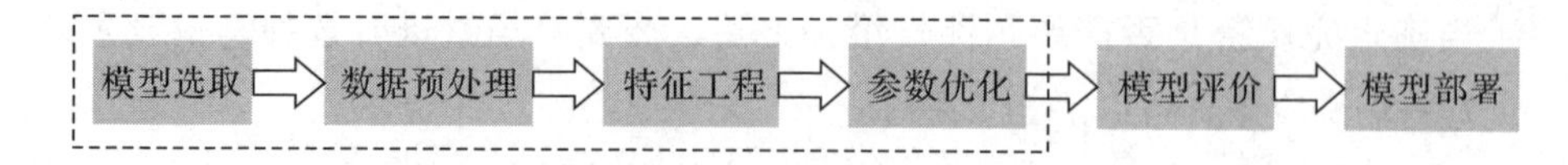

图 6-2 预测性维护模型的建模过程 [1]

数据预处理的工作目的是将原始数据转换成模型输入所需要的数据格式以及做一些简单的处理工作。常见的预处理主要包括工况分割、数据清洗、数据平滑、数据质量检测、数据的归一化、数据样本集平衡和数据分割。上述的预处理工作并不是在每次建立预测性维护模型时都会用到的，而是根据所面对的问题来选择适当的预处理方法。有时数据预处理也会是在模型选择之前。

特征工程可以理解为对模型输入变量进行处理的过程，这个过程主要分为两种：一种是增加特征，也就是在原始变量的基础上，再应用各种方式生成新的特征，所生成的新的特征要与预测性维护的场景中的背景知识或模型知识相关。另一种是减少特征，例如从众多的特征中提取出最具有贡献度的特征，重要的体现就是采用降维方法对数据进行优化选择。对于旋转机械设备而言，特征工程中的特征提取主要包括时域特征提取、频域特征提取和时频域特征提取。在进行特征提取后，需对特征进行选择。进行特征选择一方面能够减少数据量，提高模型的计算效率，另一方面，能够对后期的传感器安装数量进行精简。

参数优化也是预测性维护中的重要组成部分。特征工程主要是针对模型输入变量进行的处理，而参数优化相当于对模型本身的处理。众所周知，即使是同一个模型，采用不同的参数得到的结果往往也会有比较大的差异。参数优化的目的是寻找更适合预测性维护场景的具有更高准确度和计算效率的参数。

如前文分析，预测性维护的关键和核心在于预测模型的准确性。目前预测模型或预测方法主要分为基于物理的方法、基于数据驱动的方法和混合方法。基于物理的方法通常也被称为基于模型的预测方法。该方法基于设备的损伤机理建立损伤传播数学模型以预测剩余寿命。模型的参数可以从设计的专门的实验或者大量的经验数据获得。在进行预测时，状态数据也可用于识别和更新模型参数。虽然该方法预测结果有时非常准确，但是对于复杂系统而言，这种方法是不适用的。这是因为在建模过程中需要考虑多个组件的多种失效模式，多重因素的耦合，使得模型的准确性难以把控。此外，此方法所建立的模型通常都是针对个案的，很少有通用模型，当设备的结构发生变化时，需要重新构建预测模型。

基于数据驱动的方法也称为基于经验的方法。这种方法依赖于已有的状态监测数据，并用状态监测数据直接预测系统的未来状态以进行寿命预测。基于数据驱动的方法可以在不知道复杂系统的物理关系的情况下很好地进行剩余寿命预测，但是大部分基于数据驱动的方法都需要大量的数据用于训练模型或者获取模型参数。有时设备的失效阈值等信息也难以确定，从而影响了预测模型的准确性。

混合预测方法主要包括几种不同的基于数据驱动的方法的融合或基于数据驱动的方法和基于物理的方法的融合。混合模型可以利用多方面的信息，从理论上避免了由于信息和预测模型的单一性而造成预测误差较大的现象。

当上述工作完成后，可对所选取的模型进行训练，从而得到预测性维护的结果。在模型建立以后，需要建立一定的评估标准或评价准则来判定预测性维护模型的准确性或好坏。如果所建立的预测性维护模型通过了测试数据集的测试，模型符合规范和要求，则可对模型进行部署。在对模型进行部署时，除了要考虑预测性维护本身的技术外，还需要关注操作流程，在正确的时间和地点部署合适的资源（人力、技术、备件、设备工装夹具等）。

6.2 质量智能控制

近年来，国内外学者不断地探索基于数据驱动的方法在产品质量控制与改进中的应用，并取得了丰硕的成果。而对于产品质量的控制业务，主要从多阶段制造过程的特点出发，分析此类过程质量控制与改进的数据分析方法，或者从机器学习角度，利用数据挖掘分析方法在制造业中的应用。对于大多数制造企业而言，虽然近年来企业的信息化程度逐步提高，但是制造业质量数据分散，信息孤岛仍然存在，数据利用率不高，很多企业的质量控制与改进仍然以人工经验为主进行管理决策，企业面临空有数据却不知如何使用的困境。而在大数据环境下，迫切需要一种集成的指导思想和行动框架，以全局、动态、发展的视角来研究解决生产运营管理中的各种问题，充分挖掘数据价值，并将其转化成可以重复利用和传承的知识，将企业的产品质量控制方法从以往依赖人工经验转向依靠数据分析获得调控依据的产品质量智能控制方法[2]。

质量智能控制方法不需要根据系统的运行机理建立系统描述模型，其通过量化数据间的关联分析，来实现优化控制。在控制理论中，确定系统的状态参数与响应参数、辨识系统模型、优化设计控制算法是实现优化控制的重要内容。与传统方法不同，该方法通过数据间的关联分析，从海量的潜在影响参数中，识别影响质量波动的关键参数。在系统模型辨识中，刻画系统状态参数与目标的作用规律。在控制算法设计中，依据数据间的作用机理，根据调控策略的反馈，实现对产品的控制优化。因此，质量智能控制通过量化数据间的关联关系来识别影响产品质量波动的关键参数；通过性能预测来揭示不同系统状态下，产品质量的演化规律；通过对系统建立反馈调节控制策略，实现产品质量的准确控制。质量智能控制方法示意图如图 6-3 所示。

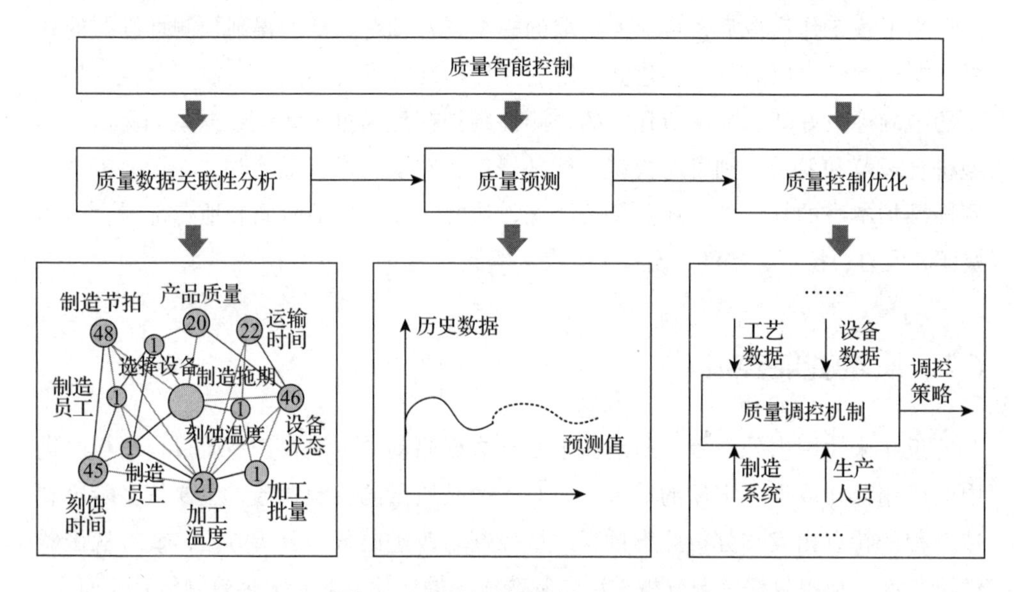

图 6-3 质量智能控制方法示意图

6.2.1 质量控制的主要内容及问题特点

经过上述分析，质量控制的主要内容包括质量数据关联性分析、质量预测、质量控制优化三个方面。实现方法主要有基于解析模型的方法、基于经验知识的方法以及基于数据分析的方法。随着工业过程自动化、网络化、智能化的发展，过程的复杂程度不断提高，数据和经验呈现几何级增长的趋势，使得反映过程输入和输出关系的精确数学模型越来越难以建立，基于经验知识的方法也难以处理综合、复杂的质量问题。另一方面，各种信息技术在制造业中逐渐得到广泛应用，使得制造生产过程得以获取产生的大规模监测数据，这些数据蕴含着反映加工设备和制造过程运行状态的丰富信息，基于数据分析实现过程质量控制与改进成为当前学术界和工业界共同关注的焦点。

产品生产过程是产品质量形成的重要环节，同时也是实现质量控制的关键步骤。企业生产的产品结构日益复杂，复杂机械产品的生产系统属于多工位生产系统，该类型生产系统具有串、并行相结合的层次化结构特点[3]。由于每个工位需要通过一定的工序完成当前的生产作业活动，各工序间存在着复杂影响关系，产品的生产质量不仅由当前工序决定，也会受到上游相关工序的影响。在机加工过程中的零件制造质量反映的是单独一个零件自身的某个特征要素，如表面粗糙度、如平行度、同轴度等，且以几何特征为主。而装配质量反映的却是两个或两个以上零部件特征要素之间的关系，因此装配质量可以看作一种“组合质量”，不仅仅局限于几何要素，它所涉及的内容更加丰富，包括了力、力矩、位移、角度等诸多方面。因此产品的制造质量主要有以下特点[4]：

1）过程性。最终产品是通过一系列生产活动后，在各种生产资源（人、设备、零件、辅料）共同参与下逐步完成的，这一环节是将产品设计时所制定的关键质量指标不断实例化的过程。“过程性”给质量在原先定义上赋予了另一层含义，在静态层面，质量是对设计指标的符合程度；从动态角度出发，质量特性是在先后进入生产环境中的各种影响因素共同作用下逐步形成的综合产物。

2）多元性。例如装配过程是按照一定的装配约束条件以及装配序列，将不同类型零件在装配工艺过程参数的作用下组成最终产品的过程，因此产品各项质量指标是在一定数量且种类不同的质量控制因素的共同作用下形成的。

3）目的性。生产过程在线质量控制具有明确的目标，其核心宗旨就是通过一定的技术手段，对生产环节中在制品质量特征累积、融合过程加以优化和控制，在现有资源条件下提高最终产品的产品质量稳定性。

4）动态性。由于生产质量具有过程性特点，生产过程中各类质量信息和制造资源状态是动态演进的，因此需要根据实际质量的工况信息，从全局角度出发，以提高生产质量稳定性为目的，对相应生产作业活动做出动态调整。

5）复杂性。由于产品质量是在生产过程中多种不同类型质量特征的交互影响下形成的，这类影响关系通常具有动态、非线性的特点，同时装配过程中会产生大量质量数据，需要对这些数据进行实时采集与有效管理，利用数据中提供的相关信息结合理论模型完成在线质量优化控制。

6.2.2 质量数据关联性分析技术

在复杂制造系统中存在多种维度的生产要素，这些生产要素的波动最终导致了产品质量的不确定性与不稳定性。如果对每一个生产要素都加以控制，一方面随着制造系统的复杂程度提升，控制的维数急剧增加，控制难度较大；另一方面，由于生产要素之间存在冗余性，并非所有因素都会对产品质量产生重大影响，盲目的质量控制会造成成本过高[5]。因此，首要任务就是要识别出产品质量数据中的关键影响因素，而质量数据关联分析是特征提取的一种强有力手段，以下将对其进行介绍。

产品生产过程中的关联分析能够在大数据思维的基础上，将设备状态参数、计划执行情况等运行参数，以及质量、交货期等性能指标数据化，通过聚类、序列模式挖掘、关联等算法手段，分析这些数据之间的关联关系。质量数据关联分析的方法主要可分为参数的变量选择和质量参数的特征提取。参数的变量选择是指通过关联分析剔除原始变量空间中的无关变量和冗余变量来降低原始变量维数的方法，主要包括 Pearson 相关系数法、互信息方法、格兰杰因果分析方法等；质量参数的特征提取方法是将原始变量变换到低维特征空间的方法，主要有两种，一种是质量参数的线性数据提取方法，另一种是质量参数的非线性提取办法，如相关性分析、因子分析、主成分分析、独立成分分析等。

1. 相关性分析

数据的相关性分析是指对两个或多个具备相关性的质量数据变量因素进行分析，从而衡量两个变量因素的相关密切程度。质量相关系数主要指线性相关系数，也称为皮尔逊相关系数，但是只能度量质量数据随机变量之间的线性相关关系，而且要求随机变量方差必须有限[6]。

2. 因子分析

数据的因子分析方法是一种数据降维方法。它可以从原始高维质量数据中挖掘出仍然能表现众多原始质量信息变量中主要信息的低维数据，并且此低维数据可以通过高斯分布、线性变换、误差扰动生成原始数据[7]。

3. 主成分分析

数据的主成分分析（Principal Component Analysis，PCA）是一种利用统计原理建立描述系统的低维模型的方法。PCA 提取出的质量数据变量的主成分之间相互独立，能有效降低维数并提升预测精度。但是当质量数据变量间存在较强的非线性时，难以获得较好的预测结果，并且 PCA 本身参数较多、结构复杂，设置恰到好处的模型参数有难度[8]。

4. 独立成分分析

数据的独立成分分析（Independent Component Analysis，ICA）是一种利用统计原理进行计算的方法，它是一个线性变换，这个变换把数据或信号分离成统计独立的非高斯信号源的线性组合，其基本思想是从一组混合的观测信号中分离出独立信号[9]。

传统的关联性分析主要有上述几种方法，各方法由于自身的局限性，难以在产品制造参数规模不断扩大、约束因素逐渐增多的情况下，对参数进行自动、高效识别。故针对现有关联性分析方法中，考虑单一参数与目标之间的关联关系而牺牲模型稳定性，考虑组合参数对目标的关联关系而牺牲时间效率，以及当前制造产品参数中存在的高维特性、冗余特性和关键参数不显著的问题，进一步提出混合式关联性分析方法。

6.2.3 质量预测技术

生产过程监控和诊断致力于发现生产过程中是否存在异常波动并诊断异常产生的原因，以有效降低次品率，但是这种监控方法只能在异常发生时给出报警，不能提前预报可能出现的异常状况，具有一定的时间滞后性。作为过程质量控制与改进的另一重要内容，质量预测技术弥补了这项不足，可使生产人员提前掌握质量变化的趋势，在质量控制中变被动防御为主动预防。

产品的生产制造过程是一个工艺复杂、质量控制点众多、生产环境动态多变的过程，实际生产中会发现在零部件均为合格品、工艺质量特性符合工艺要求的条件下，存在产品的最终质量性能不能满足要求的情况，造成这种情况的原因，主要是上下游工艺的约束、误差缺陷的累积，虽然制造过程参数符合工艺规范，但并不是最优，对于这种产品质量误差累计的影响具有不可预见性。因此，如何进一步对制造过程参数进行分析、优化并对质量进行有效预测，对于提升产品质量控制能力、降低测试成本具有重要意义。

为了挖掘产品的制造过程与质量性能指标之间的复杂非线性映射关系，需要进一步将产品质量性能指标数据化。因此，要建立模型来描述产品质量过程数据对性能指标数据的影响规律，实现产品质量性能预测，便于后续的产品质量优化。构建高效、精确的预测模型是实现过程质量预测控制的关键，国内外学术界结合不同的工业应用，围绕质量预测模型的构建开展了大量研究工作[6]，主要包含以下几种类型的方法

1. 质量预测机理建模方法

质量预测机理建模是指在对过程工艺有充分了解的基础上，例如根据物料平衡、热量平衡、汽液平衡等机理，建立以微分方程或代数方程为主要表达式的动态数学模型。机理建模方法依靠坚实的理论基础，能够构建出精确模型，在机理研究体系较为完善的一些化工过程中得到了应用。但是工业过程普遍存在着非线性、复杂性和不确定性等特点，大多数情况下难以构建完整的机理模型。

2. 基于对象数学模型的方法

基于对象数学模型的方法直接利用生产过程数学模型，获取质量预测的估计值。当采用的数学模型是状态空间模型时，质量预测问题就转化为典型的状态观测和状态估计问题，估计值就可以表示成 Kalman 滤波的形式。当采用的数学模型是输入输出模型时，在对象模型结构已知的情况下，可以采用参数辨识的方法，将质量预测问题转化为传统的辨识问题，最常见的线性模型为自回归滑动平均模型。若描述的对象为稳态模型，可以采用 Brosillow 估计器来构造质量预测模型；如果描述对象是动态模型，可采用自适应估计方法建立质量估计模型，这类方法最终将问题转化为基于自回归滑动平均模型的递推估计问题。

3. 质量预测统计回归方法

质量预测统计回归方法包括多元回归、主元回归、最小二乘回归等。它是从实验或观察数据出发来寻找合适的数学模型，以近似表达变量之间的数量关系，对变量之间的密切程度进行预测和推断。基于统计回归的方法能够充分利用数据的多变量特性，适合于处理数据量大且数据间相互关联的情况。由于提供了有效

的数据压缩和信息提取方法，统计回归方法可以通过结合不同算法来处理非线性问题，在实际工业工程中获得了广泛应用。

除以上传统方法之外，产品质量预测方法还包括专家系统、神经网络和支持向量机等方法，随着深度学习理论的发展，神经网络模型在处理复杂非线性关系问题中也得到了很多应用，且利用“深度模型”手段，实现以“特征学习”为目的的深度学习方法能有效处理复杂非线性关系。同时预测范围也从单工序扩展到多工序，从工序级提升到系统级。在具体的产品制造过程中，需要考虑工艺参数关联耦合、生产环境动态多变等特点，充分考虑各制造过程参数对产品质量的影响，采取合理的预测方法[10]。

6.2.4 质量控制优化技术

质量控制指基于产品质量性能预测模型，找到产品制造过程的关键制造参数并进行控制。通过确定影响质量控制、交货期控制的关键参数，运用规律知识建立针对产品合格率等质量性能指标的科学调控机制。

产品制造过程控制技术是为确保生产过程处于受控状态，对直接或间接影响产品质量的生产、安装和服务过程所采取的作业技术和生产过程的分析、诊断和监控手段。其作用在于对生产过程的质量控制进行系统安排，对直接或间接影响过程质量的因素进行重点控制并制定实施控制计划，确保合格质量。主要包括物资控制、可追溯性和标识，设备的控制和维护，生产关键过程控制管理，文件控制，过程更改控制，验证状态的控制，以及不合格产品的控制[11]。

产品制造过程的控制手段主要有以下几种：编制和执行专门的质量控制程序；强化检验和监督；详细填写质量记录，明确责任，保证可追溯性；严加控制不合格品的处理；加强设备的维护保养；采用统计控制方法（如控制图、统计抽样程序和方案等）进行生产过程控制。以产品装配过程在线质量控制为例，可将产品制造过程的在线质量控制看作一个框架体系，目前相关领域的诸多研究成果可以为之所用，如模型化技术、群体智能优化算法等。

1. 质量控制模型化技术

模型化技术即从研究需求出发，为现实系统建立模型的过程。该过程是对所研究系统本质的科学抽象，用以表征事物固有属性与相关因素间的交互关系以及系统的动态运行机制。模型化是通过对系统静态组织架构、动态行为逻辑交互过程的分析，总结其规律和特征，评价静态和动态性质，预测系统演进趋势，最终达到为决策活动提供策略支持，同时对系统进行有效管理和控制的目的。模型化是研究和分析系统的重要手段和方法。根据不同的分类准则，模型可以有很多种分类方法，就机械产品装配领域而言，涉及的模型主要可以分为数学模型和逻辑模型两类。数学建模即通过数学的语言和工具将现实系统的信息提炼、翻译、归纳为公式或图表等用数学语言描述的模型，数学模型通过演绎、求解和论断，从代数层面给出对系统演化行为的分析、预测，并将相关结论通过逆向翻译和解释反馈到现实系统中，用以指导实践。

2. 群体优化智能技术

质量控制会面临较为复杂的优化问题，实质是多目标、多约束条件下的优化问题，需要结合实际工程背景构建目标体系，在满足一定约束条件的情况下，通过相关技术理论寻求最优解或满意解，使得待研究的目标系统能够达到期望极值。智能优化算法模拟自然界的生物系统运行机制，通过一定的演进策略推动系统状态的转变，从而进行优化求解，最为典型的智能优化算法为遗传算法和粒子群算法。智能优化算法具有不依赖模型数值性态、分布式并行搜索模式、多个体协作迭代等技术特点。

3. 质量稳定性分析与评价

基于统计原理的质量稳定性分析主要从对比给定的若干样本序列的标准差入手来进行衡量，若有较为明显的改变，则说明所对比的样本母体质量稳定性有显著差异。为了更好地对样本进行分析，一般先需要确定样本的分布性态，常用的连续分布有正态分布、均匀分布、指数分布等。质量稳定性分析也可以归结为评价问题，由于产品关键质量特性大多为望目特性，即该值越接近设计时的某个值时当前质量水平越高，也可以将质量数据看作时间序列，基于设计指标构建标准序列，考察当前质量数据序列对标准序列的贴合程度，如贴合程度高则说明当前序列具有更好的质量水平。该类方法主要有模糊关联分析法和灰色关联分析法。当研究对象有多个质量属性需要比对时，可以采用多属性评价方法进行分析，主要有投影寻踪、物元理论、数据包络分析、TOPSIS 法等方法。

6.3 智能生产计划

6.3.1 智能生产计划概述

伴随着经济全球化不可逆的发展趋势，企业产品间竞争的细分领域更加深入，企业间的竞争越来越激烈。在培养企业的核心竞争力中，生产管理是最重要的部分，而在企业生产管理的过程中，最核心的内容就是制定生产计划。判断一个生产计划是否合理的标准在于企业是否能够对资源进行优化配置。合理的生产计划能够有效地降低企业生产的成本，最大范围地缩短企业生产产品的周期，更好地满足客户的多样化及个性化需求。在如今越发激烈的企业竞争中，企业想要提高自己的企业竞争能力，就要改善自己的生产计划，一定要结合自己的实际情况，制定最科学、最合理的生产计划，一个好的生产计划在企业经营和发展中占有重要地位，与此同时，生产计划的有效性和合理性有利于降低生产成本，将企业的利益最大化。

生产计划是企业在生产过程中基于自身可用资源制定的未来一段时间内的生产安排并分配时间去执行计划的一种决策活动[11]。它的主要任务是确定企业在一定时期内要生产的产品和生产这些产品所需的资源，如原料、设备、人力、财力、能源等，其目的是获得高的经济效益。文献根据生产计划在任务规划时间区间上的差异，可将生产计划划分为以下形式[12]：

1）长期生产计划。针对对象是每条产品线，时间区间很长，一般是指未来一年到五年的计划。一般以年为时间单位来规定生产量的多少。在该层，一般由企业高层管理者进行决策，考虑的时间长，不确定因素多，难以给出具体定量的约束，因此不适宜建立精确的数学模型来进行求解。长期生产计划包括：企业战略规划（Company Strategy Planning）和市场需求计划（Marketing Requirement Planning）。

2）中期生产计划。针对对象是每种产品或零部件，时间区间较长，一般是指未来的六个月到十二个月。一般以周或月为时间单位来规定各种类别产品或零部件的生产量，对于生产周期较长的产品，在该层可能会给出各产品或零部件每个时间节点需达到的进度。中期生产计划层在一定程度上会考虑到生产中的一些约束条件，如生产能力的约束，但考虑的粒度较粗，不会涉及底层生产实施的方式，同样因计划周期较长会涉及众多的不确定因素，在该层主要的考虑点在于依据现有生产能力制定中等长度时间范围内的生产任务规划。这一般包括：主生产计划（Master Production Schedule，MPS）、粗能力计划（Rough Capacity Requirement Planning）以及物料需求计划（Material Requirements Planning，MRP）。

3）短期生产计划。针对对象是各种产品或零部件，时间区间短，一般是指未来几天或者几周的生产计划。一般以小时或天作为时间单位，包括最终装配计划（Final Assembly Planning）、细能力计划（Capacity Requirement Planning）以及车间作业计划（Job Floor Planning）。

智能生产计划是指采用智能化的方法制定生产计划，进而有效地降低企业生产的成本，最大范围地缩短企业生产产品的周期，更好地满足客户的多样化及个性化需求。

6.3.2 智能生产计划方法

在过去几十年中，人们对生产计划进行了大量的研究，提出的方法需要和当时的社会生产方式相适应。在“以产品为中心”组织生产的年代，由于是少品种的大量生产，其假设是市场需求和供应能力无限，经济批量法与订货点法是比较好的方法。当市场需求和供应能力无限的假设不再成立，市场供过于求造成大量的生产积压和停滞时，原先的计划和控制方法已不适应新的环境，新的生产计划方法和理念应运而生。这时的物料需求计划、最优生产技术和基于准时制的思想获得了巨大的成功。在生产管理步入信息化和集成化的时代，涌现了许多更先进的生产管理理念和方法，制造资源计划、计算机集成制造系统、企业资源计划、制造执行系统以及更多生产计划方法及手段的出现，使生产向更敏捷、更具有柔性、更精细的方向发展。

经典的生产优化方法分为精确最优化方法和有效最优化方法两种。第一种方法是通过精确求解解析模型的方式获得最优解，第二种方法是通过近似求解的方式获得次优解。主要代表方法为数学规划法、分支定界法、枚举法和拉格朗日松弛法等。面对日益复杂的生产计划编制问题，优化方法的求解能力受到了质疑，因此，更多的学者开始转向生产计划编制问题本身复杂度的研究。启发式方法逐步成为生产计划编制研究领域的主要研究内容，这引起了学术界的广泛关注，主要代表方法有基于规则的启发式方法、人工智能法和局部搜索法等。研究表明，人工智能法的灵活度很高，并且针对较为复杂的变种问题也能有很好的表现，因此越来越受到关注。这里主要介绍几种常用的智能生产计划方法。

1）遗传算法。遗传算法（Genetic Algorithm，GA）是模拟达尔文生物进化论的自然选择和遗传学机理的生物进化过程的计算模型，是一种通过模拟自然进化过程搜索最优解的方法。遗传算法不仅在解决柔性作业车间的调度问题上有很多应用，在产品的串行供应链的周期批量计划中的同步、多规格和小批量生产调度方法、多目标多产品供应链网络改善、混合流水车间调度等多方面均有应用。

2）人工蜂群算法。人工蜂群（Artificial Bee Colony，ABC）算法是一种成熟的元启发式算法，已应用于解决许多行业和服务问题。在ABC算法中，通过搜索找到新解的机制非常适合长期车辆合乘问题（Long-Term Carpooling Problem，LTCP）。ABC算法的每次搜索都包括三个步骤。第一步是将受雇的蜜蜂送至食物源，然后测量其花蜜量；第二步是在分享有关受雇蜜蜂的信息之后，由围观者选择食物来源；第三步是如果发现了废弃的食物来源，则将派遣侦察兵蜜蜂随机寻找新的食物来源。

3）粒子群算法。PSO算法是最流行的随机算法之一。它最初是由Eberhart和Kennedy提出的，期望可以解决持续的问题。为了解决离散问题，Kennedy和Eberhart于1997年开发了PSO的离散版本。随后，离散PSO的不同变体已成功应用于组合优化的各个领域，例如特征选择、约束最短路径问题、基因选择和癌症分类、数据分配问题等。

4）差分进化算法。标准差分进化（Standard Differential Evolution，SDE）算法是进化计算中常用的随机搜索方法。SDE能否成功解决问题对所使用的遗传算子和这些算子的参数初始值高度敏感。由于通用差分进化（Universal Differential Evolution，UDE）算法对所用遗传算子的结构和参数值不敏感，因此在实践中它是无参数的，并且比SDE更易于控制。选择遗传算子和相关遗传算子的内在参数的初始值时，UDE不需要反复试验，解决问题的方法与SDE不同。因此，与SDE相比，使用和修改UDE来解决不同类型的数值工程问题既简单又有效。

6.3.3 案例介绍

遗传算法是通过模仿生物遗传和自然选择的机理，用人工方式构造的一类优化搜索算法，是对生物进化过程进行的一种数学仿真。遗传算法通用性强，不受限制条件的约束，具有隐含并行性和全局解搜索能力，因此被广泛应用于生产计划与调度问题中。这里通过基于遗传算法的混流装配车间生产计划来介绍智能生产计划的具体流程。

1. 遗传算法的基本原理

遗传算法是在20世纪60～70年代由美国密歇根（Michigan）大学J. H. Holland教授创立的，遗传算法主要借鉴了达尔文提出的“物竞天择、适者生存”的进化准则，用选择、交叉和变异操作分别模拟自然界进化中广泛存在的生物繁衍、交配和基因突变，并通过作用于染色体上的基因寻找好的染色体来求解问题。遗传算法求解问题的基本思想是通过随机方式产生一群代表所求解问题的数字编码，即染色体，并基于染色体的适应度值来选择染色体，使适应性好的染色体有更多的繁殖机会，经过遗传操作（交叉和变异）后形成下一代新的种群，再对这个新种群进行下一轮进化，如此繁殖，直到收敛到最适应环境的个体，从而求得问题的满意解。遗传算法中包括如下五个基本要素：编码和解码、初始群体设计、适应度函数设计、遗传操作设计和遗传参数（参数主要是指种群大小和遗传操作概率）设定。这五个要素构成了遗传算法的核心内容。一般遗传算法的步骤如下：

1）初始化产生 P 个可行解，P 为种群规模。

2）计算个体适应度，评价个体适应度值。

3）判断是否达到终止条件，若满足则输出搜索解，否则转4）。

4）按选择策略选择下一代种群 P。

5）按交叉概率 P_c 执行交叉操作，按变异概率 P_m 执行变异操作。

6）产生新一代种群，返回2）。

2. 智能生产计划算法设计

某生产计划描述如下。现有 n 种产品需要在计划期 $[1, T]$ 内加工，每种产品需经过 m 个加工阶段，产品 i 第 t 日的合同交货量为 $F_i(t)$。在生产过程中，单位产品 i 对阶段 j 的能力需求量为 C_{ij}，阶段 j 第 t 日的最大产能为 $C_j(t)$，初始时刻产品 i 的库存量为 I_i。设单位产品 i 的提前交货期附加成本系数为 a_i，单位产品拖后交货期的惩罚系数为 b_i。现需要分配不同产品每日的生产量，使得总的提前、拖期惩罚成本最小。

（1）编码设计

设 $x_i(k)$ 表示产品 i 第 k 日的生产量，将基因编码与生产计划量对应，可得

$$\begin{pmatrix} x_1(1) & x_2(1) & \cdots & x_n(1) \\ x_1(2) & x_2(2) & \cdots & x_n(2) \\ \vdots & \vdots & & \vdots \\ x_1(T) & x_2(T) & \cdots & x_n(T) \end{pmatrix}$$

编码后原问题的解空间对应到染色体的集合。基于以上举证构造的遗传算法染色体为：

$$p=(x_1(1) \quad x_2(1) \quad \cdots \quad x_n(1) \quad \cdots \quad x_1(T) \quad x_2(T) \quad x_n(T))$$

（2）适应度函数

在遗传算法中，要求适应度函数取正值，个体的适应度越大，个体越优秀，由此，在诸多研究过程中，采用数学模型的目标函数作为个体的适应度度量时，必须将目标函数转化为求最大值的形式，并且保证适应度函数是概率表达，适应度函数非负。在模型中，将其通过线性变化转变为可以操作的适应值函数：

$$F_{(x)}=\begin{cases} f_{\max}-f(x) & f(x)<f_{\max} \\ 0 & 其他 \end{cases}$$

其中，$f(x)$ 为原始目标函数，$f_{\max}$ 是一个足够大的整数。

（3）种群初始化

通常种群初始化有两种方法：一种是通过完全随机的方法产生初始种群，这种方法适合于对问题的解没有任何先验知识的情况；另一种是将某些先验知识和约束条件，转变为必须满足的一组要求，然后在这些满足要求的解中随机地选取样本。考虑到生产计划问题中的复杂约束条件，这里采用后一种初始化方法。

从企业的数据库中提取订单、库存数据，满足目标函数的限制条件。将订单需求量分解为目标计划月内每一天的产品产量组合，形成目标计划月内的生产任务，通过对不同任务的排列，产生初始种群 P_0。

（4）选择操作

适应度比例方法是目前遗传算法中最基本，也是最常用的选择方法，也被称为轮盘赌法。对于生产计划的优化过程，选择此方法进行遗传算子选择的操作。设群体大小为 P，其中个体 i 的适应度值为 f_i，则个体 i 被选择进入下一次进化的概率为 $P_i=f_i/\sum_{j=1}^{p}f_j$。

由此可见，概率 P_i 反映了个体适应度在整个群体中的适应比例，个体适应度越大，它被选择的概率也相对更大。

（5）交叉算子

这里采用复合交叉的母代杂交方法。设两个母代个体 S_1 和 S_2 分别为，$S_1=(v_1^{(1)}\ v_2^{(1)}\ \cdots\ v_m^{(1)})$，$S_2=(v_1^{(2)}\ v_2^{(2)}\ \cdots\ v_m^{(2)})$，其中 $v_1^{(1)}$ 表示母代个体 S_1 中的第 i 个基因，$v_i^{(2)}$ 表示母代个体 S_2 中的第 i 个基因。$c_i^{(1)}$ 为母代交叉操作后产生的，是下一代个体 C_1 中的第 i 个基因，$c_i^{(2)}$ 是下一代个体 C_2 中的第 i 个基因。子代基因 $c_i^{(1)}$ 和 $c_i^{(2)}$ 的产生过程如下：从区间（0, 1）内随机生成一个数 γ，根据交叉概率对母代中的基因 $v_i^{(1)}$ 和 $v_i^{(2)}$ 进行交叉，表达为 $c_i^{(1)}=\gamma v_i^{(1)}+(1-\gamma)v_i^{(2)}$，$c_i^{(2)}=\gamma v_i^{(2)}+(1-\gamma)v_i^{(1)}$。

（6）变异算子

根据变异概率选中个体 $C=(c_1\ \cdots\ c_i\ \cdots\ c_m)$ 进行变异后，随机选择基因 c_i 进行变异，变异后产生的个体为 $C'=(c_1\ \cdots\ c_i'\ \cdots\ c_m)$，$M$ 为 c_i 的最大值，$\mu\in(0,1)$ 为随机数，$r\in\{0,1\}$ 为随机数。当 r=0 时，c_i 通过变异，数值增大；当 r=1 时，c_i 通过变异，数值减小，具体如下：

$$c_i'=\begin{cases}c_i+u(M-c_i) & r=0\\ c_i-uc_i & r=1\end{cases}$$

3. 实验结果

待排产订单需求信息如表 6-1 所示。

表 6-1 待排产订单需求信息

产品种类	交货期	库存量	计划欠量	最早交付	最晚交付	提前惩罚	拖期惩罚
1	438	0	438	5	15	13	55
2	320	0	320	26	28	24	79
3	448	0	448	12	13	3	112
4	890	12	878	6	8	15	120
5	841	0	841	2	5	21	140
6	600	299	201	3	5	12	89

根据实际生产数据，利用遗传算法计算，种群规模为 100，交叉概率为 0.6，变异概率为 0.1，迭代次数为 200，产品种类数量为 6，计划期为 30 日。

如果整条生产线全部生产一种产品，不同产品种类对应当月的产能不同，换算成同一种产品后，排产过程中的产能约束情况如表6-2所示。

表6-2　排产过程中的产能约束情况

产品种类	1	2	3	4	5	6
产品月产能	3500	2887	2955	1979	1065	208

在系统中输入维修停机日期，当日生产线停止生产产品，所以计划产量为0。本例中提供5次停机日期，操作者可以在输入窗口输入5日以内（含5日）的排产日期，系统将自动把该日期的产量空出。维修停机日期为：第4日、第8日、第16日、第20日、第24日。

不同产品的产能需求情况如表6-3所示。

表6-3　不同产品的产能需求情况

产品种类	工序1	工序2	工序3	工序4	工序5
1	2.699	3.385	3.067	3.366	2.010
2	1.321	1.660	1.501	1.645	1.100
3	1.018	1.285	1.291	1.458	1.320
4	1.015	1.189	1.271	1.139	1.379
5	1.501	1.081	1.094	1.189	1.185
6	2.010	1.123	2.212	2.213	1.009

完成遗传算法参数设置和初始种群输入，迭代200代后，得到的生产计划方案如下。

产品1第9、10、11日分别生产147，产品2第21、22、23日分别生产107，产品3第17、18、19日分别生产150，产品4第5、6、7日分别生产99，产品4第27、28、29、30日分别生产148，产品5第1、2、3日分别生产178，产品5第25、26日分别生产155，产品6第12、13、14、15日分别生产51。

6.4 智能生产调度

6.4.1 智能生产调度概述

生产调度问题是生产过程中最古老的问题之一，伴随着大生产的进程而产生。

但真正的发展是近几十年的事，特别是在管理成为制约现代企业发展的重要因素的情况下，人们逐渐认识到车间调度已成为生产过程的关键瓶颈之一。生产调度的优化是先进制造技术和现代管理技术的核心技术。国际生产工程学会（CIRP）曾总结了 40 种先进的制造模式，无论哪一种制造模式都是以优化的生产调度为基础的。有关资料表明，制造过程 95% 的时间消耗在非切削过程中，因此生产调度方法将在很大程度上影响制造的成本和效率。当前，我国花巨资引进了大量的国外先进制造技术，但如不能研制开发出适应这些技术的车间级生产技术，包括生产调度技术，那么这些技术的效用将大打折扣，甚至完全失效。有效的调度方法与优化技术的研究，将在我国由制造业大国向制造业强国迈进的过程中发挥积极的促进作用。

生产调度是指以某时间区间的生产任务为依据，基于现有资源和工艺约束条件，指派各工序在何时、何地由何人进行作业，以达到指定性能指标的最优化。对于调度问题的研究目前主要集中于生产调度问题的建模方法和调度问题的优化方法。目前对于以下四类问题有较多研究，它们具有一定的代表性，这四类问题分别为：单机、并行机、流水车间（Flow Shop）、作业车间（Job Shop）调度问题。

1）单机调度。有 N 个工件需要在一台设备上进行加工，各工件的加工时间已知，要求合理安排各工件的加工顺序，使得达到指定性能指标的最优。

2）并行机调度。有 N 个工件需要加工，现有 M 台设备可供选择，要求合理安排各工件的加工顺序，使得达到指定性能指标的最优。

3）流水车间调度。有一批 N 个需要 M 道工序进行加工的工件，分别在 M 台不同的机器上进行加工，并且加工的顺序是一致的，任一工件的任一工序生产时间已知，要求合理地调度各工件的各生产工序在每台机器上的顺序，使得达到指定性能指标的最优。

4）作业车间调度。有一批 N 个需要 M 道工序进行加工的工件，分别在 M 台不同的机器上进行加工，并且不同工件的加工顺序不同，任一工件的任一工序生产时间已知，要求合理地调度各工件的各生产工序在每台机器上的顺序，使得达到指定性能指标的最优。

生产调度的对象与目标决定了这一问题具有的复杂特性，其突出表现为调度目标的多样性、调度环境的不确定性和问题求解过程的复杂性。具体表现如下：

1）多目标性。生产调度的总体目标一般是由一系列的调度计划约束条件和评价指标所构成，在不同类型的生产企业和不同的制造环境下，往往种类繁多、形式多样，这在很大程度上决定了调度目标的多样性。对于调度计划评价指标，通常考虑最多的是生产周期最短，其他还包括交货期、设备利用率最高、成本最低、最短的延迟、最小提前或者拖期惩罚、在制品库存量最少等。在实际生产中有时不只是单纯考虑某一项要求，由于各项要求可能彼此冲突，因而在调度计划制定过程中必须综合权衡考虑。

2）不确定性。在实际的生产调度系统中存在种种随机的和不确定的因素，如加工时间波动、机床设备故障、原材料紧缺、紧急订单插入等各种意外因素。调度计划执行期间所面临的制造环境很少与计划制定过程中所考虑的完全一致，其结果即使不会导致既定计划完全作废，也常常需要对其进行不同程度的修改，以便充分适应现场状况的变化，这就使得更为复杂的动态调度成为必要。

3）复杂性。多目标性和不确定性均在调度问题求解过程的复杂性中得以集中体现，并使这一工作变得更为艰巨。众所周知，经典调度问题本身已经是一类极其复杂的组合优化问题。即使是单纯考虑加工周期最短的单件车间调度问题，当10个工件在10台机器上加工时，可行的半主动解数量大约为$k(10!)^{10}$（k为可行解比例，其值在0.05～0.1之间），而大规模生产过程中工件加工的调度总数简直就是天文数字；如果再加入其他评价指标，并考虑环境随机因素，问题的复杂程度可想而知。事实上，在更为复杂的制造系统中，还可能存在诸如混沌现象和不可解性之类的更难处理的问题。

生产调度问题十分复杂，特别是由于现代制造系统的运行环境越来越充满了不确定性，系统的制造任务经常是动态变化的，如不可预知的任务增加与减少、某些制造资源的紧缺和引入、制造任务处理时间的变化等。同时，因实际问题所需，在调度问题中目前有为数众多的优化性能指标。这些不确定性、动态性和复杂性组合在一起，使规划与调度变得更加困难。同时，为了能够处理这种不断增长的不确定性和复杂性，制造车间的控制系统必须具有较强的适应性、鲁棒性和可伸缩性，因此研究智能生产调度方法对制造系统具有重要的实际意义。

智能生产调度是指基于人工智能的方法，使用人工智能的技术来解决生产调度问题的方法，其包括群体进化类算法、禁忌搜索算法、模拟退火算法、神经网络算法、专家系统以及近年来出现的数据驱动智能调度算法等智能方法。

6.4.2 智能生产调度方法

调度问题的研究与运筹学的发展应用基本同步。20 世纪 50 年代，欧美国家工厂的生产线调度和管理对调度问题的研究提出了迫切的要求。早期人们对调度问题的研究大都采用混合或纯粹整数规划、动态规划、分支定界等数学方法，偏重理论方面并且企图获得全局的最优解。20 世纪 60 年代，人们逐渐认识到调度问题的复杂性，开始研究用简单的规则方法解决这个问题。至此，调度理论的主体结构基本建立起来。20 世纪 70 年代到 80 年代初，计算理论专家学者对可计算性和计算复杂性进行了深入研究，证明了绝大多数的调度问题是 NP-hard 问题；对于这类问题，并不存在有效的多项式时间求解方法。从此，人们开始寻找有效的启发式方法来解决它们，经典调度理论已发展成熟。20 世纪 80 年代以来，随着计算机技术、生命科学和工程科学等的相互交叉和相互渗透，通过模仿自然现象的运行机制而发展的智能算法开始应用于求解调度问题，并显示了解决大规模调度问题的潜力，例如，早期的遗传算法、神经网络、模拟退火和禁忌搜索算法，90 年代以后的约束满足算法、粒子群优化算法、蚁群算法和 DNA 算法等。目前人工智能算法不断发展和涌现，使它们的实用性和效率得到更大的提高。常用的智能调度方法包括群体进化类算法、禁忌搜索算法、人工神经网络算法以及专家系统。

群体进化类算法以遗传算法为代表，包括了遗传算法、蚁群算法、粒子群算法、差分进化算法、蜂群算法和鱼群算法等。以遗传算法为代表的群体进化类算法因为对各种搜索问题的通用性，求解的非线性、鲁棒性、隐含并行性等特点，得到广泛的研究与应用。汪双喜在文献 [13] 中针对柔性作业车间调度问题（Flexible Job-shop Scheduling Problem，FJSP），并假设在工件随机到达的生产环境下，用周期性再调度的调度策略，以效率和稳定性为目标，通过多目标差分算法（Differential Evolution，DE）优化求解。并研究了在不同的再调度周期下，最后完工时间、总拖期、总效率和总稳定性之间的差异情况。Fattahi 在文献 [14] 中针对柔性化作业车间调度问题，建立了动态调度模型，考虑优化生产效率和稳定性两个目标，并采用遗传算法进行求解。

禁忌搜索算法首先设定一个初始解，并从该初始解出发去寻找使得目标函数变化量最大的方向进行搜索，并且在此过程中利用禁忌表记录已经优化的过程，使之能够在邻域中搜索到最优解，避免陷入局部最优解。Laguna[15] 已经成功把禁忌搜索算法应用到以最小化准备成本和延期成本为优化目标的流水车间问题中，通过实例验证了该方法的有效性，并在实际中得到应用。

人工神经网络算法是模拟人类大脑结构和功能的一种算法，它是由大量连接起来的神经元构成的。Rabelo 最先通过用实际生产中的数据来对人工神经网络进行训练，使之针对各种生产调度问题给出相应的生产调度结果 [16]。

专家系统是一个智能程序，其数据库或者计算逻辑中包括了大量某一领域的经验和知识，第一个专家系统于 1968 年出现，由 Edward Albert Feigenbaum 研制成功。它能够根据这些专家的经验和知识，模拟专家决策的过程，解决只有这些领域内的专家才能解决的问题。其在实际应用中存在的问题是：不同行业甚至不同车间的生产过程具有不同的领域知识，故特定的专家系统不具通用性；生产过程中的知识难以收集，而且是随着生产环境动态变化的，专家系统的知识库需要频繁地更新。

随着机器学习相关技术的不断发展，大量机器学习的技术方法被应用到各类车间调度问题中。根据历史数据，Shiue[17] 采用 SVM 算法进行实时调度决策。Choi 等 [18] 使用决策树算法在可重入混合流水车间的操作问题中选择调度规则。除此之外，通过强化学习模型描述决策体与生产环境的交互模型，进而在动态环境变化时自动选择相应的调度策略也是一个新的研究热点 [6-7, 19]。强化学习方法可通过学习经验获得解决问题的能力，其先与环境交互以获取经验，然后通过最大化奖励从经验中学习状态到动作的映射函数 [8-10, 20-21]。上述研究的动作集均由数条调度规则组成，人为降低了解空间的复杂度，会丢失大量较优解。为了解决这一问题，研究人员开始尝试将数据与调度问题机理相结合，国内滴滴出行的 AI Labs 团队提出基于强化学习的网约车派单解决方案，通过将业务规则集成到强化学习中，有效解决了网约车派单这类复杂大规模问题 [22]。数据与机理融合的方法为解决复杂调度问题提供了新的思路。

6.4.3 案例介绍

这里通过基于蚁群算法的流水车间调度来介绍智能生产调度的具体流程。

意大利学者 Dorigo 受蚁群觅食行为中的基于信息素的间接通信机制的启发，提出了一种蚁群算法，并应用该算法求解旅行商问题（TSP）获得了很好的效果。

在 20 世纪 90 年代后期，这种算法逐渐引起了很多研究者的注意，并对算法做了各种改进或应用于其他更为广泛的领域，取得了一些令人鼓舞的成果。研究发现，蚁群优化方法在解决离散组合优化问题方面有着良好的性能。具有 NP-hard 属性的生产调度问题作为组合优化领域的一个研究热点，也是蚁群算法的一个重要研究方向。

1. 蚁群算法的基本原理

蚁群算法是受到对真实蚁群行为的研究的启发而提出的。生物学研究表明蚁群中互相协作的蚂蚁能够找到食物源和巢穴之间的最短路径，而单只蚂蚁则不能。生物学家经过大量细致的观察研究发现，蚂蚁个体之间是通过一种称之为信息素的物质进行信息传递的。蚂蚁在运动过程中，能够在它经过的路径上留下该种物质，而且蚂蚁在运动过程中能够感知这种物质，一条路径上的信息素轨迹越浓，其他蚂蚁将以越高的概率跟随此路径，从而该路径上的信息素轨迹会被加强，因此，有大量蚂蚁组成的蚁群的集体行为便表现出一种信息正反馈现象：某一路径上走过的蚂蚁越多，则后来者选择该路径的概率就越大。蚂蚁个体之间就是通过这种间接的通信机制达到协同搜索最短路径的目的。可通过下面的例子来具体说明蚁群算法的基本原理。

如图 6-4 所示，假设蚂蚁以单位长度 / 单位时间的爬行速度往返于食物源 A 和巢 E，其中 d 为距离，每过一个单位时间各有 30 只蚂蚁离开巢和食物源（如图 6-4a 所示）。假设 t=0 时（如图 6-4b 所示），各有 30 只蚂蚁在点 B 和点 D 处。由于此时路上无信息素，蚂蚁就以相同的概率走 2 条路中的一条，因而 15 只蚂蚁选择往 C，其余 15 只选择往 F。t=1 时，经过 C 的路径被 30 只蚂蚁爬过，由于 DH 和 BF 的距离是 DC 和 BC 的两倍，因此路径 BF、DH 只被 15 只蚂蚁爬过，从而 BCD 上的信息素轨迹的浓度是 BHD 的 2 倍。此时，又各有 30 只蚂蚁离开 B(和 D)，于是各有 20 只蚂蚁选择往 C，另外 10 只蚂蚁选择往 F，这样更多的信息素被留在更短的路径 BCD 上，这个过程一直重复，短路径 BCD 上的信息素轨迹的浓度以更快的速度增长，越来越多的蚂蚁选择这条短路径。

通过上面的例子可知蚂蚁觅食协作方式的本质是：信息素轨迹越浓的路径，被选中的概率越大，即路径概率选择机制；路径越短，在上面的信息素轨迹增长得越快，即信息素更新机制；蚂蚁之间通过信息素进行通信，即协同工作机制。

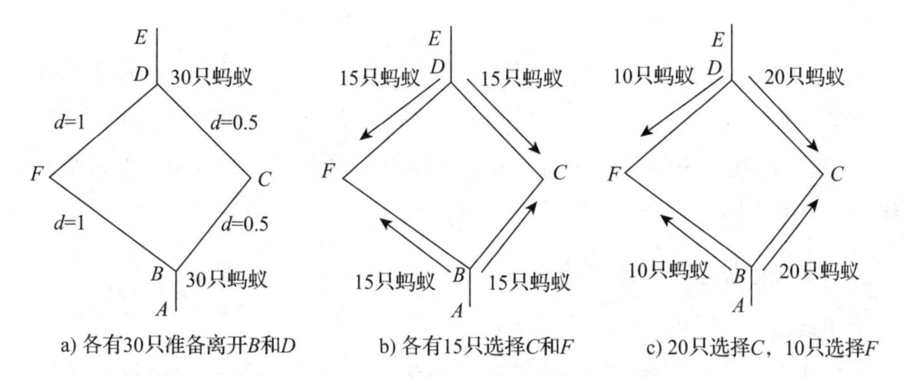

图 6-4 蚂蚁觅食过程示例

以上便是蚁群算法的拟生态学原理，蚁群算法正是受到这种生物现象的启发，通过定义人工蚁来模拟蚂蚁的觅食行为，进而进行求解的。

蚁群算法中的人工蚁的绝大部分特征都源于真实蚂蚁，它们的共同特征主要表现为：

1）人工蚁和真实蚂蚁一样，是一群相互合作的个体。

2）人工蚁和真实蚂蚁有着共同的任务，那就是寻找起点和终点的最短路径（最小代价）。

3）人工蚁与真实蚂蚁一样也通过使用信息素进行间接通信，人工蚁群算法中的信息素轨迹是通过状态矩阵变量来表示的，该状态变量用一个 $n \times n$ 维信息素矩阵来表示。

4）人工蚁利用了真实蚂蚁觅食行为中的正反馈机制。

5）信息素的挥发机制。在蚁群算法中存在一种挥发机制，类似于真实信息素的挥发，这种机制可以使蚂蚁逐渐忘记过去，不受过去经验的过分约束，这有利于指引蚂蚁向着新的方向进行搜索。

6）预测未来状态转移概率的状态转移策略。

除此之外，人工蚁还拥有一些真实蚂蚁不具备的行为特征，主要表现如下：

1）人工蚁生活在离散的世界中，它们的移动实质上是由一个离散状态到另一个离散状态的跃迁。

2）人工蚁拥有一个内部的状态，这个私有的状态记忆了人工蚁过去的行为。

3）人工蚁释放一定量的信息素，它是人工蚁所建立的问题解决方案优劣程度的函数。

4）人工蚁释放信息素的时间可以视情况而定，而真实蚂蚁是在移动的同时释放信息素。人工蚁可以在建立了一个可行的解决方案之后再进行信息素的更新。

5）为了提高系统的总体性能，蚁群被赋予了很多其他的本领，如前瞻性、局部优化、原路返回等。

2. 基于蚁群算法的调度算法设计

（1）编码

这里采用的编码方式是基于工序的编码方式。该编码方式指每个解用一个 $n \times m$ 的代表工序的序列表示，序列中的编码为工件号，第 j 次出现的序号 i 表示工件 i 的第 j 个工序。其特点是任意基因串的排列均能表示可行调度。

（2）状态转移

初始时刻，各条路径上的信息素量相等，设 $\tau_{ij}(0)=C$（C 为常数）。蚂蚁 k 在运动过程中根据各条路径上的信息素量决定转移方向。蚂蚁所使用的状态转移规则被称为随机比例规则，它给出了位于工序 i 的蚂蚁 k 选择移动到工序 j 的概率。在 t 时刻，蚂蚁在工序 i 选择工序 j 的转移概率 $P_{ij}^k(t)$ 为：

$$P_{ij}^k(t)=\begin{cases}\dfrac{\tau_{ij}^{\alpha}(t)\,\eta_{ij}^{\beta}(t)}{\sum\limits_{s\in \text{allowed}_k}\tau_{is}^{\alpha}(t)\,\eta_{is}^{\beta}(t)} & j\in \text{allowed}_k \\ 0 & \text{其他}\end{cases} \tag{6.1}$$

其中 $\text{allowed}_k=\{0, 1, \cdots, n-1\}$ 表示蚂蚁 k 下一步允许选择的工序。由式（6.1）可知，转移概率 $P_{ij}^k(t)$ 与 $\tau_{ij}^{\alpha}(t)\,\eta_{ij}^{\beta}(t)$ 成正比。η_{ij} 为能见度因数，α 和 β 为两个参数，分别反映了蚂蚁在运动过程中所累积的信息和启发式信息在蚂蚁选择路径中的相对重要性。

（3）信息素更新

经过 n 个时刻，蚂蚁完成一次循环，各路径上的信息素量根据式（6.2）和式（6.3）调整：

$$\tau_{ij}(t+1)=\rho\cdot\tau_{ij}(t)+\Delta\tau_{ij}(t,\ t+1) \tag{6.2}$$

$$\Delta\tau_{ij}(t,\ t+1)=\sum_{k=1}^{m}\Delta\tau_{ij}^k(t,\ t+1) \tag{6.3}$$

式中 $\Delta\tau_{ij}^{k}(t, t+1)$ 表示第 k 只蚂蚁在时刻（$t, t+1$）留在路径（i, j）上的信息素量，其值视蚂蚁表现的优劣程度而定。路径越短，信息素释放的就越多。$\Delta\tau_{ij}(t, t+1)$ 表示本次循环中路径（i, j）的信息素量的增量；（$1-\rho$）为信息素轨迹的衰减系数，通常设置系数 ρ 小于 1 来避免路径上的轨迹量的无限累加。

3. 实验结果

某车间有 10 项作业，均需先在 5 台设备上加工，加工时间数据见表 6-4。

表 6-4 工件加工时间数据

作业	设备				
	M1	M2	M3	M4	M5
J1	15	85	51	96	55
J2	46	42	55	20	72
J3	61	90	97	75	96
J4	32	13	31	32	34
J5	32	9	6	1	34
J6	59	29	63	33	50
……	……	……	……	……	……

蚁群算法参数设置为：α=1，β=1，ρ=0.98，蚂蚁数量 =100，循环次数 =100。计算后得到的调度甘特图如图 6-5 所示，可知最终的工件最小化最大完工时间为 730。

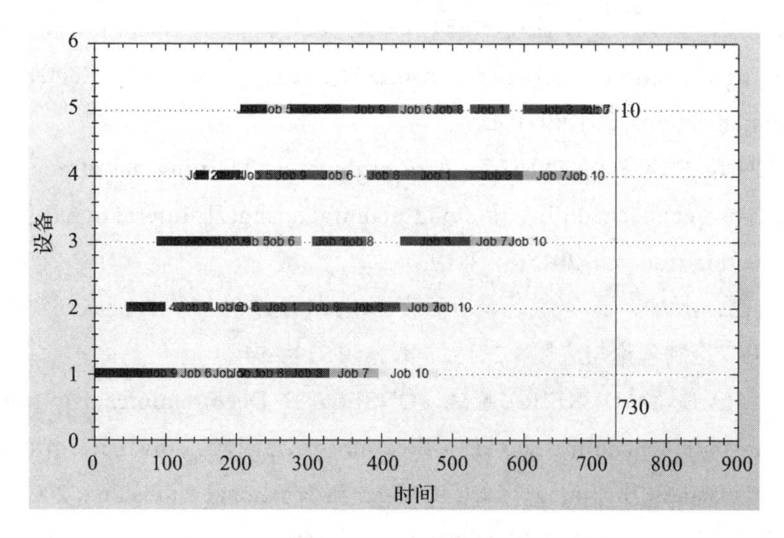

图 6-5 调度甘特图

参考文献

[1] 胡晓轩，朱琦，杨山林，等 . 船舶车间焊接机器人智能预测性维护系统 [J]. 船舶工程，2021, 43(S1):4 15-419. DOI: 10.13788/j.cnki.cbgc.2021.S1.091.

[2] HAZEN B T, BOONE C A, EZELL J D, et al. Data quality for data science, predictive analytics, and big data in supply chain management: an introduction to the problem and suggestions for research and applications [J]. International journal of production economics, 2014, 154: 72-80.

[3] 王杰，王艳 . 基于量子遗传聚类算法的质量控制方法 [J]. 系统仿真学报，2019(12): 2591-2599.

[4] WANG J, ZHANG J. Big data analytics for forecasting cycle time in semiconductor wafer fabrication system[J]. International journal of production research, 2016, 54(23): 1-14.

[5] 任明仑，宋月丽 . 大数据：数据驱动的过程质量控制与改进新视角 [J]. 计算机集成制造系统，2019, 25(11): 2731-2742.

[6] DU Y, LI C. Implementing energy-saving and environmental-benign paradigm: machine tool remanufacturing by OEMs in China[J]. Journal of cleaner production, 2014, 66(3): 272-279.

[7] JIANG N, DENG Y, NALLANATHAN A, et al. Reinforcement learning for real-time optimization in NB-IoT networks[J]. IEEE journal on selected areas in communications, 2019(99): 1.

[8] CHEN S, FANG S, TANG R. A reinforcement learning based approach for multi-projects scheduling in cloud manufacturing[J]. International journal of production research, 2018(8): 1-19.

[9] 唐振韬，邵坤，赵冬斌，等 . 深度强化学习进展：从 AlphaGo 到 AlphaGo Zero[J]. 控制理论与应用，2017, 34(12): 1529-1546.

[10] CUNHA B, MADUREIRA A M, FONSECA B. Deep reinforcement learning as a job shop scheduling solver: a literature review[M]//Advances in Intelligent Systems and Computing. [S.l.]: Springer International Publishing, 2020: 923.

[11] EGELL S, BAXIWAKOSKI I.Optimal operation: scheduling, advanced control

and their integration[J].Computers &chemical engineering, 2012, 47(52): 121-133.

[12] 张晓东 . 生产计划与调度的集成优化 [D]. 南京：东南大学，2004.

[13] 汪双喜，张超现，刘琼，等 . 不同再调度周期下的柔性作业车间动态调度 [J]. 计算机集成制造系统 , 2014, 20(10): 2470-2478.

[14] FATTAHI P, FALLAHI A. Dynamic scheduling in flexible job shop systems by considering simultaneously efficiency and stability[J]. CIRP journal of manufacturing science & technology, 2010, 2(2): 114-123.

[15] LAGUNA M，BARNES J W, GLOVER F. Intelligent scheduling with tabu search: an application to jobs with linear delay penalties and sequence-dependent setup costs and times[J]. Applied intelligence, 1993, 3(2): 159-172.

[16] RABELO L，SAHINOGLU M, AVULA X. Flexible manufacturing systems scheduling using Q-Learning[C]//Proceedings of the-World Congress on Neural Networks. [S. l.]: [s. n.], 1994: 1378-1385.

[17] SHIUE Y R. Data-mining-based dynamic dispatching rule selection mechanism for shop floor control systems using a support vector machine approach[J]. International journal of production research, 2009, 47(13): 3669-3690.

[18] CHOI H S, KIM J S, LEE D H. Real-time scheduling for reentrant hybrid flow shops: a decision tree based mechanism and its application to a TFT-LCD line[J]. Expert systems with applications, 2011, 38(4): 3514-3521.

[19] ARVIV K, STERN H, EDAN Y. Collaborative reinforcement learning for a two-robot job transfer flow-shop scheduling problem[J]. International journal of production research, 2015, 54(4): 1196-1209.

[20] WSCHNECK B, REICHSTALLER A, BELZNER L. Optimization of global production scheduling with deep reinforcement learning[J]. Procedia CIRP, 2018, 72: 1264-1269.

[21] GABEL T, RIEDMILLER M. Distributed policy search reinforcement learning for job-shop scheduling tasks[J]. International journal of production research, 2012, 50(1): 41-61.

[22] ZHANG Z, ZHENG L, LI N. Minimizing mean weighted tardiness in unrelated parallel machine scheduling with reinforcement learning[J]. Computers & operations research, 2012, 39(7): 1315-1324.

第 7 章 Chapter7

智能制造系统典型模式

智能制造系统是一种由智能机器和人类专家共同组成的人机一体化智能系统，通过集成传统制造技术、计算机技术与科学以及人工智能等技术，实现分析、推理，判断、构思和管理决策。本章将以智能加工系统、智能装配系统、智能纺织系统为例展开介绍。

7.1 智能加工系统

随着科学技术的发展和进步，制造产业得到快速发展，传统的机械加工模式逐渐被替代，智能加工系统成为时代发展的必然趋势，在三维空间加时间的四个维度上，综合运用 RFID、工业互联网、传感器、信息技术、网络技术、大数据技术、人工智能技术，以高度柔性与高度集成的方式组织生产，并通过对不同时段的设备情况进行分析，发掘数据信息价值，采取更加科学的决策和管理措施，有效提高产品生产质量和效率，降低监控管理成本[1]。

本节将分别梳理智能加工单元、智能加工车间以及智能加工工厂的组成、业务等，并以晶圆加工车间为实际案例展开详细介绍。

7.1.1 智能加工单元

车间与生产线中的加工单元是工厂中产品制造的最终落脚点，智能决策过程中形成的加工指令将全部在加工单元中得以实现。为了在不确定性的环境条件下能够自治地或与操作者交互地实现拟人任务，加工单元利用智能技术将数据机床（Computer Numerical Control，CNC）、工业机器人、加工中心以及自动化程度较低的设备集成起来，使其具有更高的智能化水平和柔性，从而提高生产效率。

1. 智能装备

智能加工单元中的加工设备一般由数控机床以及工业机器人等组成。其中，数控机床是加工的核心设备，基本组成包括加工程序载体、数控装置、伺服驱动装置、机床主体和其他辅助装置，并引入了智能传感技术，通过在机床中嵌入各类智能传感器，实时采集加工过程中机床的温度、振动、噪声、应力等制造数据，并采用大数据分析技术来实时控制设备的运行参数，使设备在加工过程中始终处于最优的效能状态，实现设备的自适应加工。

2. 软件系统

软件层包括控制系统、数据采集与实时分析系统、自动识别系统、加工工艺知识库等。

1）控制系统负责将加工工艺知识库自动提供的加工程序发送至机床自身的控制系统，控制机床自动装夹装置工作，机床根据数据加工程序进行加工。

2）数据采集与实时分析系统通过控制系统对机床的加工过程数据参数、测力仪上的切削力参数和在线检测设备的检测数据进行采集，通过质量预测方法实现对加工质量的实时分析与预测。

3）自动识别系统通过自动识别装置完成对零件的拍照，实现对零件身份的识别，将自动识别装置拍摄的零件图像进行处理与分析，给予每个加工的零件一个单独的身份识别标识。

4）加工工艺知识库中的工艺参数推荐模块自动分析零件的外观特征和加工要求，基于深度学习算法，根据数据存储模块中的历史数据推荐出一组满足要求的工艺参数，自动生成相应的数据加工程序，并通过控制系统发送至机床。

7.1.2 智能加工车间

智能加工车间由智能加工装备、智能生产线、智能管控系统以及仓储物流系统构成[2]。

1. 智能加工装备

从逻辑构成的角度来看，智能加工装备由智能决策单元、总线接口、加工执行单元、数据存储单元、数据接口、人机交互接口以及其他辅助单元构成。其中，智能决策单元是智能加工设备的核心，负责设备运行过程中的流程控制、运行参数计算以及设备检测维护等；总线接口负责接收车间总线中传输来的作业指令与数据，同时负责设备运行数据向车间总线的传送；加工执行单元由制造信息感知系统、制造指令执行系统以及制造质量测量系统等构成；数据存储单元用于存储制造过程数据以及制造过程决策知识；数据接口分布于智能加工设备的各个组成模块之间，用于封装、传送制造指令与数据；人机交互接口负责提供人与智能加工设备之间传递、交换信息的媒介和对话接口；辅助单元主要是指刀具库、一体化管控终端等。

2. 智能生产线

智能生产线可实时存储、提取、分析与处理各类制造数据，以及设备运行参数、运行状态等过程数据，并利用人工智能技术实现数据分析，实时调整设备运行参数、监测设备健康状态等，并据此进行故障诊断、维护报警等，对于生产线内难以自动处理的情况，还可将其向上传递至智能管控系统。此外，生产线内不同的加工单元具有协同关系，可利用智能调度方法，根据不同的生产需求对工装、毛料、刀具、加工方案等进行实时优化与重组，优化配置生产线内各生产资源。

3. 智能管控系统

主要负责制造过程的智能调度、制造指令的智能生成与按需配送等任务。在制造过程的智能调度方面，需根据车间生产任务，综合分析车间内设备、工装、毛料等制造资源，按照工艺类型及生产计划等将生产任务实时分派到不同的生产线或加工单元，使制造过程中设备的利用率达到最高。在制造指令的智能生成与按需配送方面，面向车间内的生产线及生产设备，根据生产任务自动生成并优化相应的加工指令、检测指令、物料传送指令等，并根据具体需求将其推送至加工设备、检测装备、物流系统等。

4. 仓储物流系统

智能加工车间中的仓储物流系统主要涉及AGV/有轨制导小车（Rail Guided Vehicle，RGV）系统、码垛机以及立体仓库等。AGV/RGV系统主要包括地面控制系统及车载控制系统。其中，地面控制系统与智能管控系统实现集成，主要负责任务分配、车辆管理、交通管理及通信管理等，车载控制系统负责AGV/RGV单机的导航、导引、路径选择、车辆驱动及装卸操作等。

立体化仓库由仓库建筑体、货架、托盘系统、码垛机、托盘输送机系统、仓储管理与调度系统等组成。其中，仓储管理与调度系统是立体仓库的关键，主要负责仓储优化调度、物料出入库、库存管理等。

7.1.3 智能加工工厂

面向机械加工领域打造智能加工工厂，实现高精度、高可靠性、易操作和全天候智能自动化加工，达到零部件加工制造过程的智能化、自动化和高效高质化的目的[3]。智能加工工厂包括智能装备、智能物流、智能加工车间等。

1. 智能装备

智能装备是智能加工工厂的基础。为了实现关键生产设备数控化、自动化，需要大力发展高档数控装备，完成行业生产设备的数控化改造，或引进自动化加工中心、工业机械手等，提高制造装备的生产效率、自动化程度以及数据采集、传输等能力。突破新型传感器、智能测量仪表、伺服电动机等智能核心装置，推进基于感知、决策和自动执行功能的高档数控机床、工业机器人、增材制造装备，实现模块化、柔性化、智能化。发展智能机器，突破具备高度集成的功能软件和硬件实体的智能机器，完善提升感知、计算、通信、诊断与维护、任务执行等功能。

2. 智能物流

为了实现制造车间生产物料智能管理与自动化配送，智能物流主要是通过AGV系统、码垛机和立体仓库等物流系统建设的，实现车间内/生产线物流智能化以及生产现场物料、工件、设备的标识和定位，满足产品的运输、定位和过程管控等，基于物联网实现智能仓储、物流园区规划，实现产品全生命周期供应链管理优化。

3. 智能加工车间

智能加工车间包括智能研发、智能分析、决策等核心业务。在智能工厂环境中的智能研发需要消除信息孤岛，在信息平台中实现异地协同设计、设计–制造并行设计；采用多学科集成的仿真技术、虚拟样机技术进行模拟设计，在设计过程中进行模拟组装和性能测试。同时为了实现自动化、数字化和精密化，通过智能管控系统、智能生产线等实现数字化管理和智能化生产，并具有实时检测功能，可通过传感器实时监测加工过程，并根据监测信息，利用人工智能技术，对加工过程中的各种状态进行分析、判断和决策。

7.1.4 晶圆加工车间

本小节以晶圆加工车间为实际案例，分别对晶圆加工车间的组成和核心业务展开介绍。

1. 晶圆加工车间的组成

在晶圆加工车间中，晶圆通过化学清洗、氧化、光刻和离子注入等多道工序，最终被制造成集成电路（Integrated Circuit，IC）产品。晶圆加工车间主要由晶圆加工系统和物料运输系统两部分组成。其中，晶圆加工系统广泛应用了机器人等自动化设备，主要负责完成晶圆片的各道加工工序，而物料运输系统则主要负责完成晶圆在制品在各个加工设备及存储设备之间的物料运输，可实现工作站内的自动化作业与工作站间的自动化物料配送。

在制造设备中，光刻、刻蚀、离子注入等工作机台都已经实现了高度的单元化，各工作台之间由机器人实现晶圆片的搬运流转。晶圆在立体集成电路的制备过程中，将重复执行单层电路的制备工艺，从而多次访问相同的工作区、工作站与特定设备，形成重入流，如图 7-1 所示。

本节将从自动化物料运输系统、光刻生产区、离子注入生产区、扩散生产区、刻蚀生产区、抛光生产区与薄膜生产区七个部分，对晶圆加工车间的功能分区进行介绍。

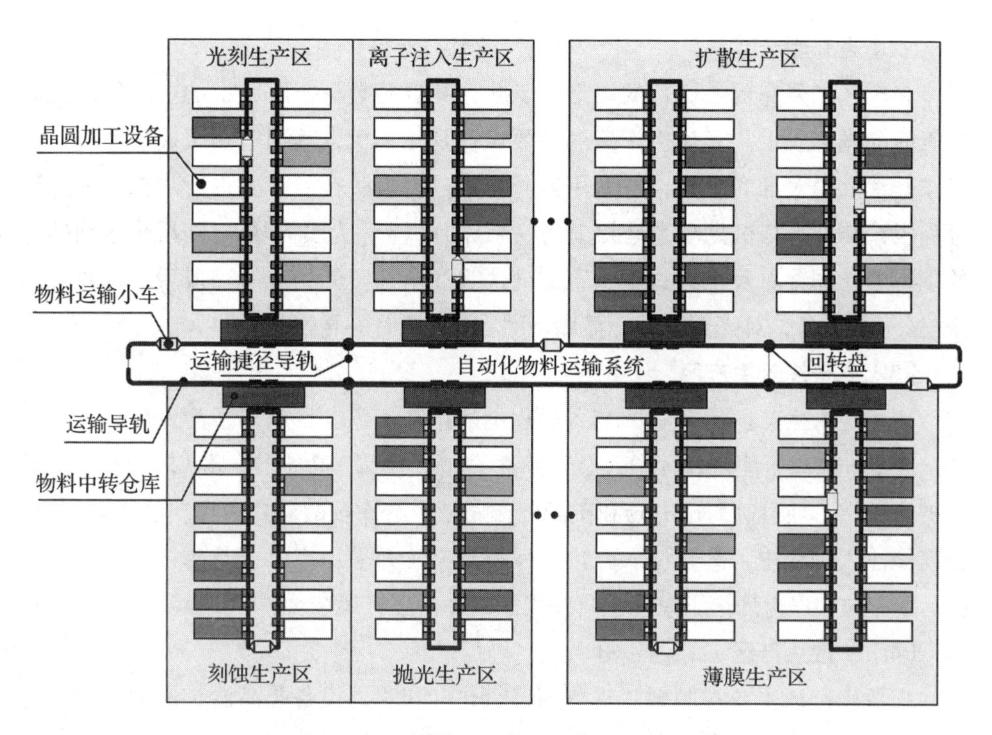

图 7-1 晶圆加工车间中的典型功能分区

(1)自动化物料运输系统

自动化物料运输系统用于完成晶圆 Lot 在上下游工序之间的物料搬运工作。其由运输导轨、物料中转仓库与运输小车构成。当晶圆在制品无法选择空闲的设备进行加工时，它将会被暂存于物料中转仓库等待空闲加工设备的出现。运输导轨是晶圆加工车间的重要组成部分，它是晶圆加工车间内部各个加工设备和运输设备的纽带，并直接为运输设备提供了运输轨道，呈脊柱形布局，由生产区内的导轨与生产区之间的运输导轨两部分构成。晶圆加工车间中的物料运输设备主要用于搬运晶圆在制品，常用的运输设备都是轨道式的运输小车，主要包括高空提升搬运小车和高空穿梭车等。其中，搬运小车沿着安装在天花板上的轨道移动（悬挂式），可直接搬运存储仓库或加工设备出口的晶圆卡，是自动化物料运输系统的主要运输工具。而高空穿梭车运行于高空轨道之上，承载能力强，主要用于完成分离式自动化物料运输系统中存储仓库间的搬运任务。晶圆加工车间规模大、生产节拍短，每分钟内完工的工序数量可达近千道，自动化物料运输系统可快速提高系统运转效率。

（2）光刻生产区

光刻区主要完成晶圆片的图形化工艺，其目的是将掩膜版中的电路复制到硅片表面的光刻胶上。光刻生产区的主要设备是光刻机，其通过多级棱镜系统，实现在硅片上的对准和聚焦，并利用紫外光透过掩膜版在硅片上进行成像。在光刻过程中，步进光刻机先曝光硅片上的一小片面积（称为曝光场），随后步进到硅片的下一曝光场并重复上述过程，直到硅片表面全部曝光为止。完成后，硅片回到涂胶 / 显影设备，对光刻胶进行显影，随后清洗硅片并再次烘干。

（3）离子注入生产区

离子注入生产区完成晶圆制备过程中的掺杂工序。目前离子注入机是主要的掺杂设备。在离子注入过程中，杂质元素（如砷（As）、磷（P）、硼（B））在注入机中被离子化，并通过高压电场和磁场的作用，穿透涂胶的硅片表面，注入晶圆中。在离子注入过程中，离子注入腔内需保持真空，并采用高电压与磁场来控制离子的运动方向，以保证离子束能垂直注入晶圆片并进行掺杂。

（4）扩散生产区

扩散生产区主要对晶圆片进行高温氧化，其主要设备是高温扩散炉和湿法清洗炉。高温扩散炉可以在约一千摄氏度的高温下工作，其可完成包含氧化、扩散、淀积、退火在内的多种高温工序。湿法清洗炉是高温扩散炉的辅助设备，其对进入高温炉中的硅片进行彻底的清洗，从而除去硅片表面的沾污与氧化层。

（5）刻蚀生产区

刻蚀生产区根据光刻显影得到的图形，在硅片上形成永久电路。目前，刻蚀生产区的典型设备是等离子体刻蚀机，其采用射频能量在真空腔中离子化气体分子，并通过电磁场的作用引导等离子体向硅片运动，等离子体与硅片顶层的物质发生化学反应。然后，采用离子化的氧气将硅片表面的光刻胶去除，形成单层的电路。

（6）抛光生产区

抛光工艺是通过化学和机械的方式，对离子注入、刻蚀、清洗等工序后的晶圆表面进行研磨，使硅片表面平坦化。抛光生产区的主要设备是抛光机，其采用化学腐蚀与机械研磨相结合的方式，来除去硅片表面多余的厚度。

（7）薄膜生产区

薄膜生产中所采用的温度低于扩散生产区中设备的工作温度。薄膜生产区中有很多不同的设备。所有薄膜淀积设备都在低真空环境下工作，包括化学气相淀积（Chemical Vapor Deposition，CVD）和金属溅射设备 [物理气相淀积（Physicial Vapor Deposition，PVD）]。

2. 晶圆加工车间的核心业务

首先针对制造过程中的设备、产品和系统三个主题，对晶圆加工车间中的业务进行建模，划分出晶圆加工车间中的核心业务，如图 7-2 所示。

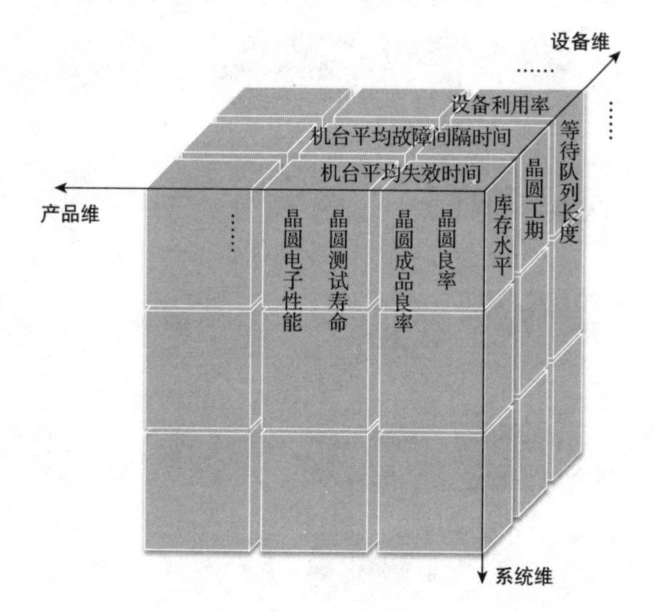

图 7-2 晶圆加工车间多维性能模型

晶圆加工车间的性能具有典型的多维度特点，和晶圆加工设备有关的车间性能指标有机台平均失效时间、机台平均故障间隔时间、设备利用率、工序良率等，与晶圆产品相关的车间性能指标有晶圆良率、晶圆成品良率、晶圆测试寿命、晶圆电子性能等，与晶圆加工车间相关的性能指标有库存水平、晶圆工期、设备空载率和设备的等待队列长度等。在车间的运行优化中，针对这些性能指标又形成了具体的性能优化业务：如设备利用率的预测和调控、库存水平的优化、晶圆电子性能的改善等。以设备利用率优化、晶圆良率的改善和晶圆工期的优化为例，进行面向设备、产品和系统三个主题的多维度业务模型构建。在这三个车间性能指标中，在线准确侦测晶圆加工异常并反馈控制，准确预测与优化批次完工期和准确预测晶圆良率是其中的核心子业务。

在对晶圆加工车间的优化性能进行业务建模之后，需要对这些核心业务背后涉及的实体进行抽象，抽象出实体、事件、说明等抽象的实体，从而找出业务表象后抽象实体间的相互的关联性，以及实体数据的尺度情况，从而保证数据模型的关联性和尺度一致性。如图 7-3 所示，晶圆加工车间是典型的复杂制造系统，其设备数量多、种类杂，产品工艺复杂而漫长，系统在制品数量多、规模庞大，这些特点使得晶圆加工车间中的性能指标之间互相关联且关系错杂。

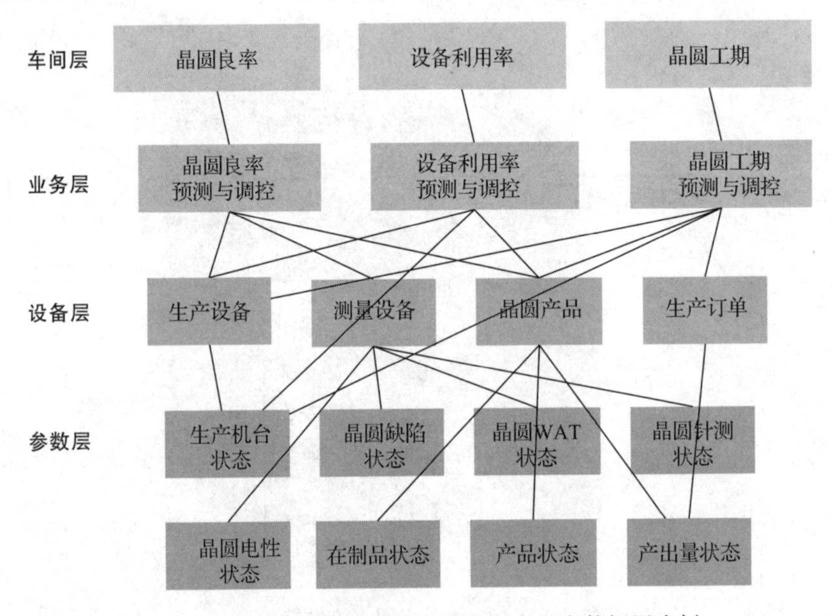

图 7-3 晶圆加工车间中的多维度、多尺度数据层次树

在构建了晶圆加工车间数据的层次树结构后，得到如生产机台状态等数据实体及其尺度特性，以此为依据实现晶圆加工车间数据的按业务、按实体、按尺度的分布式合理存储与管理。

根据业务与参数的关联情况，以晶圆工期预测与优化业务需求为例，基于人工智能算法，形成如下相关流程步骤：

1）针对候选参数多、参数间作用机理复杂、关联关系多样的特点，首先，对晶圆工期的潜在影响参数特性进行分析；其次，设计关键参数滤取方法，包括数据预处理方法、基于信息熵的关联关系度量方法、工期关键参数过滤方法，从而高效滤取影响晶圆工期波动的关键参数。

2）根据滤取得到的关键参数，利用LSTM等人工智能算法，对晶圆每层电路的制备工期进行预测，揭示晶圆逐层制造过程中工期受设备、产品等参数的综合影响而呈现出的波动规律。

3）在晶圆单层工期精准预测的基础上，基于强化学习等人工智能算法，优化晶圆工期的调控策略，实现晶圆的生产进程的逐层调控，从而保障晶圆订单的最终准时交付。

7.2 智能装配系统

智能装配系统作为智能制造系统中必不可少的发展模式，涉及的产业领域和技术理论纷繁复杂，特别是在对智能化装配的研究载体上，主要以汽车制造业和航空航天制造业为主，不仅有综述性的研究，也有定量化的探讨，然而这些研究未能从智能化装配的共性角度将相关组成、业务等整合到统一框架内。鉴于此，本节从智能化装配角度出发，梳理装配领域的智能装配单元、智能装配车间以及智能装配工厂，并以汽车柴油发动机装配车间为实际案例展开详细介绍。

7.2.1 智能装配单元

智能装配单元是在统一管控的基础上，以具有状态感知、实时分析、自主决策、精准执行等特征的智能工装为核心，集成物料管理系统的先进生产单元。智能装配单元一般由装配站、物料输送装置等组成。

1）装配站是具有自动装配装置的装配工位，由物料分配机构、旋转送料单元、装配机器人、放料台、带保护接线端子单元等组成，其中装配机器人是装配站的核心设备，由机器人操作机、控制器、末端执行器和传感系统等组成。

2）物料输送装置由传送带和换向机构等组成。根据装配工艺流程，可将不同的零件和已装配成的半成品送到相应的装配站。

为实现操作人员在正确时间、地点对正确的产品进行准确装配，智能装配单元还包括状态感知模块、实时分析和决策模块、精准执行模块、物料管理模块和综合管理模块[4]，其中每个模块的内涵如下。

1）状态感知模块。状态感知模块实现对周围环境和装配工装、产品等状态的实时感知。通过在装配单元中布置各类传感器，构建基于CPS的状态感知环境，实现对所需信息（如温度、载荷、位移、产品状态等）的有效采集，并对采集的多源、异构数据进行处理和融合，为实现实时分析提供有效信息。

2）实时分析和决策模块。实时分析和决策模块以感知信息为基础，利用特征工程、互信息等技术对相关数据进行预处理，筛选出关键特征参数，并利用人工智能技术构建智能分析和决策方法，对采集到的数据进行工装、产品状态等分析，并给出相关优化策略。例如，对飞机装配单元而言，主要通过基于感知数据的工装定位状态及其影响因素分析，给出实现产品精确装配的工装定位夹紧状态。

3）精准执行模块。智能工装在接收系统决策指令后，控制工装定位器的精准移动，达到对产品精确定位的目的。精准执行模块所需执行的操作是提高装配效率和装配精度、简化人工操作、保证装配过程的重要体现。

4）物料管理模块。物料管理模块实现物料、工具等的准时化配送，是实现智能装配的必备条件。通过实时获取物料仓储信息、在途信息等，根据实际需求，利用基于人工智能技术的相关调度方法实现对物料的选取、移动及配送等操作的全面控制和管理。

5）综合管理模块。综合管理模块是装配单元的“管控中心”，监控和管理在智能装配单元中的产品装配过程。利用人工智能技术实现装配单元的分工和管理，并对突发的状况给出较优策略，实现智能动态优化，从而保证了装配单元的持续性健康工作。

7.2.2 智能装配车间

与传统装配车间不同的是，智能装配车间是将装配过程中的各个单元，包括相关系统、零部件、机器设备、工装夹具、人以及物流等，根据不同需求进行智能化调整，实现计划管控、物流管控、质量管控、制造资源管控以及管理系统集成优化，从而提高装配过程的自动化程度及工艺质量。智能装配车间一般由装配资源和信息支持系统等组成。

1）装配资源是装配车间完成装配任务的物质基础，包括各类工业机器人、AGV、物流设备、监控设备、智能传感设备等硬件，以及车间内的操作人员。智能装配单元是车间装配任务的单位实体，它由某些工业机器人、装配设备和一个或多个操作人员等封装的制造资源组成。

2）信息支持系统是一套用于指导装配车间生产任务的所有信息系统的总称，

包括 MES、ERP、PDM、WMS、数据库管理系统（Database Management System，DMS）等。通过使用支持多目标优化管理的系统集成工具，不同的系统之间将实现有效的集成。

基于上述装配资源和信息支持系统，可实现装配车间生产计划管控、物流管控、质量管控、制造资源管控以及系统集成。

1）对装配生产计划的管控

针对顾客对产品的个性化需求程度高以及装配生产执行过程中扰动因素较多等特点，智能装配车间采用智能调度手段，实现生产计划快速制定、实时下达和进度的有效管控。

2）装配生产过程中的物流管控

针对零配件种类繁多、装配工艺复杂的特点，智能装配车间采用精益化的物流管控手段，实现标准化的物流供给方式，构建从装配线延伸到整个物流的准确、及时的流动体系，从而降低库存，缩小成本。

3）装配生产过程中的质量管控

针对复杂精密装备本身结构复杂、工艺路线众多的特点，智能装配车间实现装配生产过程中的质量管控，对全装配过程中质量检验信息、不合格品信息等进行实时的采集，并基于人工智能算法构建质量预测模型，对产品进行分析：在每一个装配工序点装置大量的质量信息采集终端，终端采集到的海量信息通过车间无线传感网络传输到管理后台以进行智能化分析比对，并生成实时的质量信息报表，从而实现产品质量的有效追溯，避免产品质量事故的发生。

4）装配生产过程中的制造资源管控

装配生产过程中涉及大量的设备、物料、人员等不同的装配资源，智能装配车间通过结合车间信息的智能感知与采集、RFID、各类传感器及网络传输技术，并利用人工智能技术构建智能管控方法，实现装配生产过程中的制造资源管控，进而为企业创造更多的效益。

5）车间管理系统间的集成运行

打造装配车间的智能制造模式，不仅需要在车间部署大量的信息管理系统（包括 MES、ERP、PDM 等信息管理系统），还需要采用信息技术对各系统进行有效集成，例如采用信息集成接口实现各系统间集成，从而实现设备信息、物流信息、质量信息、人员信息等在各系统间进行集成和优化运行，从而实现企业间信息的快速传递、处理及应用，实现企业内部信息共享，消除“信息断层”和“信息孤岛”等现象，实现现场层、MES、ERP 等一体化集成，为产品高效有序的生产管理奠定坚实的基础。

7.2.3 智能装配工厂

智能装配工厂的基本框架体系中包括智能决策与管理系统、企业数字化制造平台、智能装配车间等关键组成部分。

1. 智能决策与管理系统

智能决策与管理系统是智能装配工厂的管控核心，负责市场分析、经营计划、物料采购、产品制造以及订单交付等各环节的管理与决策，由企业资源计划（ERP）、产品生命周期管理（PLM）、供应链管理（SCM）等一系列生产管理工具组成。在此基础上，利用基于人工智能算法的决策模型，以上述系统中企业生产能力信息、生产资源信息以及所生产的产品信息为输入，生成合理的产品生产流程与工艺方法，并能够根据市场、客户需求等动态信息做出快速、智能的经营决策。

2. 企业数字化制造平台

企业数字化制造平台需要解决的问题是如何在信息空间中对企业的经营决策、生产计划、制造过程等全部运行流程进行建模与仿真，并对企业的决策与制造活动的执行进行监控与优化。其中的关键因素包括制造资源与流程的建模与仿真、虚拟平台与制造资源关系的构建。

制造资源与流程的建模与仿真需要着重考虑智能制造资源的 3 个要素，即实体、属性和活动。实体即为智能装配工厂中的具体对象，属性是在仿真过程中实体所具备的各项有效特性。同时为建立虚拟平台与制造资源之间的关联，需要通过对装配现场实时数据的采集与传输，装配现场向虚拟平台实时反馈生产状况。生产状况主要包括生产线、设备的运行状态，在制品的生产状态，过程中的质量状态，物料的供应状态等，智能装配中的数据基于统一的模型，被制造系统中的所有主体所识别，并能够通过自身的数据处理能力从中解析出具体的制造信息。

3. 智能装配车间

智能装配车间是产品制造的物理空间，由智能管控系统、智能装配单元、智能装配装备、仓储物流系统等组成，其中的智能装配单元及智能装配装备提供实际的装配能力。各智能装配单元间的协作与管控由智能管控及驱动系统实现。通过自动化设备（含装配设备，检测设备，运输设备，机器人等所有设备）实现互联互通，达到感知状态（客户需求、生产状况、原材料、人员、设备、生产工艺、环境安全等信息），并利用智能管控方法分析数据，给出合理的优化方案，从而实现自动决策和精确执行命令的自组织生产的精益管理境界的车间。

7.2.4 柴油发动机装配车间

为实现柴油发动机装配车间智能化发展，首先需要构建装配车间信息物理系统架构，在此基础上构建智能装配车间。

1. 装配车间物理系统架构

为了能实现车间内部虚拟平台与物理对象的相互映射及无缝融合，促使数字化车间走向智能化，并对车间内时间和空间信息进行联合处理，从而提高生产线数据的实时性，以满足车间平台任务安排与信息反馈的实时性要求，有学者提出了如下的柴油发动机数字化车间的信息物理系统架构[5]。主要包含五个层次，由下而上为：设备层，控制层，网络层，系统层和管理层。

设备层主要包括智能工装设备、智能物流设备（如上料机器人、AGV、传送装置）、智能传感器、智能测试设备。主要功能是实现柴油发动机产品装配、产品检测、工位信息采集、零部件自动化运输、成品运输过程，同时，也是柴油发动机生产数字化信息的源头与控制层执行生产计划的工具，比如：RFID传感器属于智能传感器中的一种，通过在柴油发动机各装配工位安装RFID传感器，实现车间人员、设备、物料、工装等的编码信息、位置信息、状态信息的非接触式实时采集，再存入MES数据库以数字化升级制造工艺，替代传统车间工艺流程卡来管控柴油发动机生产。

控制层主要包括PLC、单片机等自动化控制器与驱动装置及人机界面。主要功能是接收来自网络层的装配、采集柴油发动机装配过程信息等操作指令，再通过控制层的各种硬件进行驱动及控制设备层的各种智能化设备进行柴油发动机装配数据采集、零部件自动化物流运送等操作。

网络层主要包括工业PON（无源光纤网络）、DNC（分布式数控）网络、各种通信及控制总线、SCADA 系统（数据采集与监视控制系统）、DCS（分布式控制系统）和 FCS（现场总线控制系统）等内容。功能是实现车间智能仪表、测试仪器等之间的数据传递及采集，且将系统层中 MES 的柴油发动机装配计划排产人工或者自动化地分解成装配指令，并发布生产指令至控制层。在这一层级，通过工业 PON、DNC 网络及工业现场总线等通信网络在整个车间内部使零件压装设备、大量的工控机等形成互联互通的工业通信网络，以实现生产各个工位之间数据的传递；柴油发动机装配车间需要配置 SCADA 系统、DCS 及 FCS，以实现车间装配线 / 工位的数据实时采集、装配过程实时监测、装配设备集中管理与分散控制等。

系统层由 MES 及 WMS 组成，MES 主要功能是实现柴油发动机装配车间的管理与生产监控。首先，承接来自管理层中 ERP（企业资源计划）的生产数据（包括柴油发动机装配日计划，物料库存、调配数据，生产变更数据）与 PLM 的工艺数据（各条装配线的工艺路线、每个工位的工艺信息、数据变更信息）；其次，在装配过程中为操作人员提供图纸工艺和技术文档等内容的无纸化查询及指导操作人员进行装配；最后，接收网络层上传的柴油发动机装配的工艺数据和所有资源（人、设备、物料、客户需求）的当前状态信息，利用人工智能算法构建相关管控方法，实现车间级的协调、跟踪、决策和调度。WMS 与 MES 在软件系统层以 Web 方式进行数据的交互，其接收来自 MES 的当日生产计划、零部件的物流调配信息与成品完工信息，用于柴油发动机生产车间物料的调度和配送以及成品的入库管理和统计。

管理层包括 PLM 系统和 ERP 系统。管理层通过 PLM 进行产品全生命周期的设计，通过 ERP 获取 PLM 内部工艺数据并制定出车间的主生产计划，物料主数据下放至 MES 并分解为若干个 MES 车间生产子任务；同时，MES 向 ERP 系统进行生产进程反馈并生成生产计划报表。ERP 系统主要功能是提升企业管理层的综合管控能力，解决传统车间的工艺、资金、采购、物流等业务之间的信息孤岛效应，并在生产计划管控、企业资产管理、企业财务管控等方面体现其独特的优势。

2. 柴油发动机智能装配车间

首先，柴油发动机智能装配车间采用智能化设备（如上料机器人、气门油封压装机、油道干式试漏机）、智能传感器（如 RFID、无线温度传感器、接近开关），并根据数字化模型配备自动化传输线；其次，安装 PLC 等自动化控制器与驱动器以实现数字化产线设备的自动化控制、智能传感器的数据采集与处理；再次，在数字化产线载入工业 PON 网络、各种工业通信总线（如 ProfiBUS）、DNC 网络等，形成装配车间实时通信网络，以及在数字化生产线载入 SCADA 系统、DCS、FCS 等控制车间设备，进行装配、物流运送等操作及对车间装配过程进行实时数字化监测；最后，在车间层级将设备、硬件、监控系统软件融为一体。而在柴油智能装配车间构建中，数字化的内容主要包括人、机、料、工装等的编码、位置、状态等信息，通过 RFID 技术、条码扫描枪、手持终端进行采集这些信息，提高产品的可追溯性与生产过程的有效管理，形成对 MES 的有力支撑。

接着通过 ERP 系统与 PLM 系统进行集成，实现研发 / 生产一体化，同时，通过 ERP 系统提升企业资源管理水平。PLM 系统向 ERP 系统中自动传递或者手动传递产品装配工艺相关的信息、物料清单和工艺路线等信息。紧接着，采用 MES 实现生产过程的工序控制，MES 功能通过为每台柴油发动机创建一对一的序列号的方式，并在实际装配过程中的每个工序通过扫描来获取序列号的形式访问工艺数据库以获得该工序相关的控制信息，实现从工序管控到车间管控的数字化升级；MES 接收来自数据采集网络的数据以供调度方法、质量预测方法以及管控方法等生成高级排程、进行产品质量分析及设备管理；再通过上线 WMS 配合 MES 使用，实现物料出入库、存储、配送等物料管理工作，最终实现数字化车间虚拟系统与物理系统进行无缝衔接，构建出数字化车间信息物理系统架构。

最后，利用大数据分析技术为产品研发与设计、生产与供应链、运维与服务等提供助力。

1）企业通过互联网平台收集用户个性化产品需求、产品客户交互和交易数据，利用大数据分析技术挖掘和分析客户动态，帮助客户参与产品的需求分析和设计等活动，实现定制化设计，再依托柔性化生产流程，为用户生产出量身定制的产品。

2）通过产品全生命周期内数据流转的自动化及对制造生产全过程的自动化控制和智能化控制，促进信息共享、系统整合和业务协同，提高精准制造、敏捷制造能力，实现个性化定制规模生产，加速智能车间、智能工厂等现代化生产体系建立，实现智能生产。

3）通过监控、分析远程采集的产品实时运行状态数据，实现远程监控与管理、故障诊断及预测性维护等在线增值服务，可降低维护成本，提高产品利用率。

最终实现柴油发动机这一离散型制造行业的智能制造、协同制造、大规模个性化定制和远程运维等新型制造模式。

7.3 智能纺织系统

近年来，纺织服装行业智能化发展速度加快，不断上升的用工成本和人力资源短缺成为棉纺织企业发展中重要的痛点之一，自动化、智能化纺纱设备的应用，有效帮助纺织企业解决了用工多、生产效率低、产品质量不稳定等系列问题，企业实施智能化改造的热情高涨。

目前，纺纱机械设备实现了工艺技术参数的计算机输入、实际检测输出及警示，以及满筒自动络筒、自动落纱等纺纱自动化技术。同时实现了半成品卷装、成品卷装向下道工序自动运输和部分纺织机械设备自动化连续运行生产，在纺织成品阶段实现表面质量在线检测等智能化检测技术。这些创新显著减少和代替了人工劳动，提升了自动化水平。随着基于互联网平台的监控管理技术不断完善，“纺织智能工厂”初具雏形。

而以智能工厂为载体，以纺织环节智能化为核心，以端到端数据流为基础，以网络互联为支撑，智能纺织系统贯穿设计、生产、管理、服务等纺织制造活动各个环节，具有信息深度自感知、智慧优化自决策、精准控制自执行等功能，可有效缩短产品研制周期、降低运营成本、提高生产效率、提升产品质量、降低资源能源消耗。通过构建智能纺织系统在先进纺织装备、纺织信息化技术和大规模个性化定制模式等方面展开突破性工作，帮助纺织行业实现在全球贸易新格局、消费市场新空间、产业模式新变革、区域结构新局面下的转型升级。

7.3.1 纺织行业的智能制造需求

纺织行业作为我国国民经济的支柱产业和重要的民生产业，正处于转型升级的关键时期。整个行业面临人口红利消失、原材料价格上涨、环保压力增大、出口缩减等现实问题。面对发展困境，纺织行业积极求变，不断推进两化深度融合，加快新旧动能转换，以智能制造为手段，推动我国纺织行业向高端发展。随着纺织服装行业智能化发展速度加快，企业实施智能化改造的热情高涨。

1. 纺纱系统的智能需求

智能纺纱系统运用了大数据、云计算和互联网技术等实现对纺纱流程的监控可视化，平台的客户可以实时地获取订单的进度和质量情况。系统还可以将所有数据实时传递并集成、分析，通过数据分析反向指导生产管理。同时系统还能自动生成产量报表，实现生产全流程的网络化、集成化，提高生产效率和管理精细水平。当然，监控可视化，还需要数字处理和图像处理技术的辅助。其实目前有很多纺织企业已经可以获取实时的质量监测情况和订单进度，但是这现在主要还是依赖于运维人员的数据及时更新。

未来的纺纱工厂将是智能化、连续化的，纺纱全流程实现数字化监控和智能化管理，工序间产品自动转运，夜班无人值守。目前整个纺纱流程并没有完全实现连接，所能实现的清梳联、粗细络联等也只是将工序连接起来，是模块化的、阶段性的。智能化的共性技术与纺织专业技术有机融合在一起，实现上下游的整合和协同，才是真正的智能化。延伸上下游，进行生产企业间的横向集成，将不同生产企业的数据进行连接，将工厂的特定信息与上游供应链、下游客户端连接，使整个产业链实现一体化，建成完善的智能全产业价值链。全面的大数据平台通过工业实时网络采集传感器、仪表、设备、系统的实时数据，接收订单信息、计划信息、工艺信息、调度信息、机台信息、人员信息等，建立全面的数据平台，使得数据融合更为方便、快捷，在大数据的基础上可以方便地进行各种数据汇总和分析。全方位的数据采集和监控主要包括对纺纱工艺设备、公用设备和能源消耗的实际数据采集和监控。实现车间生产设备的在线数据采集与监控，实时了解现场设备运行状况和产品质量情况；空调、滤尘、锅炉、空压等公用设备进行温湿度和水汽等监控，实时了解设备运行状态及工厂车间环境；实现对工艺设备、公用设备、照明的能耗监测，实现监控电能设备运行状态以及实时能耗情况。进一步加快产业升级的探索力度，通过采用先进科学管理和数字化、自动化、智能化纺纱设备，尽快实现棉纺织企业夜班无人值守车，希望通过整个行业的共同努力，推动整体竞争力的快速提升。

2. 织造系统的智能需求

当前，长丝织造行业面临着严峻的外部形势，行业经济增速进一步放缓，出口有所下滑，全国拥有各类长丝织造设备（织机）近50万台，其中超过70%是喷水织机。现阶段，相当比例的中国长丝织造企业缺乏研发能力和实力，它们急需专业的技术支持，来提高企业产品档次，增强企业的生存能力和竞争能力。然而，现在由于某些原因，我国的科技成果转化率很低，发明专利转化为生产力的不到10%，不仅对社会资源造成巨大浪费，而且也挫伤了广大企业的应用积极性。例如一些在剑杆织机、喷气织机上广泛采用的定位刹车、电子送经/电子卷曲等成熟技术尚未在喷水织机上推广使用，由于装备水平的限制，高技术含量及功能性面料的开发和生产受到制约。

通过与关联产业的横向联合，积极推进行业内各个生产环节的自动化水平，在降低对人工依赖的同时也尽可能地降低“人为疵点”的产生，提高产品的质量。纺机企业应与织造企业合作，将既有的、成熟的并且已经在其他类型的无梭织机上广泛使用的自动装置和技术应用在喷水织机上，从根本上改变喷水织机的自动化相对落后的现状，提高智能水平，将智能制造转化为“智能织造”，从而实现行业装备水平的整体提升和跨越式发展。在其他生产环节，积极推动选用自动穿经装备，在提高生产效率的同时提高新产品开发的能力。同时在劳动强度较大的上轴和落布等工序，要积极推动采用电动上轴和落布工具并且积极探索实现自动上轴和自动落布的工艺和装备的研发，降低劳动强度，提高生产效率。

此外，以互联网为基础的新一代信息技术正在深入推动制造业融合创新发展。互联网给传统制造业带来的改变，绝不只是智能制造，它涵盖了从消费者调研、产品定义、研发、供应链协同、制造、物流、市场推广、销售到终端市场的全产业链。对长丝织造企业而言，企业可以利用互联网来采集并对接用户个性化需求，推进设计研发、生产制造和供应链管理等关键环节的柔性化改造，开展基于个性化产品的服务模式和商业模式创新。另外，企业还可以通过互联网与产业链各环节相连接，促进生产、质量控制和运营管理系统全面互联，推行设计研发和网络化制造等新模式。有实力的互联网企业可构建网络化协同制造公共服务平台，面向细分行业提供云制造服务，促进创新资源、生产能力、市场需求的集聚与对接，提升服务中小微企业能力，加快全社会多元化制造资源的有效协同，提高产业链资源整合能力。

3. 染整系统的智能需求

随着经济全球化的不断深入，我国传统纺织印染企业的生存和发展遇到了前所未有的严峻考验。一方面，受美国、欧盟等一些发达经济体金融危机的影响，纺织品的出口严重下挫，同时国内消费市场增长缓慢，致使产能严重过剩；另一方面，随着水、电、汽、用工等要素成本和排污成本的不断攀升，以及印度、越南等东南亚国家纺织业的逐步兴起，劳动密集型和资源消耗型的传统纺织行业的比较优势已不再。在严峻的现实面前，印染企业需认清形势，积极求变，依靠科技创新，走节能减排、绿色环保、以人为本的转型升级之路，如此才能实现企业的可持续发展。

由于染色生产过程高度流程化，且伴随着大量配方信息、参数信息、生产信息、质量信息，印染生产管理已经不是简单的设备运转管理，而是要求能够快速有效地收集和处理信息。从企业的内部生产管理现状来看，当前大多数印染企业由于管理技术相对滞后，依然存在着染色效果要求高与信息管理手段相对落后的矛盾、先进的设备与落后的管理之间的矛盾。许多印染企业在采购设备时只针对生产或管理的单个环节，缺乏全局观念和系统管理意识，导致信息集成管理能力跟不上，大多仍停留在粗放式管理阶段，主要还是依靠人工来管理生产和操作，信息传递慢，易出错，重复劳动多，返工率高，限制了企业的生产规模增长与产品品质提升。

由纺纱、织造、染整这三大纺织制造环节的需求可以看出，智能制造是纺织业转型升级的重要抓手。智能纺织系统首先应该考虑产品全生命周期、多个阶段价值链和多层次系统架构的多维度建设工作。贯穿纺织产品全生命周期的各个环节需要包括产品设计、生产制造、物流输送、市场销售和售后服务等，纺织制造价值链提升需要实现资源配置、系统集成、互联互通、信息融合和新兴业态发展，系统层次化架构则需要完成设备层、控制层、管理层、企业层、网络层等的全面构建与实现。纺织业可以从以下两方面入手，进一步加快推进智能制造的落地。

（1）推进智能化纺织装备的研发和应用

纺织装备是纺织行业开展智能制造的基础和新一代信息技术与纺织技术融合的载体。智能化纺织装备的产业化应用，是提高生产效率和产品质量的关键。应当充分利用现有资金渠道，支持企业开展新型纺纱织造装备、新型印染等装备的研发与推广。

在用工成本不断上涨的背景下，提升纺织装备的数字化、智能化技术水平成为纺织行业提高劳动生产率和产品质量稳定性的重要手段。企业联合研制清梳联设备实现了开清棉和梳棉两个工序的连续化和自动化生产，并采用异纤自动分拣仪对开松后的棉流进行全方位扫描，将棉流中的化学纤维、塑料膜等异纤清除掉。同时建立数字化纺纱车间，配置智能物流输送系统，基于自动导引小车和机器人完成物流、码垛和打包工作，实现万锭用工从 50 人减少到 20 人，劳动生产率大幅提升。随着环保法规和相关标准的日益严格，绿色发展成为纺织印染行业的指导理念。企业研发的无水印花机由计算机控制将染料和助剂喷印到织物上，喷印过程中不产生噪音和废水、废气等，能够对生产过程中的耗水量、污水和废气排放进行检测，有效降低污染排放和资源消耗。

而在纱线染色环节，为保证工艺参数的准确运行，需要对温度、染料液位等指标进行实时检测，以便对生产流程做出调整。建立染色工艺在线检测及反馈系统，在染色机上安装温度传感器，根据实时温度在线检测和气动阀门定位器的调节，实现染液温度的恒定。在染色单位的主缸内安装差压液位计，实时检测染料液位并作为调整管路阀门开口大小的依据，实现液位精确控制。

通过在线检测，企业能够大幅提高染色产品一次符样率和生产效率。在织造过程中，由于机械故障或操作错误等原因，布匹会存在一些瑕疵。纺织企业传统上采用人工方式进行织物瑕疵检测，在检测精度、速度和检出率方面都不理想。企业开发布匹瑕疵在线视觉检测系统，基于机器视觉实现织布过程中布匹瑕疵的实时检测。

（2）搭建纺织行业智能制造公共服务平台

通过产学研深度融合，推进纺织智能制造公共服务平台的建设，向企业提供纺织行业智能制造关键技术的测试验证、转移孵化、专业技术咨询等服务，强化服务资源支撑，加速纺织行业智能制造前沿技术的应用。

我国纺织服装行业整体市场集中度较低，以中小企业为主，上下游之间信息对接不够顺畅，普遍面临融资困难和库存积压等问题。企业间建立基于互联网的供应链服务，打造纺织产品一体化平台，能更好地整合供应链资源。

在满足以上智能制造建设需求的过程中，信息物理系统（Cyber-Physical System，CPS）起着十分重要的作用。在利用物联网技术全面互联纺织制造过程各加工工序设备的基础上，CPS 在将纺织原料转换为智能产品的过程中，通过接入服务互联网，实现产品智能设计、设备智能维护、质量智能控制、生产智能调度、物流智能规划等一系列智能服务功能，帮助纺织产品制造过程从自动化逐步转化提升为智能化和服务化。

此外，随着大量纺织工艺设备、众多供应链成员、不同信息系统的互通互联，纺织行业数据将呈现进一步爆发趋势，呈现海量体量、高实时性、高多样性和高潜在价值等大数据特点。通过集成市场、设计、工艺、生产、管理和销售等的海量数据，纺织行业将实现产业链各个环节的融合与协同优化；通过分析挖掘这些数据中所蕴含的特征信息、规律知识和应用智能，纺织行业的整体智能化水平将得到显著提升；通过将这些大数据技术应用到精准营销模式、众创设计平台、自动工艺规划、自适应生产调整和自主设备维护等环节，为纺织制造业带来新的业务增长与附加价值。总的说来，需要以 CPS 为核心环节、大数据为驱动基础，从产品全生命周期、制造价值链和层次化架构三个维度，打造大数据驱动的智能纺织系统。

7.3.2 智能纺织系统平台架构

智能纺织系统的平台架构参考了工业 4.0 参考架构模型与中国智能制造标准化参考模型，以工业互联网为基础、CPS 平台为核心、三大集成为手段的纺织智能制造平台架构如图 7-4 所示。

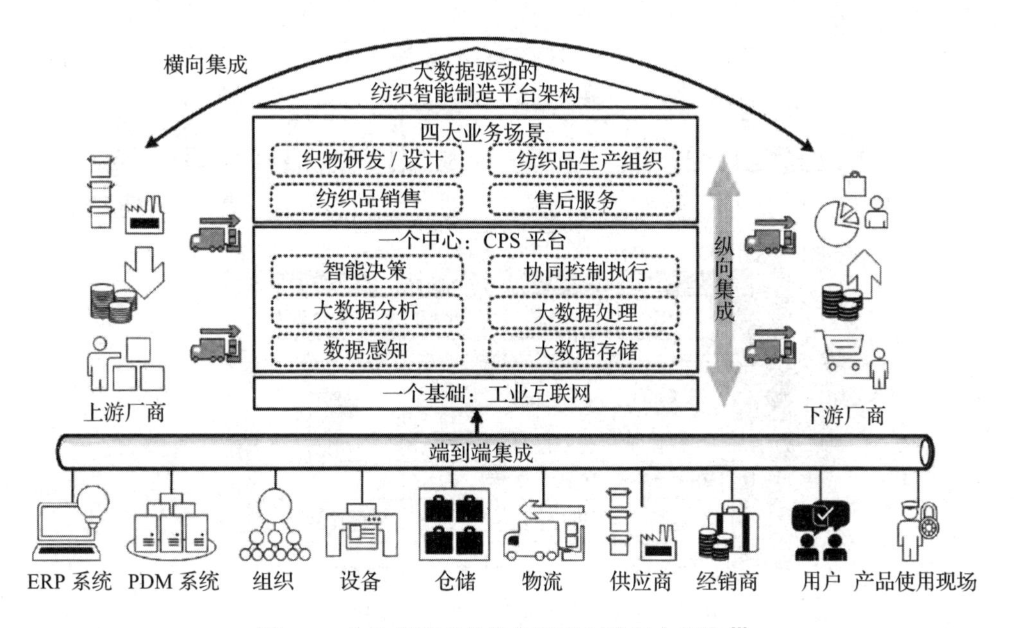

图 7-4 大数据驱动的纺织智能制造平台架构 [6]

其中通过横向集成可以将纺织生产车间及纺织供应链连接起来，形成协同优化；纵向集成则实现制造过程的互联化、数据化、信息化、知识化和智能化；再通过端到端集成实现企业不同部门之间协同管理。

1. 横向集成

纺织行业智能制造的横向集成主要是在纺织产品的生产流程中，如图 7-5 所示，主要由企业间横向集成与企业内横向集成两部分组成，旨在打通产业链的信息壁垒，加速生产、采购、物流过程，提高产业协同水平，使大规模定制成为可能。企业间横向集成通过建立贯通纺织产品的全产业链，面向上游的纤维制造、纺纱，中游的织物织造、染整，以及下游的服饰制造，实现信息与物料的互联互通。企业内横向集成指在生产设备、业务经营和信息系统上实现资源、业务和信息的全面集成。

大数据催生了横向集成的新需求，在企业间的横向集成中，各企业之间采用的信息系统各不相同，如何构建统一的数据接口规范，实现数据的流转是急需解决的关键问题。在企业内部，通过构建在工业通信网络以及现场总线基础之上的全流程数据的全局存储、组织、查询与分析应用，才能够实现横向集成的目标。

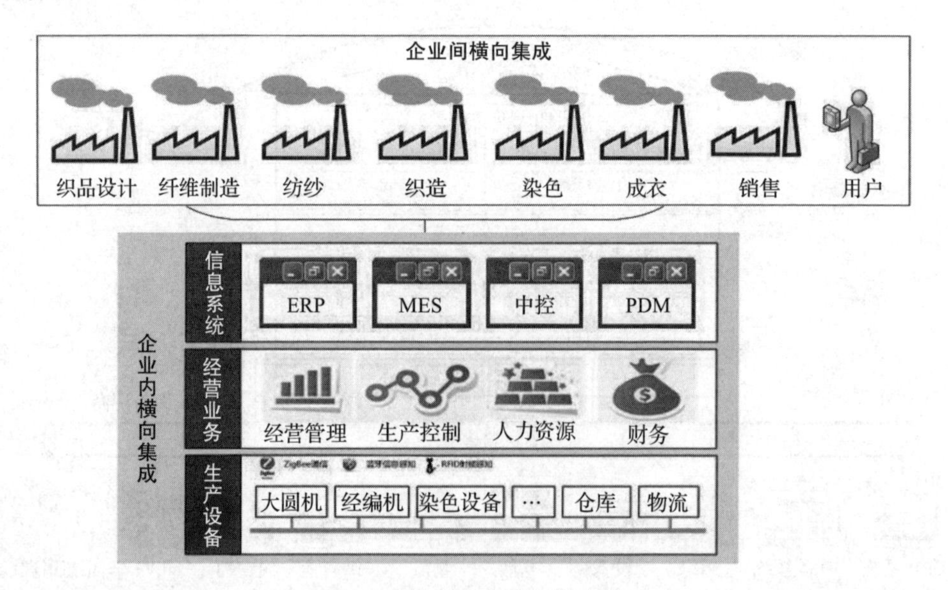

图 7-5　纺织产业横向集成 [6]

2. 纵向集成

纺织过程中的纵向集成包括制造服务封装、制造服务平台与制造服务配置 3 个层次的纵向集成架构，如图 7-6 所示。

制造服务封装指的是对信息基础设施、数字化制造设备、数字化辅助设备进行封装，实现资源、能力、服务的虚拟化。制造服务平台对流程中涉及的计划、工艺、质量、物料和设备多个维度进行集成。以织造过程为例，从织造车间的生产计划与调度、织造工艺执行与管理、织造生产过程质量管理、织造生产物流管理、织造车间设备管理 5 个方面实现集成。制造服务配置指的是在制造服务平台的基础上，实现设备网络化协同共享，智能生产线构建服务、生产工艺实时优化决策与生产进程监控等多项配置功能。

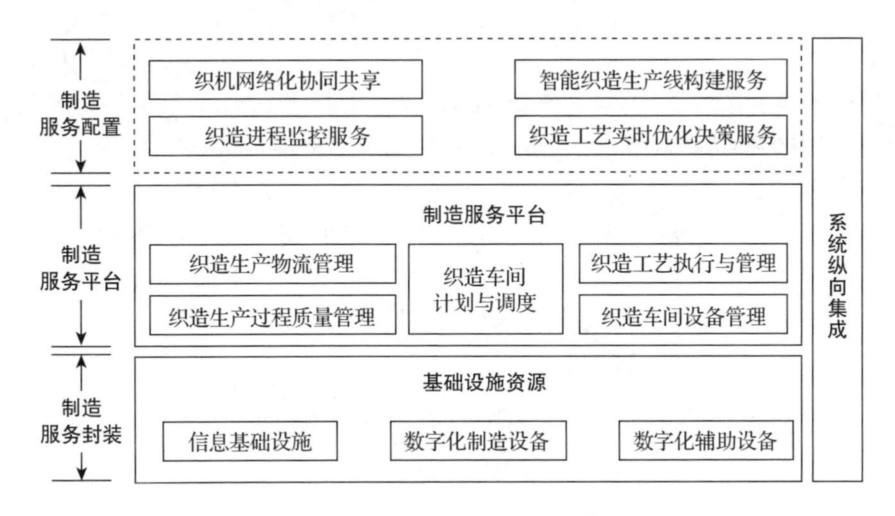

图 7-6 织造车间纵向集成[6]

3. 端到端集成

在纺织产品的智能制造中，客户将参与产品的设计和生产，全产业链进行了更紧密的整合。在纺织车间的端到端集成基于高效的大数据处理技术，将供应商、销售商、客户、织物的应用环境与生产环境进行集成，快速、高效地完成织物设计、织物织造与染整、售后服务、信息反馈和织物回收，这使得纺织产品的大规模定制成为可能。成衣制造的端到端集成如图 7-7 所示。

针对端到端集成目标，需要在大数据平台中组织面向不同业务场景的数据仓库，运用智能决策方法满足业务需求。首先要针对供应商、制造商、销售商、客户等每一端形成数据标准报文，实现信息流通的标准化。此外，针对端到端集成带来的按需大规模定制生产模式，基于大数据技术，设计面向设备管理、生产调度、工艺管理、产品质量等业务的决策算法，满足新模式带来的高效率与高柔性要求。

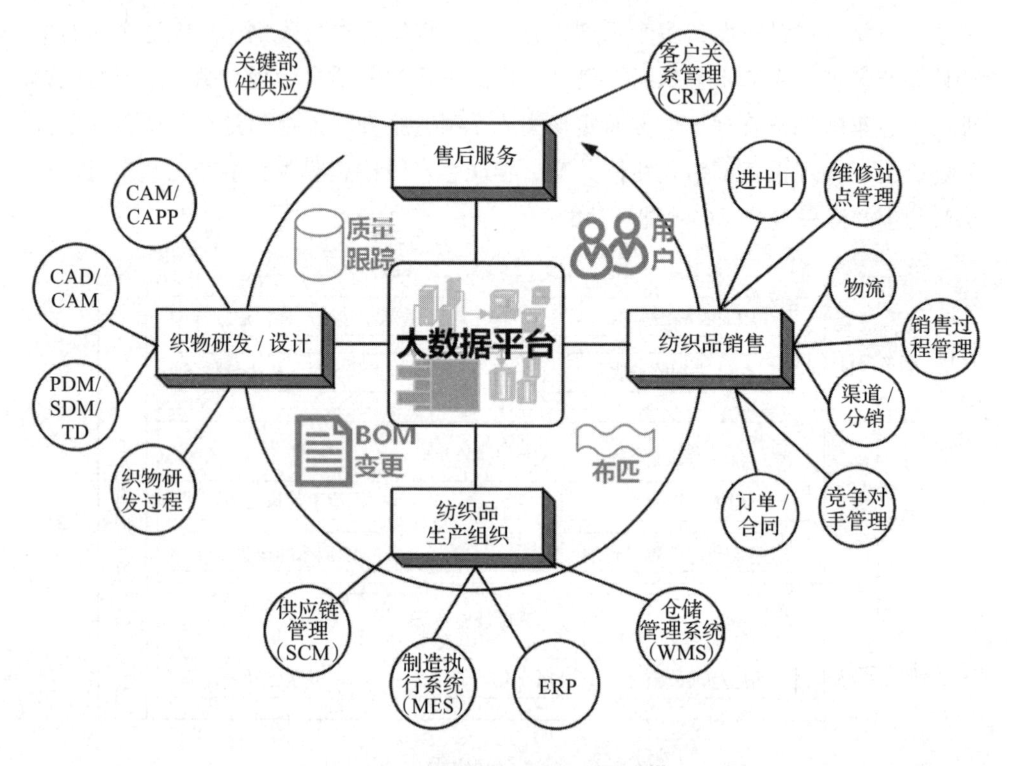

图 7-7 成衣制造端到端集成 [6]

下面将从纺纱、织造、染整三个智能纺织系统架构组成来具体说明智能系统架构：

（1）智能纺纱系统的架构

智能纺纱系统首先由机电一体化设备构成纺纱生产线，生产线上主要的工作设备如图 7-8 所示。

1）清花线：棉花以棉包的形式运输，清花线对其进行开松、除杂、混合处理，把原料包中压紧的纤维块松解成较小的纤维束，同时避免纤维的损伤和杂质的碎裂；清除原料中大部分的杂质和疵点以及部分短绒，同时避免可纺纤维的损耗；使不同成分、不同等级的原料充分混合，保证成纱质量的均匀一致。

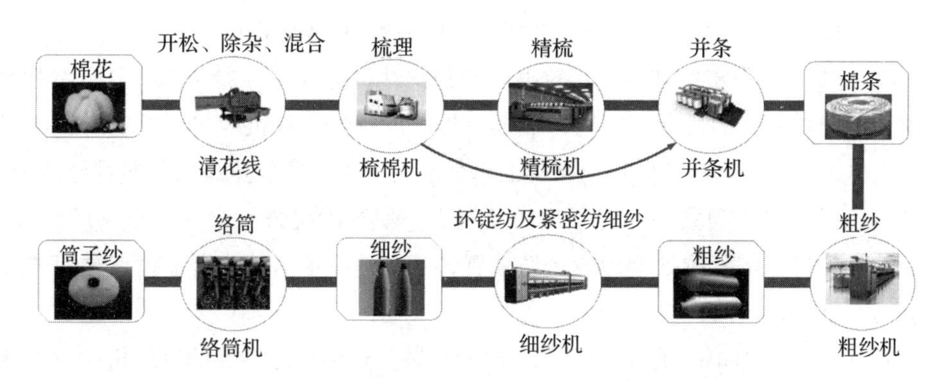

图 7-8　纺纱系统生产线工艺与硬件设备

2）梳棉机：梳棉机的结构分为三个部分：预梳部分，包括刺辊、给棉罗拉、给棉板、除尘刀和小漏底等部件；主梳部分，包括锡林、盖板、道夫和大漏底等部件；成条部分，包括剥棉罗拉、喇叭口、大压辊和圈条器等部件。其作用是除掉清花工序遗留下来的破籽、杂质和短绒，然后集成一定规格棉条并储存于棉筒内，供并条工序使用

3）精梳机：对用于高档产品的纱和线还需要使用精梳机进行处理，其结构包括：传动机构；分梳、拔取机构；牵伸、圈条机构。用于排除较短纤维，清除纤维中的扭结粒（棉结、毛粒、草屑、茧皮等），使纤维进一步伸直、平行，最终制成粗细比较均匀的精梳条。

4）并条机：并条机按牵伸机构形式分为罗拉牵伸并条机和针梳机两大类，其结构分为：喂入部分，包括喂入条筒、导条罗拉、导条压辊、导条平台（或高架）和给棉罗拉；牵伸部分，包括牵伸机构和自动清洁装置；成条部分，包括集束机构、叭口、紧压罗拉、圈条器、棉条筒底座。其作用是改善条子的内部结构，从而提高其长片段均匀度，同时降低重量不匀率，使条子中的纤维伸直、平行，减少弯钩，使细度符合规定，使不同种类或不同品质的原料混合均匀，达到规定的混合比。

5）粗纱机：粗纱机按加捻机构形式分为翼锭粗纱机和搓拈粗纱机。翼锭粗纱机靠锭翼回转对纱条连续施加拈度，生产有拈粗纱。搓拈粗纱机靠一对搓条皮板对纱条进行夹持搓拈，在纱条上形成正反拈向相间的假拈，生产无拈粗纱。翼锭粗纱机和搓拈粗纱机又可分为头道、二道和单程粗纱机。各种粗纱机的喂入形式、粗纱卷装和机器的锭数有所不同，但机器结构和作用大致相同。

6）环锭纺 / 紧密纺细纱机：普通环锭纺细纱机为双面多锭结构，主要由喂入机构、牵伸机构、加捻卷绕机构、成形机构组成。粗纱从粗纱架吊锭上的粗纱管上退绕出来，喂入牵伸装置进行牵伸。牵伸后的须条由前罗拉输出并通过导纱钩，穿过钢丝圈，卷绕到紧套在锭子上的筒管上，使细纱绕成符合一定形状的管纱。紧密纺细纱机在前罗拉处增加紧密纺装置，基本消除了前罗拉至加捻点之间的纺纱加捻三角区。

7）络筒机：络筒工序的任务是：改变卷装，增加纱线卷装的容纱量；清除纱线上的疵点，改善纱线品质。络筒机由气圈破裂装置、张力装置、清纱装置、捻接器、槽筒、传动系统组成。通过捻接器将容量较少的管纱（或绞纱）连接起来，做成容量较大的筒子。棉纺厂生产的纱线上存在一些疵点和杂质，比如粗节、细节、双纱、弱捻纱、棉结等。利用清纱装置对纱线进行检查，清除纱线上对织物的质量有影响的疵点和杂质，提高纱线的均匀度和光洁度。

8）筒子纱：筒子纱由喷气涡流纺纱机绕成喷气涡流纺纱机由分梳辊、喷嘴、纺杯、假捻装置、清纱器等部件组成，直接喂入棉条，利用高速旋转气流使其加捻成细纱，再通过清纱器就将细纱绕成了筒子纱。

而智能纺纱系统则是在原有机电一体化设备的基础上，通过数字化和计算机技术，融合传感器技术、信息科学、人工智能等新思想、新方法，模拟人类智能，使其具有感知、推理和逻辑分析功能，以实现自适应、自学习、自组织、自主决策能力。由于纺机的研发成本造成智能化设备和配件价格偏高，AGV、变频器、CPU、软件系统维护成本也很高，给纺织企业形成较大的运营负担。

智能数字纺纱工厂的系统架构通过工业实时网络实时采集纺纱设备、仪表、传感器的数据，实现实时监控，同时将数据汇聚到大数据平台；大数据平台通过安全网闸与公司管理内网相连，生产管理系统、应用服务器、现场智能终端等连接在公司内网，生产管理数据、现场智能终端等通过内网融合到大数据平台；公司内网通过路由器、防火墙等安全设备连接到互联网；在大数据平台基础上，通过台式机、笔记本电脑、手机、平板等各种设备均可访问系统以及进行数据应用；智能手环连接到工业实时网络，这样实时的报警信息都可以实时地推送给挡车工、保全工、维修工、班组长等相关人员，使现场问题得到及时处理。大数据平台丰富的数据分析和应用，可以对设备状况进行预测，帮助做到预防性维修保养。智能纺纱系统软件架构主要由以下几个模块构成。

1）全面的大数据平台——通过工业实时网络采集传感器、仪表、设备、系统的实时数据，接收订单信息、计划信息、工艺信息、调度信息、机台信息、人员信息等，建立全面的数据平台，使得数据融合更为方便、快捷，在大数据的基础上可以方便地进行各种数据汇总和分析。

2）全方位的数据采集和监控——主要包括对纺纱工艺设备、公用设备和能源消耗的实际数据的采集和监控。实现了车间生产设备的在线数据采集与监控，实时了解现场设备运行状况和产品情况；空调、滤尘、锅炉、空压等公用设备进行温湿度和水汽等监控，实时了解设备运行状态及工厂车间环境；实现对工艺设备、公用设备、照明的能耗监测，实现监控电能设备运行状态以及实时能耗情况。

3）辅助挡车、辅助保全、维修——生产车间实现 Wi-Fi 全覆盖，配合挡车工、保全工、电工等佩戴的智能手环，对设备实时断条、断纱的报警及故障信息进行推送，实现辅助挡车和维护等应急快速响应。

4）多维度的数据分析——产量可以按订单、品种、工序、机台、班次、人员进行多维度的分析。能耗可以按订单、品种、工序、机台、班次、人员进行多维度的分析，并可计算、统计吨纱耗电，耗电包括动力用电和照明用电。对设备的运行状态、故障、报警等可以按照设备、班次、时段进行分析。

5）订单跟踪——由于实现了实时的产量信息采集，以及订单信息经过任务的调度细化到机台，因此可以实时跟踪每个订单的完成情况，实现订单跟踪。

（2）智能织造系统的架构

随着市场竞争的不断加剧以及原材料价格上升、能源紧张、企业人力资源成本提高等不利因素的增多，纺织企业盈利能力普遍下降。为了达到降低成本的目的，织造企业除了提高单机装备的自动化水平之外，对于实现智慧型生产的需求越来越强烈，同时在当前互联网时代，用户需求日趋多样化、定制化，企业订单呈现出小型化、碎片化的趋势，纺织企业迫切需要提高反应速度，提高应对市场变化的快速反应能力。传统织造工厂管理模式已经越来越难以适应当前的发展需求，发展智慧型织造工厂已经非常急迫。

实施智慧型织造工厂，织造设备单机本身要具有一定的信息化、自动化基础，否则智慧型工厂将是空中楼阁，无法实施。当前织造生产线主要有以下硬件设备（如图 7-9 所示）。

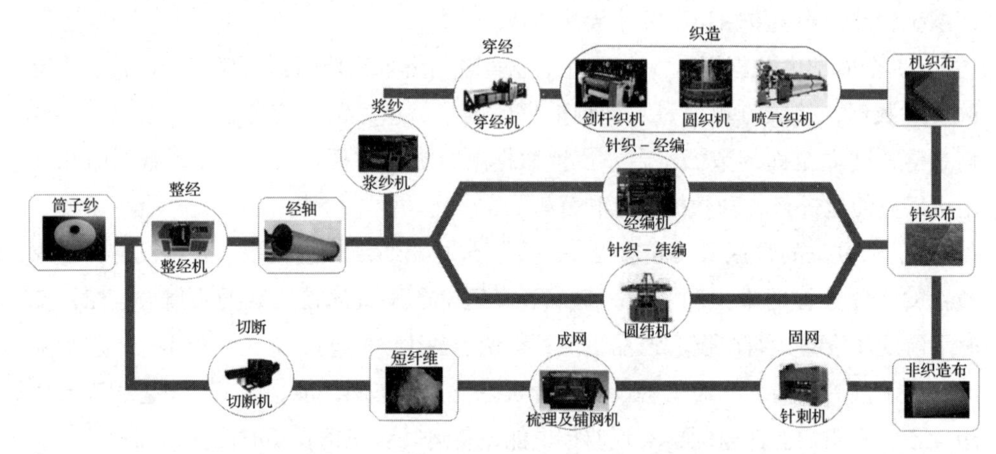

图 7-9　织造系统生产线工艺与硬件设备

1）整经机：纱线从筒子架上的筒子引出后，经导杆、后筘、导杆、光电断头自停片、分绞筘、定幅筘、测长辊以及导辊逐条卷绕到滚筒上，倒轴时滚筒上的全部经纱随织轴的转动按双点划线由逆时针方向退出，再卷到织轴上。

2）浆纱机：其组成结构为经轴架、上浆装置（浆槽）、烘燥机构（烘房）、前车部分（车头）、传动部分、伸长和张力控制机构（织轴卷绕）等，用于在经纱上施加浆料以提高其可织性。

3）穿经机：一般由分纱机构、经停机构、分丝机构、引纱机构、插筘机构、横移机构组成。分纱装置分纱后，先用穿经钩将经纱穿入经停片和综眼中，然后借插筘刀把经纱插入筘片隙缝中。

4）剑杆织机、喷气织机、圆织机：织机一般由机架、主传动系统、开口机构、引纬机构、打纬机构、送经机构、卷取机构、纬纱供给机构、润滑系统和操纵系统等组成。剑杆织机是应用最为广泛的无梭织机，其积极引纬方式具有很强的品种适应性，能适应各类纱线的引纬，在多色纬织造方面也有着明显的优势，可以生产多达 16 色纬纱的色织产品。圆织机主要用于筒布工艺，而喷气织机的引纬方式是用压缩气流牵引纬纱穿过梭口，在宽幅、高速和品种适应性等方面优势明显。

5）经编机：一般其结构分为主轴机架部件、摆轴成圈部件、编花部件、送经部件、分纱张力杆部件牵拉卷曲部件、电器辅助部件等。用一组或几组平行排列的纱线，于经向喂入机器的所有工作针上，同时成圈而形成针织物。

6）圆纬机：一般由机架、供纱机构、传动机构、润滑除尘（清洁）机构、电气控制机构、牵拉卷取机构和其他辅助装置构成。利用织针和三角的有机排列组合来编织各种面料，其成圈系统（企业里称作进纱路数或成圈路数，简称路数）多、转速高、产量高、花形变化快、织物品质好、工序少、产品适应性强。

7）切断机：一般分为旋转滚刀式纤维切断机、铡刀式切断机、平行刀片式切断机等，可以将多种不同类别的原料按照不同的要求进行剪断处理，达到人们对物料的要求。

8）梳理及铺网机：将一层层薄纤网进行铺叠以增加其面密度和厚度，使梳理机输出的纤网方向与成网帘上纤网的输出方向呈直角配置。

9）针刺机：针刺机主要由机架、送网机构、针刺机构、牵拉机构、传动机构等组成，利用具有三角形或其他形状的截面，且在棱边上带有刺钩的刺针对纤网反复进行穿刺，使纤网中纤维靠拢，从而被压缩。

其中，应用数量较多的织造装备有喷气织机、喷水织机、剑杆织机这几种，其中喷气织机的单机自动化、信息化水平较高，具备了较好的自动化基础。与传统织造生产车间相比，智慧型织造系统软件架构应该具有以下主要特点。

1）工厂内各机台之间要实现联网群控功能。与传统织造车间不同，智慧型织造工厂内通过设置一台服务器对各机台进行信息采集，对各机台的运行状态实时在线监控，并实时整理汇报出各机台的工作效率、故障信息，实现产量班报、日报数据统计，具有远程监控、诊断、数据统计、传输等功能。

2）工厂内各织机本身应该具备多品种织造工艺参数的数据库系统，织造工厂上机新织物品种时，其工艺参数可从数据库系统内调出，执行后织机会自动进行工艺参数调整，当织机工艺参数数据库系统内没有相应品种时，可以通过织机联网系统在主机厂调用该品种的工艺参数，从而达到让不懂工艺的人可轻松调试织机，提高开机效率，缩短调试时间。

3）织机具备纬停自动处理开车操作系统。在日常生产中，织机纬向故障导致的停机次数最多，一般每个班可达到几十次，每次停机均需要人工处理，这就增加了挡车工的用工数量。以喷气织机为例，一般每10～12台织机就需要配置一个挡车工。当增加纬停自动处理操作系统后，该系统可以在织机出现纬停故障时，自动把故障纬纱抽掉，然后自动恢复织机的运行。根据实际经验，应用该系统后，挡车工看台数量可以提高 50%，在同样机台数量情况下显著减少挡车工人数。

4）采用先进的自动化穿、结经装置，如当前已经投放市场的自动接经机，实现了及时的自动接经。特别是采用自动穿经机后，可以大幅度提高穿综、穿筘效率，降低准备车间用工人数，每台自动穿经机可以节省 6～8 人。

5）实现织轴、卷布辊装卸料的自动化操作，操作中全程采用电脑控制，安全、科学地实现机械手和电脑的一体化控制，各工序自动衔接，动态监控、集中定置管理。与传统织造工厂相比，智慧型织造工厂织轴上机和空轴下机操作均由 AGV 完成，运输车上配置有二次开发的机器人。该机器人由 AGV 驱动行走，在织机了机或者需要落布操作时，根据物流调度系统指令，自动前往相应织机工位，把空轴从织机上取走，并放置在规定位置，然后自动抓取准备车间内满纱织轴，行驶到织机位置后把满纱织轴自动安装到织机上。织机的织轴、卷布辊的装卸料操作采用自动装卸机器人时，比传统模式可以节省用工 50% 以上。

6）实现工艺配方的远程管理，工艺人员只需在办公室通过网络操作，即可把工艺自动下载到相应机台。

7）实现织机的自诊断系统，自动更换纬纱纱筒，减少人工操作的烦琐步骤。

8）科学合理地规划好各种地下和空中架设的硬件设备，重点做好安全防护装置、工作可靠性测试，实现自动化的有序开展。

9）实现机器设备的自动化维护保养功能，如自动加油润滑，自动设置储油箱油量，润滑不到位自动报警等，提高设备的使用安全和维护的自动化程度。

10）配合自动化车间设计的空调控制系统。空调控制系统与工厂内总服务器系统联网，当机台织造品种有改变时，需要的温湿度标准会在服务器数据库中调用，再通过联网系统控制空调系统进行实际调整，达到生产工艺所要求的温湿度。

11）实现智慧型织造工厂夜班工作应急事件的预警系统，对突发设备事故及时呼叫值班工，以及实现安全可靠的防火报警控制系统。

（3）智能染整系统的架构

随着现代纺织印染方式和智能技术的深度融合，近年来，国内外已有多家公司将电子控制技术、变频控制技术、电子分色技术、电子制网技术等引入印染装备制造，有力地促进了印染设备的机电一体化。染整系统的生产线一般有以下工艺流程（如图 7-10 所示）。

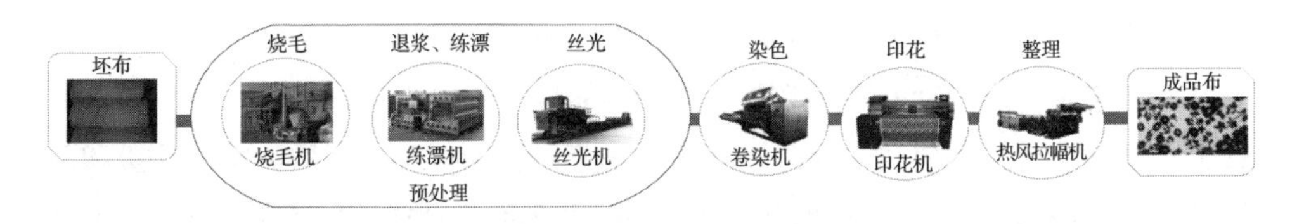

图 7-10　染整系统生产线工艺与硬件设备

1）烧毛机：通常包括进步架、吸尘风道、刷毛箱、烧毛火口、冷却辊、浸渍箱、轧车等。将织物迅速通过火焰，使布面上存在的绒毛很快升温燃烧，防止在染色、印花时因绒毛存在而产生染色或印花疵病。

2）练漂机：练漂机主要用来完成退浆、煮练、漂白等工序，通常由各种单元机组成练漂联合机来完成练漂加工，分别适应绳状、平幅、紧式、松式、不同温度和压力等工艺条件加工。

3）丝光机：针对不同加工对象，丝光机的结构有所不同，主要有布铗丝光机、弯辊丝光机、直辊丝光机三种。其中布铗丝光机扩幅能力强，主要由轧碱装置、布铗链扩幅装置、吸碱装置、去碱箱、平洗槽等组成，可以降低织物纬向缩水率，提高织物光泽。

4）卷染机：卷染机由染缸、导布辊、卷布辊、布卷支架、蒸汽加热管和输液管等部分组成，是一种间歇式织物平幅浸染设备，适用于多品种、小批量织物的染色。根据其工作性质可分为普通卷染机、高温高压卷染机、轧卷染联合机等形式。

5）印花机：印花机的核心部分是印花车头，主要由机架、花筒、承压辊、加压机构、给浆机构、对花机构即传动装置等组成。被印织物通过进步装置匀速进入印花车头，印花色浆经挤压作用印到织物上。

6）热风拉幅机：其主要的装置有进出布装置、轧车装置、热风循环系统、冷却装置、整纬器装置、烘房、超喂装置、门幅调节装置以及抽湿装置等。主要目的在于通过这一操作适当地改善织物的表面质量。总的来说，该操作可以减少染色收缩，提高染色均匀度，使织物外观看起来更加漂亮。

面向数字化印染生产工艺检测控制及自动配送的生产管理系统主要由ERP管理系统、母液泡制系统、自动滴液系统、热传导可调向打样机系统、配方管理染料定位称量系统、车间染色中央集控系统、水自动化供给系统等组成，需要结合染整工艺，运用计算机科学、人工智能、精密测量、自动检测与控制、自动识别等技术，建立以染整专家系统为核心的印染企业生产执行信息平台，能够科学制定生产工艺和配方，精确在线检测和控制生产过程关键工艺参数，精准计量和配送助剂 / 染化料，可做到订单成本一单一结，实现印染企业从生产端到管理端的全过程信息化管理。

生产管理系统可实现生产工艺数据实时通过网络下载到生产现场，同时生产过程数据实时反馈到管理系统，通过积累大量准确的基础数据、过程数据和结果数据，利用染整专家系统软件，科学、准确、快速制定出最佳的生产工艺流程和生产工艺配方，实现印染生产全过程的信息化管理。采用智能染整系统可有效降低生产过程返修率，提升良品率，实现节能减排。智能染整系统软件平台集成以下 5 大模块。

1）智慧型云数据中心。打造织染 AI 云数据平台，更科学合理地存储、分析和利用海量数据，实现生产自动决策，帮助传统制造企业形成有序、可控、标准化的智慧工厂。

2）智能型生控中心。由 AI 机器人承担智能厂长角色，实现全域数控、全息调度、生产推演、动态生控。用科技赋能管理，极大程度提升精细化管理水平、保证产品质量、提高生产效率。

3）全自动化生产系统。5G 网络全覆盖，实现全流程数据追踪、智能开单、自动注料、立体仓储、智能感知、及时预警，颠覆传统生产方式，大幅提升生产运行效率。

4）智能销售管理系统。上承生产系统，下接物流系统，实现智能下单、订单实时追踪、客户管理、闭环评估、数据统计等，它是业务员多维把控销售动态的掌中宝，也是客户的可视化自助服务门户。

5）智能物流管理系统。智慧物流，轻松生活。新版本在智能下单、订单追踪等功能的基础上，系统升级新增更多功能，包括线路规划、环境预警、客户管理、协议管理等。

7.3.3 智能纺织系统业务应用场景

我国的纺纱车间已经基本实现自动化，物联网技术开始逐渐推广，智能化的纺织装备也陆续投入使用。相应地，国内的智能纺纱设备的互联互通标准已经陆续建立，通用物联网标准也已经基本完备。在此背景下，应用数字孪生技术推进纺织车间信息化建设，真正实现物理系统和信息系统之间的互联互通。

通过在纺纱智能车间中依据工艺流程建设清梳、并粗等4个智能单元数字孪生模型，构成含有“感知－分析－决策－执行”的数据自由流动闭环，可为制造工艺与流程信息化提供数据基础和控制基础。通过单元内部资源优化，进而实现高效的车间资源优化，是建设纺织智能工厂的基础。柔性制造单元已广泛应用于机械制造领域。以单元为单位构建新型智能工厂是纺织柔性化制造的一条出路。数字孪生技术是智能单元的基础技术，研究纺纱、化纤、染整等不同领域的智能单元技术，是纺织智能工厂发展的重中之重。

智能纺纱单元是纺纱智能车间的基础，是实现纺纱全流程智能化管控的基础。纺纱工艺流程长，从抓棉、清棉、梳棉至络筒、打包有十几道工序，涉及几十种纺纱设备。根据纺纱工艺特点，将纺纱设备群分为清梳、并粗、细纱、络筒4个生产单元。每个单元均具有物理层、通信层、信息层及控制层。

纺织生产设备需具备长时间连续稳定运行的能力，建设无人工厂更是纺织行业的发展重点。完善的纺纱单元数字孪生模型必须能够实现设备运行状态预测，通过实时监测数据，进行设备的故障诊断，进而提前规避风险，实施预防性维护，自动制订停产检修计划。

目前，预防性维护技术在航空、机床等领域已经成为研究热点，但在纺织领域的应用还有待深入。基于数字孪生技术发展智能纺纱装备的预防性维护技术，将是未来纺织智能制造重点突破的领域之一。

通过各智能生产单元间、生产单元与车间管理系统间以及各单元内部的智能纺纱机械之间的互联，实现各层次信息的共享和数据传输以及物流和信息流的统一，是实现全厂管控一体化的必要条件。

通过建立车间数据模型支撑生产过程的自动化处理，通过提取生产单元的生产状况并采用大数据分析技术，为指导生产和优化工艺提供智能决策是当前纺织智能制造需要突破的重点。

目前数字孪生技术在纺织装备预测性维护、纺织生产智能管控、纺织智能工厂等方面均有较好的应用前景。随着工业互联网、人工智能、大数据等技术与制造业的深入融合，数字孪生将更容易实现。纺织智能制造标准的研究与制定是当前纺织智能制造的重中之重，只有标准统一才能够真正实现互联互通，才能够为数字孪生技术铺路搭桥。纺织行业当抓住这一技术发展的历史时机，加快新技术与传统产业的融合，在纺织智能制造标准上下足功夫，为保持我国国际竞争优势提供新的动能。

纺织智能制造体系需要实现多种业务场景下的应用，基于三大集成工作提升产品全生产周期中的智能化水平，如图 7-11 所示，存在织物研发 / 设计、纺织品生产组织、纺织品销售与售后服务 3 大类业务场景。

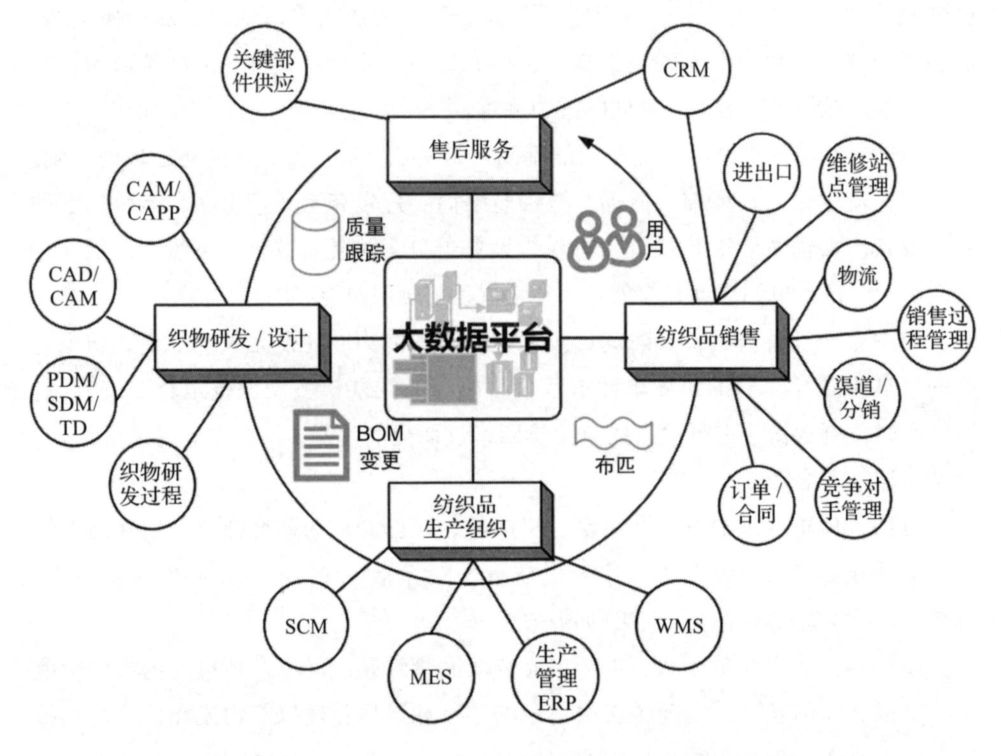

图 7-11　基于大数据的纺织智能制造业务场景 [6]

（1）织物研发 / 设计

本场景处于纺织工业的前端，包括织物研发设计环节中的产品设计智能化、纺织机械产品的协同工艺设计等。产品设计智能化通过客户数据采集、大数据分析、供应链协同和工厂互联化，实现全流程数据可视化和大规模定制化的生产目标，一个成衣产品设计智能化的示例如图 7-12 所示。首先，需要采集时间维度、地域维度和纺织产品种类维度的市场消费数据，以及客户的形体数据。然后通过复杂网络、深度学习等方法的大数据分析，预测消费市场在时间维度和地域维度上的发展趋势及其对各类纺织产品的需求度，从而准确把握各地纺织品消费市场的动向。大数据分析后得到的结果通过互联工厂平台与全国各地的供应商和经销商共享，再分别针对整体和个体的用户形体数据，对纺织产品进行研发定制，最后将成衣产品准确供应至全国各地。

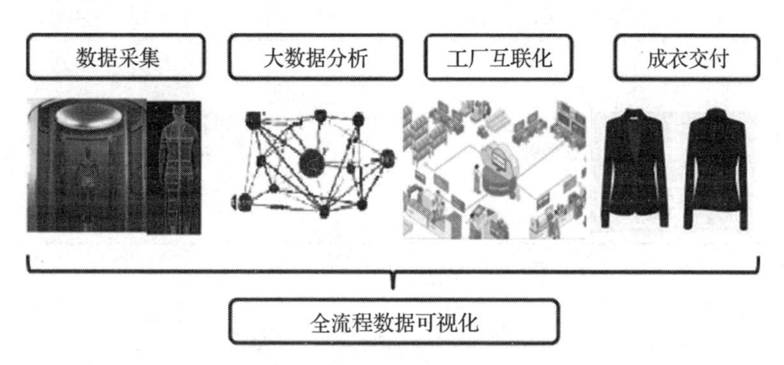

图 7-12 成衣产品设计智能化[6]

纺织机械的协同工艺设计如图 7-13 所示，在 ERP、MES、CAD、CAPP、CRM 等数字化和网络化生产辅助软件的基础上，通过多元信息融合方法与制造特征识别方法获得纺织机械产品 MBD 模型的位置、工艺约束关系分析和特征相似度分析，建立纺织机械产品制造工艺专家知识库，最终实现包含工艺设计、工艺表达、工艺生成和工艺发布的全流程三维数字化工艺建模，并搭建基于模型的工艺管理、工艺更改、工艺会签、工艺审签等协同工艺管控体系。

（2）纺织品生产组织

本场景处于纺织工业的中游，主要包括纺织品生产组织环节的车间智能监控、先进生产调度、产品质量控制、制造资源优化等。纺织生产车间智能监控系统主要包括数据感知网络和可视化监控中心两部分，如图 7-14 所示。数据感知网络是通过二维码、无线射频识别装置（RFID)、蓝牙、无线通信等技术，对车间层面的环节进行产品和设备的数据采集，并将采集数据传输到可视化监控中心，最终通过数据可视化工具将数据以图表形式呈现在车间可视化看板、工位可视化终端和其他移动终端上，实现对整个产品制造过程的全方位监控。同时，生产线上装备的运行数据可用于设备运维服务。

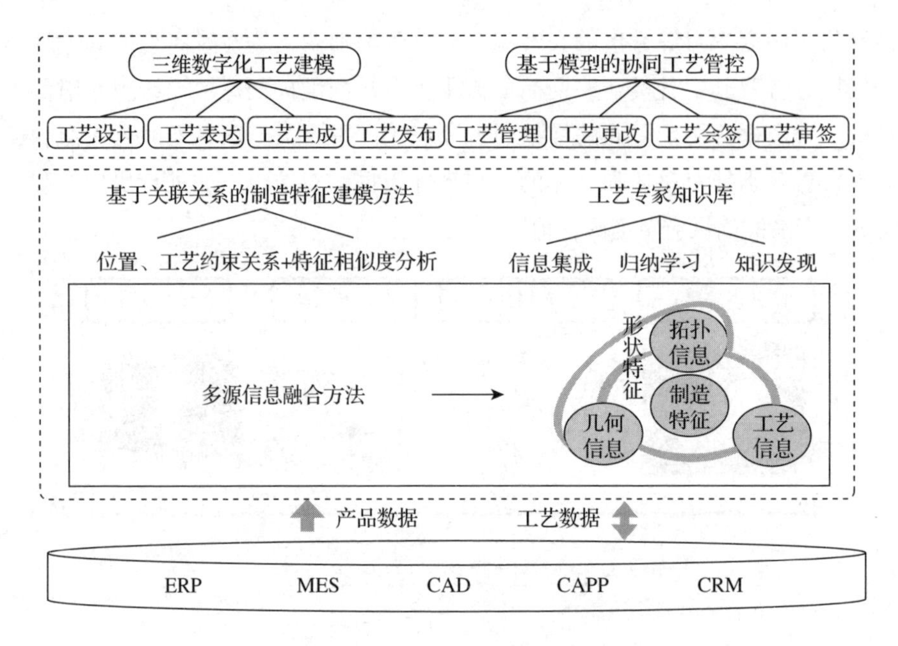

图 7-13 纺织机械的协同工艺设计 [6]

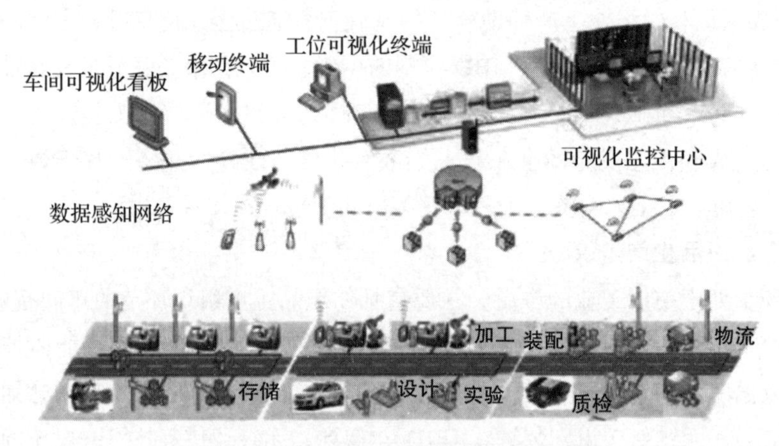

图 7-14 纺织生产车间智能监控系统 [6]

纺织车间先进生产计划与调度系统如图 7-15 所示，先进生产调度通过生产过程的数据采集与数据分析平台，建立融合订单数据、产品数据、原料数据、设备数据、工艺数据、订单数据、执行状态数据、设备参数数据、调度信息、检测数据、质量数据、配套数据等的纺织品多维状态模型，考虑单工序生产过程中的各类影响因素，构建面向纺织生产过程的工序间多维耦合模型。在系统实时监控的基础上，对工序完工时间和纺织品性能进行预测和异常评估。最后对数据融合模型中的逆调度因子进行识别，结合逆调度规则，制定自适应逆调度策略，优化计划与调度方案，提高企业对客户需求的快速反应能力。

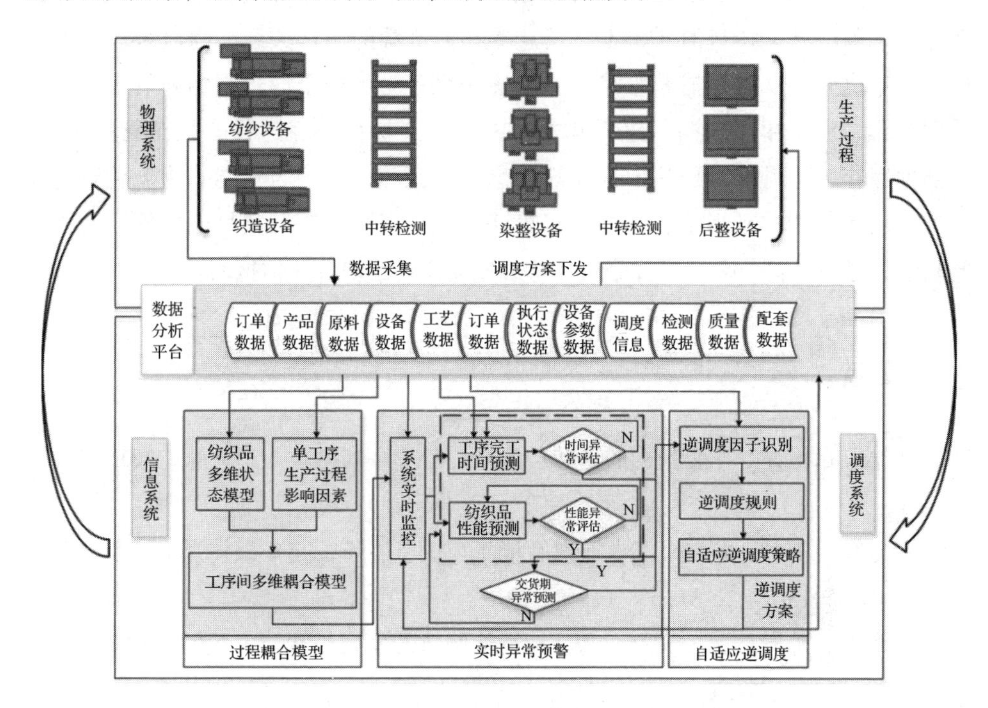

图 7-15 纺织车间先进生产计划与调度系统[6]

对于织物产品的质量控制，首先建立纺织生产过程的信息物理融合系统，并搭建大数据分析模块作为物理系统与信息系统数据融合的媒介。大数据分析模块以 ODBC（开放数据库互连）、TCP/IP（传输控制 / 网络通信协议）、Web Service 等为数据协议，包含数据模型、统计分析、挖掘预测、持续查询、分布式计算引擎、流计算引擎等功能，对从物理系统采集的数据进行处理和分析，用于支持信息系统层面的多维统计控制、质量异常侦测、质量智能评估和质量改进优化等。

制造资源能效优化针对纺织制造系统中的设备，如以化纤成套设备、纺纱设备、印染设备等为对象，以其效率评估数据集为基础进行大数据分析，为纺织品生产过程的人、机、料、法、环等制定制造资源运行效率的精准评估量化规则，对制造资源运行效率进行实时预测，实现制造系统的异常自动侦测和统计过程监控，以此为依据制订纺织制造系统的主动维护计划，完成制造系统的效率自优化。

（3）纺织品销售与售后服务

本场景处于纺织工业的末端，主要是纺织品销售和售后服务环节的智能物流。纺织智能制造体系中的智能物流首先建立物料信息、生产计划、物流计划、库存信息、采购信息、物料消耗、工具信息等物流资源的关联关系。物流系统性能监控以订单优先级、库存捕获策略、采购优先级等为调控手段进行物料管理，结合计划排程、派工单、采购单进行物料监控。生产执行跟踪的目的是对物料消耗、零部件库存、物料准时送达率等物流信息进行预测、评价与控制。物流管理优化模型采用负反馈控制理论、智能并行算法、优化规则库等调整物流数据。此外需要制定关键物料安全库存预警等级，并形成物流资源综合评估报表。

参考文献

[1] 张洁，吕佑龙 . 智能制造的现状与发展趋势 [J]. 高科技与产业化，2015, 11(3): 42-47.

[2] 杜宝瑞，王勃，赵璐，等 . 航空智能工厂的基本特征与框架体系 [J]. 航空制造技术，2015(8): 26-31.

[3] 龚东军，陈淑玲，王文江，等 . 论智能制造的发展与智能工厂的实践 [J]. 机械制造，2019, 57(2): 1-4.

[4] 李西宁，蒋博，支劭伟，等 . 飞机智能装配单元构建技术研究 [J]. 航空制造技术，2018, 61(Z1): 62-67.

[5] 时运来，付少蕾，春辉，等 . 面向智能制造的柴油机数字化车间构建与实施 [J]. 机械设计与制造，2021(9): 120-124.

[6] 张洁，吕佑龙，汪俊亮，等 . 大数据驱动的纺织智能制造平台架构 [J]. 纺织学报，2017, 38(10):7.